Fünfstellige Tafeln

der

Kreis- und Hyperbelfunktionen

sowie der Funktionen e^x und e^{-x} mit den natürlichen Zahlen als Argument

von

Dr.-Ing. Keiichi Hayashi

Neudruck

WALTER DE GRUYTER & CO.

vormals G. J. Göschen'sche Verlagshandlung — J. Guttentag, Verlagsbuchhandlung — Georg Reimer — Karl J. Trübner — Veit & Comp.

Berlin 1955

Archiv-Nr. 12 03 55 / Druck: Thormann & Goetsch, Berlin SW 61 / Printed in Germany

Aus dem Vorwort zur 1. Auflage

Bei vielen mathematischen und technischen Untersuchungen der neueren Zeit spielen neben den Kreisfunktionen die Hyperbelfunktionen eine hervorragende Rolle. Zwischen beiden besteht bekanntlich eine nahe Verwandtschaft, die besonders aus der Darstellung der Funktionen mittels der Exponentialfunktion hervorgeht. Bei der Auswertung der Hyperbelfunktionen werden, wie in der Regel bei theoretischen Abhandlungen, die natürlichen Zahlen als Argument gewählt. Für die Kreisfunktionen gibt es eine große Anzahl von Tafeln, doch sind es fast ausschließlich solche mit Teilung des Quadranten in Grade. Es tritt also die Unbequemlichkeit auf, aus dem der natürlichen Zahl entsprechenden Winkel den Funktionswert zu ermitteln.

In den Lösungen von Aufgaben, die auf lineare Differentialgleichungen führen, erscheinen die zwei Funktionen stets in mannigfachen Verbindungen, so daß jeder, der mit solchen Rechnungen häufig zu tun hat, es als eine Wohltat begrüßen wird, wenn eine Tafel vorhanden ist, die zum Finden beider Funktionen für dasselbe Argument nur einmaliges Aufschlagen der Tafel nötig macht.

Da sich die Kreisfunktionen in jedem Quadranten wiederholen, ist die Angabe ihrer Werte in den Tafeln mit Gradeinteilung des Winkels auf den ersten Quadranten beschränkt, während die Hyperbelfunktionen in dieser Hinsicht niemals dieselbe Annehmlichkeit bieten. Wählt man also die natürlichen Zahlen als Argument beider Funktionen, so darf man die Tafeln nicht mit $\pi/2$ beendigen, sondern müßte sie bis ins Unendliche fortsetzen. Auf diesen Punkt ist in den obengenannten Tafeln keine Rücksicht genommen. Auch sucht man in ihnen vergeblich die Werte von Tangens, die doch wohl ebensooft wie Cosinus und Sinus erforderlich sind.

Die vorliegenden Tafeln wurden von mir eigentlich nur hergestellt, um die Zahlenrechnungen in meinem Werke „Theorie des Trägers auf elastischer Unterlage" zu erleichtern. Aus oben angeführten Gründen habe ich mich entschlossen, mein Manuskript drucken zu lassen, damit jeder, der derartige Rechnungen auszuführen hat, ebenfalls daraus Nutzen ziehen kann. Der weitaus größte Teil der Tabellen ist von mir berechnet. Der Vollständigkeit halber wurde eine Anzahl von Werten aus den Smithonian Mathematical Tables (Washington 1909) eingeschaltet.

Es sei mir gestattet, darauf aufmerksam zu machen, daß ich meinem oben erwähnten Buch einen Anhang mit den meist in Produktform wiederkehrenden Ausdrücken $\mathfrak{Cof}\,x\cos x$, $\mathfrak{Cof}\,x\sin x$, $\mathfrak{Sin}\,x\cos x$ und $\mathfrak{Sin}\,x\sin x$ beigefügt habe.

Berlin, im Dezember 1920 K. Hayashi

Vorbemerkung zum Neudruck 1955

Nach längerer Pause kann heute endlich die von allen Seiten erwartete erste Neuausgabe seit Kriegsende der Öffentlichkeit übergeben werden. Möge auch dieser Band im Sinne des Verfassers und im Dienste der Wissenschaft dem Mathematiker und dem Ingenieur ein treuer Helfer sein.

Berlin, im Februar 1955 Der Verlag

Kreis- und Hyperbelfunktionen

von	$x = 0$	bis	0,1	für	jedes	Zehntausendstel,
,,	$x = 0{,}1$	,,	3,0	,,	,,	Tausendstel,
,,	$x = 3{,}0$	,,	6,3	,,	,,	Hundertstel,
,,	$x = 6{,}3$	,,	10,0	,,	,,	Zehntel.

x	cos x	sin x	tg x	e^x	e^{-x}
0	1	0	0	1	1
0,0001	1,00000	0,00010	0,00010	1,000 100	0,999 9000
0,0002	1,00000	0,00020	0,00020	1,000 200	0,999 8000
0,0003	1,00000	0,00030	0,00030	1,000 300	0,999 7000
0,0004	1,00000	0,00040	0,00040	1,000 400	0,999 6001
0,0005	1,00000	0,00050	0,00050	1,000 500	0,999 5001
0,0006	1,00000	0,00060	0,00060	1,000 600	0,999 4002
0,0007	1,00000	0,00070	0,00070	1,000 700	0,999 3002
0,0008	1,00000	0,00080	0,00080	1,000 800	0,999 2003
0,0009	1,00000	0,00090	0,00090	1,000 900	0,999 1004
0,0010	1,00000	0,00100	0,00100	1,001 001	0,999 0005
0,0011	1,00000	0,00110	0,00110	1,001 101	0,998 9006
0,0012	1,00000	0,00120	0,00120	1,001 201	0,998 8007
0,0013	1,00000	0,00130	0,00130	1,001 301	0,998 7008
0,0014	1,00000	0,00140	0,00140	1,001 401	0,998 6010
0,0015	1,00000	0,00150	0,00150	1,001 501	0,998 5011
0,0016	1,00000	0,00160	0,00160	1,001 601	0,998 4013
0,0017	1,00000	0,00170	0,00170	1,001 701	0,998 3014
0,0018	1,00000	0,00180	0,00180	1,001 802	0,998 2016
0,0019	1,00000	0,00190	0,00190	1,001 902	0,998 1018
0,0020	1,00000	0,00200	0,00200	1,002 002	0,998 0020
0,0021	1,00000	0,00210	0,00210	1,002 102	0,997 9022
0,0022	1,00000	0,00220	0,00220	1,002 202	0,997 8024
0,0023	1,00000	0,00230	0,00230	1,002 303	0,997 7026
0,0024	1,00000	0,00240	0,00240	1,002 403	0,997 6029
0,0025	1,00000	0,00250	0,00250	1,002 503	0,997 5031
0,0026	1,00000	0,00260	0,00260	1,002 603	0,997 4034
0,0027	1,00000	0,00270	0,00270	1,002 704	0,997 3036
0,0028	1,00000	0,00280	0,00280	1,002 804	0,997 2039
0,0029	1,00000	0,00290	0,00290	1,002 904	0,997 1042
0,0030	1,00000	0,00300	0,00300	1,003 005	0,997 0045
0,0031	1,00000	0,00310	0,00310	1,003 105	0,996 9048
0,0032	0,99999	0,00320	0,00320	1,003 205	0,996 8051
0,0033	0,99999	0,00330	0,00330	1,003 305	0,996 7054
0,0034	0,99999	0,00340	0,00340	1,003 406	0,996 6058
0,0035	0,99999	0,00350	0,00350	1,003 506	0,996 5061
0,0036	0,99999	0,00360	0,00360	1,003 606	0,996 4065
0,0037	0,99999	0,00370	0,00370	1,003 707	0,996 3068
0,0038	0,99999	0,00380	0,00380	1,003 807	0,996 2072
0,0039	0,99999	0,00390	0,00390	1,003 908	0,996 1076
0,0040	0,99999	0,00400	0,00400	1,004 008	0,996 0080
0,0041	0,99999	0,00410	0,00410	1,004 108	0,995 9084
0,0042	0,99999	0,00420	0,00420	1,004 209	0,995 8088
0,0043	0,99999	0,00430	0,00430	1,004 309	0,995 7092
0,0044	0,99999	0,00440	0,00440	1,004 410	0,995 6097
0,0045	0,99999	0,00450	0,00450	1,004 510	0,995 5101
0,0046	0,99999	0,00460	0,00460	1,004 611	0,995 4106
0,0047	0,99999	0,00470	0,00470	1,004 711	0,995 3110
0,0048	0,99999	0,00480	0,00480	1,004 812	0,995 2115
0,0049	0,99999	0,00490	0,00490	1,004 912	0,995 1120

x	Cos x	Sin x	Tg x	φ
0	1	0	0	0
0,0001	1,00000	0,00010	0,00010	0° 00′ 20,63″
0,0002	1,00000	0,00020	0,00020	0 00 41,25
0,0003	1,00000	0,00030	0,00030	0 01 01,88
0,0004	1,00000	0,00040	0,00040	0 01 22,51
0,0005	1,00000	0,00050	0,00050	0 01 43,13
0,0006	1,00000	0,00060	0,00060	0 02 03,76
0,0007	1,00000	0,00070	0,00070	0 02 24,39
0,0008	1,00000	0,00080	0,00080	0 02 45,01
0,0009	1,00000	0,00090	0,00090	0 03 05,64
0,0010	1,00000	0,00100	0,00100	0 03 26,26
0,0011	1,00000	0,00110	0,00110	0 03 46,89
0,0012	1,00000	0,00120	0,00120	0 04 07,52
0,0013	1,00000	0,00130	0,00130	0 04 28,14
0,0014	1,00000	0,00140	0,00140	0 04 48,77
0,0015	1,00000	0,00150	0,00150	0 05 09,40
0,0016	1,00000	0,00160	0,00160	0 05 30,02
0,0017	1,00000	0,00170	0,00170	0 05 50,65
0,0018	1,00000	0,00180	0,00180	0 06 11,28
0,0019	1,00000	0,00190	0,00190	0 06 31,90
0,0020	1,00000	0,00200	0,00200	0 06 52,53
0,0021	1,00000	0,00210	0,00210	0 07 13,16
0,0022	1,00000	0,00220	0,00220	0 07 33,78
0,0023	1,00000	0,00230	0,00230	0 07 54,41
0,0024	1,00000	0,00240	0,00240	0 08 15,04
0,0025	1,00000	0,00250	0,00250	0 08 35,66
0,0026	1,00000	0,00260	0,00260	0 08 56,29
0,0027	1,00000	0,00270	0,00270	0 09 16,91
0,0028	1,00000	0,00280	0,00280	0 09 37,54
0,0029	1,00000	0,00290	0,00290	0 09 58,17
0,0030	1,00000	0,00300	0,00300	0 10 18,79
0,0031	1,00000	0,00310	0,00310	0 10 39,42
0,0032	1,00001	0,00320	0,00320	0 11 00,05
0,0033	1,00001	0,00330	0,00330	0 11 20,67
0,0034	1,00001	0,00340	0,00340	0 11 41,30
0,0035	1,00001	0,00350	0,00350	0 12 01,93
0,0036	1,00001	0,00360	0,00360	0 12 22,55
0,0037	1,00001	0,00370	0,00370	0 12 43,18
0,0038	1,00001	0,00380	0,00380	0 13 03,81
0,0039	1,00001	0,00390	0,00390	0 13 24,43
0,0040	1,00001	0,00400	0,00400	0 13 45,06
0,0041	1,00001	0,00410	0,00410	0 14 05,69
0,0042	1,00001	0,00420	0,00420	0 14 26,31
0,0043	1,00001	0,00430	0,00430	0 14 46,94
0,0044	1,00001	0,00440	0,00440	0 15 07,57
0,0045	1,00001	0,00450	0,00450	0 15 28,19
0,0046	1,00001	0,00460	0,00460	0 15 48,82
0,0047	1,00001	0,00470	0,00470	0 16 09,44
0,0048	1,00001	0,00480	0,00480	0 16 30,07
0,0049	1,00001	0,00490	0,00490	0 16 50,70

x	$\cos x$	$\sin x$	$\operatorname{tg} x$	e^x	e^{-x}
0,0050	0,99999	0,00500	0,00500	1,005 013	0,995 0125
0,0051	0,99999	0,00510	0,00510	1,005 113	0,994 9130
0,0052	0,99999	0,00520	0,00520	1,005 214	0,994 8135
0,0053	0,99999	0,00530	0,00530	1,005 314	0,994 7140
0,0054	0,99999	0,00540	0,00540	1,005 415	0,994 6146
0,0055	0,99998	0,00550	0,00550	1,005 515	0,994 5151
0,0056	0,99998	0,00560	0,00560	1,005 616	0,994 4157
0,0057	0,99998	0,00570	0,00570	1,005 716	0,994 3162
0,0058	0,99998	0,00580	0,00580	1,005 817	0,994 2168
0,0059	0,99998	0,00590	0,00590	1,005 917	0,994 1174
0,0060	0,99998	0,00600	0,00600	1,006 018	0,994 0180
0,0061	0,99998	0,00610	0,00610	1,006 119	0,993 9186
0,0062	0,99998	0,00620	0,00620	1,006 219	0,993 8192
0,0063	0,99998	0,00630	0,00630	1,006 320	0,993 7198
0,0064	0,99998	0,00640	0,00640	1,006 421	0,993 6204
0,0065	0,99998	0,00650	0,00650	1,006 521	0,993 5211
0,0066	0,99998	0,00660	0,00660	1,006 622	0,993 4217
0,0067	0,99998	0,00670	0,00670	1,006 723	0,993 3224
0,0068	0,99998	0,00680	0,00680	1,006 823	0,993 2231
0,0069	0,99998	0,00690	0,00690	1,006 924	0,993 1238
0 0070	0,99998	0,00700	0,00700	1,007 025	0,993 0244
0,0071	0,99997	0,00710	0,00710	1,007 125	0,992 9251
0,0072	0,99997	0,00720	0,00720	1,007 226	0,992 8259
0,0073	0,99997	0,00730	0,00730	1,007 327	0,992 7265
0,0074	0,99997	0,00740	0,00740	1,007 427	0,992 6273
0,0075	0,99997	0,00750	0,00750	1,007 528	0,992 5281
0,0076	0,99997	0,00760	0,00760	1,007 629	0,992 4288
0,0077	0,99997	0,00770	0,00770	1,007 730	0,992 3296
0,0078	0,99997	0,00780	0,00780	1,007 831	0,992 2303
0,0079	0,99997	0,00790	0,00790	1,007 931	0,992 1311
0,0080	0,99997	0,00800	0,00800	1,008 032	0,992 0319
0,0081	0,99997	0,00810	0,00810	1,008 133	0,991 9327
0,0082	0,99997	0,00820	0,00820	1,008 234	0,991 8335
0,0083	0,99997	0,00830	0,00830	1,008 335	0,991 7344
0,0084	0,99996	0,00840	0,00840	1,008 435	0,991 6352
0,0085	0,99996	0,00850	0,00850	1,008 536	0,991 5360
0,0086	0,99996	0,00860	0,00860	1,008 637	0,991 4369
0,0087	0,99996	0,00870	0,00870	1,008 738	0,991 3377
0,0088	0,99996	0,00880	0,00880	1,008 839	0,991 2386
0,0089	0,99996	0,00890	0,00890	1,008 939	0,991 1395
0,0090	0,99996	0,00900	0,00900	1,009 041	0,991 0404
0,0091	0,99996	0,00910	0,00910	1,009 142	0,990 9413
0,0092	0,99996	0,00920	0,00920	1,009 242	0,990 8422
0,0093	0,99996	0,00930	0,00930	1,009 343	0,990 7431
0,0094	0,99996	0,00940	0,00940	1,009 444	0,990 6440
0,0095	0,99995	0,00950	0,00950	1,009 545	0,990 5450
0,0096	0,99995	0,00960	0,00960	1,009 646	0,990 4459
0,0097	0,99995	0,00970	0,00970	1,009 747	0,990 3469
0,0098	0,99995	0,00980	0,00980	1,009 848	0,990 2479
0,0099	0,99995	0,00990	0,00990	1,009 949	0,990 1488

x	Cos x	Sin x	Tg x	φ
0,0050	1,00001	0,00500	0,00500	0° 17′ 11,32″
0,0051	1,00001	0,00510	0,00510	0 17 31,95
0,0052	1,00001	0,00520	0,00520	0 17 52,58
0,0053	1,00001	0,00530	0,00530	0 18 13,20
0,0054	1,00001	0,00540	0,00540	0 18 33,83
0,0055	1,00002	0,00550	0,00550	0 18 54,46
0,0056	1,00002	0,00560	0,00560	0 19 15,08
0,0057	1,00002	0,00570	0,00570	0 19 35,71
0,0058	1,00002	0,00580	0,00580	0 19 56,34
0,0059	1,00002	0,00590	0,00590	0 20 16,96
0,0060	1,00002	0,00600	0,00600	0 20 37,59
0,0061	1,00002	0,00610	0,00610	0 20 58,22
0,0062	1,00002	0,00620	0,00620	0 21 18,84
0,0063	1,00002	0,00630	0,00630	0 21 39,47
0,0064	1,00002	0,00640	0,00640	0 22 00,09
0,0065	1,00002	0,00650	0,00650	0 22 20,72
0,0066	1,00002	0,00660	0,00660	0 22 41,35
0,0067	1,00002	0,00670	0,00670	0 23 01,97
0,0068	1,00002	0,00680	0,00680	0 23 22,60
0,0069	1,00002	0,00690	0,00690	0 23 43,23
0,0070	1,00002	0,00700	0,00700	0 24 03,85
0,0071	1,00003	0,00710	0,00710	0 24 24,48
0,0072	1,00003	0,00720	0,00720	0 24 45,11
0,0073	1,00003	0,00730	0,00730	0 25 05,73
0,0074	1,00003	0,00740	0,00740	0 25 26,36
0,0075	1,00003	0,00750	0,00750	0 25 46,99
0,0076	1,00003	0,00760	0,00760	0 26 07,61
0,0077	1,00003	0,00770	0,00770	0 26 28,24
0,0078	1,00003	0,00780	0,00780	0 26 48,87
0,0079	1,00003	0,00790	0,00790	0 27 09,49
0,0080	1,00003	0,00800	0,00800	0 27 30,12
0,0081	1,00003	0,00810	0,00810	0 27 50,74
0,0082	1,00003	0,00820	0,00820	0 28 11,37
0,0083	1,00003	0,00830	0,00830	0 28 32,00
0,0084	1,00004	0,00840	0,00840	0 28 52,62
0,0085	1,00004	0,00850	0,00850	0 29 13,25
0,0086	1,00004	0,00860	0,00860	0 29 33,88
0,0087	1,00004	0,00870	0,00870	0 29 54,50
0,0088	1,00004	0,00880	0,00880	0 30 15,13
0,0089	1,00004	0,00890	0,00890	0 30 35,76
0,0090	1,00004	0,00900	0,00900	0 30 56,38
0,0091	1,00004	0,00910	0,00910	0 31 17,01
0,0092	1,00004	0,00920	0,00920	0 31 37,64
0,0093	1,00004	0,00930	0,00930	0 31 58,26
0,0094	1,00004	0,00940	0,00940	0 32 18,89
0,0095	1,00005	0,00950	0,00950	0 32 39,52
0,0096	1,00005	0,00960	0,00960	0 33 00,14
0,0097	1,00005	0,00970	0,00970	0 33 20,77
0,0098	1,00005	0,00980	0,00980	0 33 41,40
0,0099	1,00005	0,00990	0,00990	0 34 02,02

x	$\cos x$	$\sin x$	$\operatorname{tg} x$	e^x	e^{-x}
0,0100	0,99995	0,01000	0,01000	1,010 050	0,990 0498
0,0101	0,99995	0,01010	0,01010	1,010 151	0,989 9508
0,0102	0,99995	0,01020	0,01020	1,010 252	0,989 8518
0,0103	0,99995	0,01030	0,01030	1,010 353	0,989 7529
0,0104	0,99995	0,01040	0,01040	1,010 454	0,989 6539
0,0105	0,99994	0,01050	0,01050	1,010 555	0,989 5549
0,0106	0,99994	0,01060	0,01060	1,010 656	0,989 4560
0,0107	0,99994	0,01070	0,01070	1,010 757	0,989 3570
0,0108	0,99994	0,01080	0,01080	1,010 859	0,989 2581
0,0109	0,99994	0,01090	0,01090	1,010 960	0,989 1592
0,0110	0,99994	0,01100	0,01100	1,011 061	0,989 0603
0,0111	0,99994	0,01110	0,01110	1,011 162	0,988 9614
0,0112	0,99994	0,01120	0,01120	1,011 263	0,988 8625
0,0113	0,99994	0,01130	0,01130	1,011 364	0,988 7636
0,0114	0,99994	0,01140	0,01140	1,011 465	0,988 6647
0,0115	0,99993	0,01150	0,01150	1,011 566	0,988 5659
0,0116	0,99993	0,01160	0,01160	1,011 668	0,988 4670
0,0117	0,99993	0,01170	0,01170	1,011 769	0,988 3682
0,0118	0,99993	0,01180	0,01180	1,011 870	0,988 2693
0,0119	0,99993	0,01190	0,01190	1,011 971	0,988 1705
0,0120	0,99993	0,01200	0,01200	1,012 072	0,988 0717
0,0121	0,99993	0,01210	0,01210	1,012 173	0,987 9729
0,0122	0,99993	0,01220	0,01220	1,012 275	0,987 8741
0,0123	0,99992	0,01230	0,01230	1,012 376	0,987 7753
0,0124	0,99992	0,01240	0,01240	1,012 477	0,987 6765
0,0125	0,99992	0,01250	0,01250	1,012 578	0,987 5778
0,0126	0,99992	0,01260	0,01260	1,012 680	0,987 4790
0,0127	0,99992	0,01270	0,01270	1,012 781	0,987 3803
0,0128	0,99992	0,01280	0,01280	1,012 882	0,987 2816
0,0129	0,99992	0,01290	0,01290	1,012 984	0,987 1828
0,0130	0,99992	0,01300	0,01300	1,013 085	0,987 0841
0,0131	0,99991	0,01310	0,01310	1,013 186	0,986 9854
0,0132	0,99991	0,01320	0,01320	1,013 288	0,986 8867
0,0133	0,99991	0,01330	0,01330	1,013 389	0,986 7881
0,0134	0,99991	0,01340	0,01340	1,013 490	0,986 6894
0,0135	0,99991	0,01350	0,01350	1,013 592	0,986 5907
0,0136	0,99991	0,01360	0,01360	1,013 693	0,986 4921
0,0137	0,99991	0,01370	0,01370	1,013 794	0,986 3934
0,0138	0,99990	0,01380	0,01380	1,013 896	0,986 2948
0,0139	0,99990	0,01390	0,01390	1,013 997	0,986 1962
0,0140	0,99990	0,01400	0,01400	1,014 098	0,986 0975
0,0141	0,99990	0,01410	0,01410	1,014 200	0,985 9989
0,0142	0,99990	0,01420	0,01420	1,014 301	0,985 9003
0,0143	0,99990	0,01430	0,01430	1,014 403	0,985 8018
0,0144	0,99990	0,01440	0,01440	1,014 504	0,985 7032
0,0145	0,99989	0,01450	0,01450	1,014 606	0,985 6046
0,0146	0,99989	0,01460	0,01460	1,014 707	0,985 5060
0,0147	0,99989	0,01470	0,01470	1,014 809	0,985 4075
0,0148	0,99989	0,01480	0,01480	1,014 910	0,985 3089
0,0149	0,99989	0,01490	0,01490	1,014 012	0,985 2105

x	Cof x	Sin x	Tg x	φ
0,0100	1,00005	0,01000	0,01000	0° 34′ 22,65″
0,0101	1,00005	0,01010	0,01010	0 34 43,27
0,0102	1,00005	0,01020	0,01020	0 35 03,90
0,0103	1,00005	0,01030	0,01030	0 35 24,53
0,0104	1,00005	0,01040	0,01040	0 35 45,15
0,0105	1,00006	0,01050	0,01050	0 36 05,78
0,0106	1,00006	0,01060	0,01060	0 36 26,41
0,0107	1,00006	0,01070	0,01070	0 36 47,03
0,0108	1,00006	0,01080	0,01080	0 37 07,66
0,0109	1,00006	0,01090	0,01090	0 37 28,29
0,0110	1,00006	0,01100	0,01100	0 37 48,91
0,0111	1,00006	0,01110	0,01110	0 38 09,54
0,0112	1,00006	0,01120	0,01120	0 38 30,17
0,0113	1,00006	0,01130	0,01130	0 38 50,79
0,0114	1,00006	0,01140	0,01140	0 39 11,42
0,0115	1,00007	0,01150	0,01150	0 39 32,05
0,0116	1,00007	0,01160	0,01160	0 39 52,67
0,0117	1,00007	0,01170	0,01170	0 40 13,30
0,0118	1,00007	0,01180	0,01180	0 40 33,92
0,0119	1,00007	0,01190	0,01190	0 40 54,55
0,0120	1,00007	0,01200	0,01200	0 41 15,18
0,0121	1,00007	0,01210	0,01210	0 41 35,80
0,0122	1,00007	0,01220	0,01220	0 41 56,43
0,0123	1,00008	0,01230	0,01230	0 42 17,06
0,0124	1,00008	0,01240	0,01240	0 42 37,68
0,0125	1,00008	0,01250	0,01250	0 42 58,31
0,0126	1,00008	0,01260	0,01260	0 43 18,94
0,0127	1,00008	0,01270	0,01270	0 43 39,56
0,0128	1,00008	0,01280	0,01280	0 44 00,19
0,0129	1,00008	0,01290	0,01290	0 44 20,82
0,0130	1,00008	0,01300	0,01300	0 44 41,44
0,0131	1,00009	0,01310	0,01310	0 45 02,07
0,0132	1,00009	0,01320	0,01320	0 45 22,70
0,0133	1,00009	0,01330	0,01330	0 45 43,32
0,0134	1,00009	0,01340	0,01340	0 46 03,95
0,0135	1,00009	0,01350	0,01350	0 46 24,57
0,0136	1,00009	0,01360	0,01360	0 46 45,20
0,0137	1,00009	0,01370	0,01370	0 47 05,83
0,0138	1,00010	0,01380	0,01380	0 47 26,45
0,0139	1,00010	0,01390	0,01390	0 47 47,08
0,0140	1,00010	0,01400	0,01400	0 48 07,71
0,0141	1,00010	0,01410	0,01410	0 48 28,33
0,0142	1,00010	0,01420	0,01420	0 48 48,96
0,0143	1,00010	0,01430	0,01430	0 49 09,59
0,0144	1,00010	0,01440	0,01440	0 49 30,21
0,0145	1,00011	0,01450	0,01450	0 49 50,84
0,0146	1,00011	0,01460	0,01460	0 50 11,47
0,0147	1,00011	0,01470	0,01470	0 50 32,09
0,0148	1,00011	0,01480	0,01480	0 50 52,72
0,0149	1,00011	0,01490	0.01490	0 51 13,35

x	$\cos x$	$\sin x$	$\operatorname{tg} x$	e^x	e^{-x}
0,0150	0,99989	0,01500	0,01500	1,015 113	0,985 1119
0,0151	0,99989	0,01510	0,01510	1,015 215	0,985 0134
0,0152	0,99988	0,01520	0,01520	1,015 316	0,984 9149
0,0153	0,99988	0,01530	0,01530	1,015 418	0,984 8165
0,0154	0,99988	0,01540	0,01540	1,015 519	0,984 7180
0,0155	0,99988	0,01550	0,01550	1,015 621	0,984 6195
0,0156	0,99988	0,01560	0,01560	1,015 722	0,984 5211
0,0157	0,99988	0,01570	0,01570	1,015 824	0,984 4226
0,0158	0,99988	0,01580	0,01580	1,015 925	0,984 3242
0,0159	0,99987	0,01590	0,01590	1,016 027	0,984 2257
0,0160	0,99987	0,01600	0,01600	1,016 129	0,984 1273
0,0161	0,99987	0,01610	0,01610	1,016 230	0,983 0289
0,0162	0,99987	0,01620	0,01620	1,016 332	0,983 9305
0,0163	0,99987	0,01630	0,01630	1,016 434	0,983 8321
0,0164	0,99987	0,01640	0,01640	1,016 535	0,983 7337
0,0165	0,99986	0,01650	0,01650	1,016 637	0,983 6354
0,0166	0,99986	0,01660	0,01660	1,016 739	0,983 5370
0,0167	0,99986	0,01670	0,01670	1,016 840	0,983 4387
0,0168	0,99986	0,01680	0,01680	1,016 942	0,983 3403
0,0169	0,99986	0,01690	0,01690	1,017 044	0,983 2420
0,0170	0,99986	0,01700	0,01700	1,017 145	0,983 1437
0,0171	0,99985	0,01710	0,01710	1,017 247	0,983 0454
0,0172	0,99985	0,01720	0,01720	1,017 349	0,982 9471
0,0173	0,99985	0,01730	0,01730	1,017 451	0,982 8488
0,0174	0,99985	0,01740	0,01740	1,017 552	0,982 7505
0,0175	0,99985	0,01750	0,01750	1,017 654	0,982 6522
0,0176	0,99985	0,01760	0,01760	1,017 756	0,982 5540
0,0177	0,99984	0,01770	0,01770	1,017 858	0,982 4557
0,0178	0,99984	0,01780	0,01780	1,017 959	0,982 3575
0,0179	0,99984	0,01790	0,01790	1,018 061	0,982 2593
0,0180	0,99984	0,01800	0,01800	1,018 163	0,982 1610
0,0181	0,99984	0,01810	0,01810	1,018 265	0,982 0628
0,0182	0,99983	0,01820	0,01820	1,018 367	0,981 9646
0,0183	0,99983	0,01830	0,01830	1,018 468	0,981 8664
0,0184	0,99983	0,01840	0,01840	1,018 570	0,981 7682
0,0185	0,99983	0,01850	0,01850	1,018 672	0,981 6701
0,0186	0,99983	0,01860	0,01860	1,018 774	0,981 5719
0,0187	0,99983	0,01870	0,01870	1,018 876	0,981 4738
0,0188	0,99982	0,01880	0,01880	1,018 978	0,981 3756
0,0189	0,99982	0,01890	0,01890	1,019 080	0,981 2775
0,0190	0,99982	0,01900	0,01900	1,019 182	0,981 1794
0,0191	0,99982	0,01910	0,01910	1,019 284	0,981 0812
0,0192	0,99982	0,01920	0,01920	1,019 386	0,980 9831
0,0193	0,99981	0,01930	0,01930	1,019 487	0,980 8851
0,0194	0,99981	0,01940	0,01940	1,019 589	0,980 7870
0,0195	0,99981	0,01950	0,01950	1,019 691	0,980 6889
0,0196	0,99981	0,01960	0,01960	1,019 793	0,980 5908
0,0197	0,99981	0,01970	0,01970	1,019 895	0,980 4928
0,0198	0,99980	0,01980	0,01980	1,019 997	0,980 3947
0,0199	0,99980	0,01990	0,01990	1,020 099	0,980 2967

x	Cos x	Sin x	Tg x	φ
0,0150	1,00011	0,01500	0,01500	0° 51′ 33,97″
0,0151	1,00011	0,01510	0,01510	0 51 54,60
0,0152	1,00012	0,01520	0,01520	0 52 15,23
0,0153	1,00012	0,01530	0,01530	0 52 35,85
0,0154	1,00012	0,01540	0,01540	0 52 56,48
0,0155	1,00012	0,01550	0,01550	0 53 17,13
0,0156	1,00012	0,01560	0,01560	0 53 37,73
0,0157	1,00012	0,01570	0,01570	0 53 58,36
0,0158	1,00012	0,01580	0,01580	0 54 18,98
0,0159	1,00013	0,01590	0,01590	0 54 39,61
0,0160	1,00013	0,01600	0,01600	0 55 00,24
0,0161	1,00013	0,01610	0,01610	0 55 20,86
0,0162	1,00013	0,01620	0,01620	0 55 41,49
0,0163	1,00013	0,01630	0,01630	0 56 02,12
0,0164	1,00013	0,01640	0,01640	0 56 22,74
0,0165	1,00014	0,01650	0,01650	0 56 43,37
0,0166	1,00014	0,01660	0,01660	0 57 04,00
0,0167	1,00014	0,01670	0,01670	0 57 24,62
0,0168	1,00014	0,01680	0,01680	0 57 45,25
0 0169	1,00014	0,01690	0,01690	0 58 05,88
0,0170	1,00014	0,01700	0,01700	0 58 26,50
0,0171	1,00015	0,01710	0,01710	0 58 47,13
0,0172	1,00015	0,01720	0,01720	0 59 07,75
0,0173	1,00015	0,01730	0,01730	0 59 28,38
0,0174	1,00015	0,01740	0,01740	0 59 49,01
0,0175	1,00015	0,01750	0,01750	1 00 09,63
0,0176	1,00015	0,01760	0,01760	1 00 30,26
0,0177	1,00016	0,01770	0,01770	1 00 50,89
0,0178	1,00016	0,01780	0,01780	1 01 11,51
0,0179	1,00016	0,01790	0,01790	1 01 32,14
0,0180	1,00016	0,01800	0,01800	1 01 52,77
0,0181	1,00016	0,01810	0,01810	1 02 13,39
0,0182	1,00017	0,01820	0,01820	1 02 34,02
0,0183	1,00017	0,01830	0,01830	1 02 54,65
0,0184	1,00017	0,01840	0,01840	1 03 15,27
0,0185	1,00017	0,01850	0,01850	1 03 35,90
0,0186	1,00017	0,01860	0,01860	1 03 56,53
0,0187	1,00017	0,01870	0,01870	1 04 17,15
0,0188	1,00018	0,01880	0,01880	1 04 37,78
0,0189	1,00018	0,01890	0,01890	1 04 58,40
0,0190	1,00018	0,01900	0,01900	1 05 19,03
0,0191	1,00018	0,01910	0,01910	1 05 39,66
0,0192	1,00018	0,01920	0,01920	1 06 00,28
0,0193	1,00019	0,01930	0,01930	1 06 20,91
0,0194	1,00019	0,01940	0,01940	1 06 41,54
0,0195	1,00019	0,01950	0,01950	1 07 02,16
0,0196	1,00019	0,01960	0,01960	1 07 22,79
0,0197	1,00019	0,01970	0,01970	1 07 43,42
0,0198	1,00020	0,01980	0,01980	1 08 04,04
0,0199	1,00020	0,01990	0,01990	1 08 24,67

x	$\cos x$	$\sin x$	$\operatorname{tg} x$	e^x	e^{-x}
0,0200	0,99980	0,02000	0,02000	1,020 201	0,980 1987
0,0201	0,99980	0,02010	0,02010	1,020 303	0,980 1007
0,0202	0,99980	0,02020	0,02020	1,020 405	0,980 0027
0,0203	0,99979	0,02030	0,02030	1,020 507	0,979 9047
0,0204	0,99979	0,02040	0,02040	1,020 610	0,979 8067
0,0205	0,99979	0,02050	0,02050	1,020 712	0,979 7087
0,0206	0,99979	0,02060	0,02060	1,020 814	0,979 6108
0,0207	0,99979	0,02070	0,02070	1,020 916	0,979 5128
0,0208	0,99978	0,02080	0,02080	1,021 018	0,979 4148
0,0209	0,99978	0,02090	0,02090	1,021 120	0,979 3169
0,0210	0,99978	0,02100	0,02100	1,021 222	0,979 2190
0,0211	0,99978	0,02110	0,02110	1,021 324	0,979 1210
0,0212	0,99978	0,02120	0,02120	1,021 426	0,979 0231
0,0213	0,99977	0,02130	0,02130	1,021 528	0,978 9252
0,0214	0,99977	0,02140	0,02140	1,021 631	0,978 8274
0,0215	0,99977	0,02150	0,02150	1,021 733	0,978 7295
0,0216	0,99977	0,02160	0,02160	1,021 835	0,978 6316
0,0217	0,99976	0,02170	0,02170	1,021 937	0,978 5337
0,0218	0,99976	0,02180	0,02180	1,022 039	0,978 4359
0,0219	0,99976	0,02190	0,02190	1,022 142	0,978 3381
0,0220	0,99976	0,02200	0,02200	1,022 244	0,978 2402
0,0221	0,99976	0,02210	0,02210	1,022 346	0,978 1424
0,0222	0,99975	0,02220	0,02220	1,022 448	0,978 0446
0,0223	0,99975	0,02230	0,02230	1,022 550	0,977 9468
0,0224	0,99975	0,02240	0,02240	1,022 653	0,977 8490
0,0225	0,99975	0,02250	0,02250	1,022 755	0,977 7512
0,0226	0,99974	0,02260	0,02260	1,022 857	0,977 6535
0,0227	0,99974	0,02270	0,02270	1,022 960	0,977 5557
0,0228	0,99974	0,02280	0,02280	1,023 062	0,977 4580
0,0229	0,99974	0,02290	0,02290	1,023 164	0,977 3602
0,0230	0,99974	0,02300	0,02300	1,023 267	0,977 2625
0,0231	0,99973	0,02310	0,02310	1,023 369	0,977 1648
0,0232	0,99973	0,02320	0,02320	1,023 471	0,977 0671
0,0233	0,99973	0,02330	0,02330	1,023 574	0,976 9693
0,0234	0,99973	0,02340	0,02340	1,023 676	0,976 8717
0,0235	0,99972	0,02350	0,02350	1,023 778	0,976 7740
0,0236	0,99972	0,02360	0,02360	1,023 881	0,976 6763
0,0237	0,99972	0,02370	0,02370	1,023 983	0,976 5786
0,0238	0,99972	0,02380	0,02380	1,024 085	0,976 4810
0,0239	0,99971	0,02390	0,02390	1,024 188	0,976 3833
0,0240	0,99971	0,02400	0,02400	1,024 290	0,976 2857
0,0241	0,99971	0,02410	0,02410	1,024 393	0,976 1881
0,0242	0,99971	0,02420	0,02420	1,024 495	0,976 0905
0,0243	0,99970	0,02430	0,02430	1,024 598	0,975 9929
0,0244	0,99970	0,02440	0,02440	1,024 700	0,975 8953
0,0245	0,99970	0,02450	0,02450	1,024 803	0,975 7977
0,0246	0,99970	0,02460	0,02460	1,024 905	0,975 7001
0,0247	0,99969	0,02470	0,02471	1,025 008	0,975 6025
0,0248	0,99969	0,02480	0,02481	1,025 110	0,975 5050
0,0249	0,99969	0,02490	0,02491	1,025 213	0,975 4074

x	Cos x	Sin x	Tg x	φ
0,0200	1,00020	0,02000	0,02000	1° 08′ 45,30″
0,0201	1,00020	0,02010	0,02010	1 09 05,92
0,0202	1,00020	0,02020	0,02020	1 09 26,55
0,0203	1,00021	0,02030	0,02030	1 09 47,18
0,0204	1,00021	0,02040	0,02040	1 10 07,80
0,0205	1,00021	0,02050	0,02050	1 10 28,43
0,0206	1,00021	0,02060	0,02060	1 10 49,06
0,0207	1,00021	0,02070	0,02070	1 11 09,68
0,0208	1,00022	0,02080	0,02080	1 11 30,31
0,0209	1,00022	0,02090	0,02090	1 11 50,93
0,0210	1,00022	0,02100	0,02100	1 12 11,56
0,0211	1,00022	0,02110	0,02110	1 12 32,19
0,0212	1,00022	0,02120	0,02120	1 12 52,81
0,0213	1,00023	0,02130	0,02130	1 13 13,44
0,0214	1,00023	0,02140	0,02140	1 13 34,07
0,0215	1,00023	0,02150	0,02150	1 13 54,69
0,0216	1,00023	0,02160	0,02160	1 14 15,32
0,0217	1,00024	0,02170	0,02170	1 14 35,95
0,0218	1,00024	0,02180	0,02180	1 14 56,57
0,0219	1,00024	0,02190	0,02190	1 15 17,20
0,0220	1,00024	0,02200	0,02200	1 15 37,83
0,0221	1,00024	0,02210	0,02210	1 15 58,45
0,0222	1,00025	0,02220	0,02220	1 16 19,08
0,0223	1,00025	0,02230	0,02230	1 16 39,71
0,0224	1,00025	0,02240	0,02240	1 17 00,33
0,0225	1,00025	0,02250	0,02250	1 17 20,96
0,0226	1,00026	0,02260	0,02260	1 17 41,58
0,0227	1,00026	0,02270	0,02270	1 18 02,21
0,0228	1,00026	0,02280	0,02280	1 18 22,84
0,0229	1,00026	0,02290	0,02290	1 18 43,46
0,0230	1,00026	0,02300	0,02300	1 19 04,09
0,0231	1,00027	0,02310	0,02310	1 19 24,72
0,0232	1,00027	0,02320	0,02320	1 19 45,34
0,0233	1,00027	0,02330	0,02330	1 20 05,97
0,0234	1,00027	0,02340	0,02340	1 20 26,60
0,0235	1,00028	0,02350	0,02350	1 20 47,22
0,0236	1,00028	0,02360	0,02360	1 21 07,85
0,0237	1,00028	0,02370	0,02370	1 21 28,48
0,0238	1,00028	0,02380	0,02380	1 21 49,10
0,0239	1,00029	0,02390	0,02390	1 22 09,73
0,0240	1,00029	0,02400	0,02400	1 22 30,36
0,0241	1,00029	0,02410	0,02410	1 22 50,98
0,0242	1,00029	0,02420	0,02420	1 23 11,61
0,0243	1,00030	0,02430	0,02430	1 23 32,23
0,0244	1,00030	0,02440	0,02440	1 23 52,86
0,0245	1,00030	0,02450	0,02450	1 24 13,49
0,0246	1,00030	0,02460	0,02460	1 24 34,11
0,0247	1,00031	0,02470	0,02469	1 24 54,74
0,0248	1,00031	0,02480	0,02479	1 25 15,37
0,0249	1,00031	0,02490	0,02489	1 25 35,99

x	$\cos x$	$\sin x$	$\operatorname{tg} x$	e^x	e^{-x}
0,0250	0,99969	0,02500	0,02501	1,025 315	0,975 3099
0,0251	0,99969	0,02510	0,02511	1,025 418	0,975 2124
0,0252	0,99968	0,02520	0,02521	1,025 520	0,975 1149
0,0253	0,99968	0,02530	0,02531	1,025 623	0,975 0173
0,0254	0,99968	0,02540	0,02541	1,025 725	0,974 9198
0,0255	0,99967	0,02550	0,02551	1,025 828	0,974 8223
0,0256	0,99967	0,02560	0,02561	1,025 931	0,974 7249
0,0257	0,99967	0,02570	0,02571	1,026 033	0,974 6274
0,0258	0,99967	0,02580	0,02581	1,026 136	0,974 5300
0,0259	0,99966	0,02590	0,02591	1 026 238	0,974 4325
0,0260	0,99966	0,02600	0 02601	1,026 341	0 974 3351
0,0261	0,99966	0,02610	0,02611	1,026 444	0,974 2377
0,0262	0,99966	0,02620	0,02621	1,026 546	0,974 1402
0,0263	0,99965	0,02630	0,02631	1,026 649	0,974 0428
0,0264	0,99965	0 02640	0 02641	1,026 752	0,973 9454
0,0265	0,99965	0,02650	0,02651	1,026 854	0,973 8480
0,0266	0,99965	0,02660	0,02661	1,026 957	0,973 7507
0,0267	0,99964	0,02670	0,02671	1,027 060	0,973 6533
0,0268	0,99964	0,02680	0,02681	1,027 162	0,973 5559
0,0269	0,99964	0,02690	0,02691	1,027 265	0,973 4589
0,0270	0,99964	0,02700	0,02701	1,027 368	0,973 3612
0,0271	0,99963	0,02710	0,02711	1,027 471	0,973 2639
0,0272	0,99963	0,02720	0,02721	1,027 573	0,973 1666
0,0273	0,99963	0,02730	0,02731	1,027 676	0,973 0693
0,0274	0,99962	0,02740	0,02741	1,027 779	0,972 9720
0,0275	0,99962	0,02750	0,02751	1,027 882	0,972 8747
0,0276	0,99962	0,02760	0,02761	1,027 984	0,972 7774
0,0277	0,99962	0,02770	0,02771	1,028 087	0,972 6801
0,0278	0,99961	0,02780	0,02781	1,028 190	0,972 5828
0,0279	0,99961	0,02790	0,02791	1,028 293	0,972 4856
0,0280	0,99961	0,02800	0,02801	1,028 396	0,972 3884
0,0281	0,99961	0,02810	0,02811	1,028 499	0,972 2911
0,0282	0,99960	0,02820	0,02821	1,028 601	0,972 1939
0,0283	0,99960	0,02830	0,02831	1,028 704	0,972 0967
0,0284	0,99960	0,02840	0,02841	1,028 807	0,971 9995
0,0285	0,99959	0,02850	0,02851	1,028 910	0,971 9023
0,0286	0,99959	0,02860	0,02861	1,029 013	0,971 8051
0,0287	0,99959	0,02870	0,02871	1,029 116	0,971 7079
0,0288	0,99959	0,02880	0,02881	1,029 219	0,971 6107
0,0289	0,99958	0,02890	0,02891	1,029 322	0,971 5137
0,0290	0,99958	0,02900	0,02901	1,029 425	0,971 4165
0,0291	0,99958	0,02910	0,02911	1,029 528	0,971 3193
0,0292	0,99957	0,02920	0,02921	1,029 630	0,971 2222
0,0293	0,99957	0,02930	0,02931	1,029 733	0,971 1251
0,0294	0,99957	0,02940	0,02941	1,029 836	0,971 0280
0,0295	0,99956	0,02950	0,02951	1,029 939	0,970 9309
0,0296	0,99956	0,02960	0,02961	1,030 042	0,970 8338
0,0297	0,99956	0,02970	0,02971	1.030 145	0,970 7367
0,0298	0,99956	0,02980	0,02981	1,030 248	0,970 6396
0,0299	0,99955	0,02990	0,02991	1,030 351	0,970 5426

x	Cos x	Sin x	Tg x	φ
0,0250	1,00031	0,02500	0,02499	1°25′56,62″
0,0251	1,00032	0,02510	0,02509	1 26 17,25
0,0252	1,00032	0,02520	0,02519	1 26 37,87
0,0253	1,00032	0,02530	0,02529	1 26 58,50
0,0254	1,00032	0,02540	0,02539	1 27 19,13
0,0255	1,00033	0,02550	0,02549	1 27 39,75
0,0256	1,00033	0 02560	0 02559	1 28 00,38
0,0257	1,00033	0,02570	0,02569	1 28 21,01
0,0258	1,00033	0,02580	0,02579	1 28 41,63
0,0259	1,00034	0,02590	0,02589	1 29 02,26
0,0260	1,00034	0,02600	0,02599	1 29 22,88
0,0261	1,00034	0,02610	0,02609	1 29 43,51
0,0262	1,00034	0,02620	0,02619	1 30 04,14
0,0263	1,00035	0,02630	0,02629	1 30 24,76
0,0264	1,00035	0,02640	0,02639	1 30 45,39
0,0265	1,00035	0,02650	0,02649	1 31 06,02
0,0266	1,00035	0,02660	0,02659	1 31 26,64
0,0267	1,00036	0,02670	0,02669	1 31 47,27
0,0268	1,00036	0,02680	0,02679	1 32 07,90
0,0269	1,00036	0,02690	0,02689	1 32 28,52
0,0270	1,00036	0,02700	0,02699	1 32 49,15
0,0271	1,00037	0,02710	0,02709	1 33 09,78
0,0272	1,00037	0,02720	0,02719	1 33 30,40
0,0273	1,00037	0,02730	0,02729	1 33 51,03
0,0274	1,00038	0,02740	0,02739	1 34 11,66
0,0275	1,00038	0,02750	0,02749	1 34 32,28
0,0276	1,00038	0.02760	0,02759	1 34 52,91
0,0277	1,00038	0,02770	0,02769	1 35 13,54
0,0278	1,00039	0,02780	0,02779	1 35 34,16
0,0279	1,00039	0,02790	0,02789	1 35 54,79
0,0280	1,00039	0,02800	0,02799	1 36 15,41
0,0281	1,00039	0,02810	0,02809	1 36 36,04
0,0282	1,00040	0,02820	0,02819	1 36 56,67
0,0283	1,00040	0,02830	0,02829	1 37 17,29
0,0284	1,00040	0,02840	0,02839	1 37 37,92
0,0285	1,00041	0,02850	0,02849	1 37 58,55
0,0286	1,00041	0,02860	0,02859	1 38 19,17
0,0287	1,00041	0,02870	0,02869	1 38 39,80
0,0288	1,00041	0,02880	0,02879	1 39 00,43
0,0289	1,00042	0,02890	0,02889	1 39 21,05
0,0290	1,00042	0,02900	0,02899	1 39 41,68
0,0291	1,00042	0,02910	0,02909	1 40 02,31
0,0292	1,00043	0,02920	0,02919	1 40 22,93
0,0293	1,00043	0,02930	0,02929	1 40 43,56
0,0294	1,00043	0,02940	0,02939	1 41 04,19
0,0295	1,00044	0,02950	0,02949	1 41 24,81
0,0296	1,00044	0,02960	0,02959	1 41 45,44
0,0297	1,00044	0,02970	0,02969	1 42 06,06
0,0298	1,00044	0,02980	0,02979	1 42 26,69
0,0299	1,00045	0,02990	0,02989	1 42 47,32

x	$\cos x$	$\sin x$	$\operatorname{tg} x$	e^x	e^{-x}
0,0300	0,99955	0,03000	0,03001	1,030 455	0,970 4455
0,0301	0,99955	0,03010	0,03011	1,030 558	0,970 3485
0,0302	0,99954	0,03020	0,03021	1,030 661	0,970 2515
0,0303	0,99954	0,03030	0,03031	1,030 764	0,970 1544
0,0304	0,99954	0,03040	0,03041	1,030 867	0,970 0574
0,0305	0,99953	0,03050	0,03051	1,030 970	0,969 9604
0,0306	0,99953	0,03060	0,03061	1,031 073	0,969 8634
0,0307	0,99953	0,03070	0,03071	1,031 176	0,969 7665
0,0308	0,99953	0,03080	0,03081	1,031 279	0,969 6695
0,0309	0,99952	0,03090	0,03091	1,031 382	0,969 5725
0,0310	0,99952	0,03100	0,03101	1,031 485	0,969 4756
0,0311	0,99952	0,03109	0,03111	1,031 589	0,969 3786
0,0312	0,99951	0,03119	0,03121	1,031 692	0,969 2817
0,0313	0,99951	0,03129	0,03131	1,031 795	0,969 1848
0,0314	0,99951	0,03139	0,03141	1,031 898	0,969 0879
0,0315	0,99950	0,03149	0,03151	1,032 001	0,968 9910
0,0316	0,99950	0,03159	0,03161	1,032 105	0,968 8941
0,0317	0,99950	0,03169	0,03171	1,032 208	0,968 7972
0,0318	0,99949	0,03179	0,03181	1,032 311	0,968 7003
0,0319	0,99949	0,03189	0,03191	1,032 414	0,968 6034
0,0320	0,99949	0,03199	0,03201	1,032 518	0,968 5066
0,0321	0,99948	0,03209	0,03211	1,032 621	0,968 4097
0,0322	0,99948	0,03219	0,03221	1,032 724	0,968 3129
0,0323	0,99948	0,03229	0,03231	1,032 827	0,968 2161
0,0324	0,99948	0,03239	0,93241	1,032 930	0,968 1193
0,0325	0,99947	0,03249	0,03251	1,033 034	0,968 0225
0,0326	0,99947	0,03259	0,03261	1,033 137	0,967 9257
0,0327	0,99947	0,03269	0,03271	1,033 241	0,967 8289
0,0328	0,99946	0,03279	0,03281	1,033 343	0,967 7321
0,0329	0,99946	0,03289	0,03291	1,033 447	0,967 6353
0,0330	0,99946	0,03299	0,03301	1,033 551	0,967 5386
0,0331	0,99945	0,03309	0,03311	1,033 654	0,967 4418
0,0332	0,99945	0,03319	0,03321	1,033 757	0,967 3451
0,0333	0,99945	0,03329	0,03331	1,033 861	0,967 2483
0,0334	0,99944	0,03339	0,03341	1,033 964	0,967 1516
0,0335	0,99944	0,03349	0,03351	1,034 067	0,967 0549
0,0336	0,99944	0,03359	0,03361	1,034 171	0,966 9582
0,0337	0,99943	0,03369	0,03371	1,034 274	0,966 8615
0,0338	0,99943	0,03379	0,03381	1,034 378	0,966 7648
0,0339	0,99943	0,03389	0,03391	1,034 481	0,966 6682
0,0340	0,99942	0,03399	0,03401	1,034 585	0,966 5715
0,0341	0,99942	0,03409	0,03411	1,034 688	0,966 4748
0,0342	0,99942	0,03419	0,03421	1,034 792	0,966 3782
0,0343	0,99941	0,03429	0,03431	1,034 895	0,966 2816
0,0344	0,99941	0,03439	0,03441	1,034 998	0,966 1850
0,0345	0,99940	0,03449	0,03451	1,035 102	0,966 0883
0,0346	0,99940	0,03459	0,03461	1,035 206	0,965 9917
0,0347	0,99940	0,03469	0,03471	1,035 309	0,965 8951
0,0348	0,99939	0,03479	0,03481	1,035 413	0,965 7986
0,0349	0,99939	0,03489	0,03491	1,035 516	0,965 7020

x	Cos x	Sin x	Tg x	φ
0,0300	1,00045	0,03000	0,02999	1° 43′ 07,94″
0,0301	1,00045	0,03010	0,03009	1 43 28,57
0,0302	1,00046	0,03020	0,03019	1 43 49,20
0,0303	1,00046	0,03030	0,03029	1 44 09,82
0,0304	1,00046	0,03040	0,03039	1 44 30,45
0,0305	1,00047	0,03050	0,03049	1 44 51,08
0,0306	1,00047	0,03060	0,03059	1 45 11,70
0,0307	1,00047	0,03070	0,03069	1 45 32,33
0,0308	1,00047	0,03080	0,03079	1 45 52,96
0,0309	1,00048	0,03090	0,03089	1 46 13,58
0,0310	1,00048	0,03100	0,03099	1 46 34,21
0,0311	1,00048	0,03111	0,03109	1 46 54,84
0,0312	1,00049	0,03121	0,03119	1 47 15,46
0,0313	1,00049	0,03131	0,03129	1 47 36,09
0,0314	1,00049	0,03141	0,03139	1 47 56,71
0,0315	1,00050	0,03151	0,03149	1 48 17,34
0,0316	1,00050	0,03161	0,03159	1 48 37,97
0,0317	1,00050	0,03171	0,03169	1 48 58,59
0,0318	1,00051	0,03181	0,03179	1 49 19,22
0,0319	1,00051	0,03191	0,03189	1 49 39,85
0,0320	1,00051	0,03201	0,03199	1 50 00,47
0,0321	1,00052	0,03211	0,03209	1 50 21,10
0,0322	1,00052	0,03221	0,03219	1 50 41,73
0,0323	1,00052	0,03231	0,03229	1 51 02,35
0,0324	1,00052	0,03241	0,03239	1 51 22,98
0,0325	1,00053	0,03251	0,03249	1 51 43,61
0,0326	1,00053	0,03261	0,03259	1 52 04,23
0,0327	1,00053	0,03271	0,03269	1 52 24,86
0,0328	1,00054	0,03281	0,03279	1 52 45,49
0,0329	1,00054	0,03291	0,03289	1 53 06,11
0,0330	1,00054	0,03301	0,03299	1 53 26,74
0,0331	1,00055	0,03311	0,03309	1 53 47,37
0,0332	1,00055	0,03321	0,03319	1 54 07,99
0,0333	1,00055	0,03331	0,03329	1 54 28,62
0,0334	1,00056	0,03341	0,03339	1 54 49,24
0,0335	1,00056	0,03351	0,03349	1 55 09,87
0,0336	1,00056	0,03361	0,03359	1 55 30,50
0,0337	1,00057	0,03371	0,03369	1 55 51,12
0,0338	1,00057	0,03381	0,03379	1 56 11,75
0,0339	1,00057	0,03391	0,03389	1 56 32,38
0,0340	1,00058	0,03401	0,03399	1 56 53,00
0,0341	1,00058	0,03411	0,03409	1 57 13,63
0,0342	1,00058	0,03421	0,03419	1 57 34,26
0,0343	1,00059	0,03431	0,03429	1 57 54,88
0,0344	1,00059	0,03441	0,03439	1 58 15,51
0,0345	1,00060	0,03451	0,03449	1 58 36,14
0,0346	1,00060	0,03461	0,03459	1 58 56,76
0,0347	1,00060	0,03471	0,03469	1 59 17,39
0,0348	1,00061	0,03481	0,03479	1 59 38,02
0,0349	1,00061	0,03491	0,03489	1 59 58,64

x	$\cos x$	$\sin x$	$\operatorname{tg} x$	e^x	e^{-x}
0,0350	0,99939	0,03499	0,03501	1,035 620	0,965 6054
0,0351	0,99938	0,03509	0,03511	1,035 723	0,965 5089
0,0352	0,99938	0,03519	0,03521	1,035 827	0,965 4123
0,0353	0,99938	0,03529	0,03531	1,035 930	0,965 3158
0,0354	0,99937	0,03539	0,03541	1,036 034	0,965 2192
0,0355	0,99937	0,03549	0,03551	1,036 138	0,965 1227
0,0356	0,99937	0,03559	0,03562	1,036 241	0,965 0262
0,0357	0,99936	0,03569	0,03572	1,036 345	0,964 9297
0,0358	0,99936	0,03579	0,03582	1,036 449	0,964 8332
0,0359	0,99936	0,03589	0,03592	1,036 552	0,964 7368
0,0360	0,99935	0,03599	0,03602	1,036 656	0,964 6403
0,0361	0,99935	0,03609	0,03612	1,036 760	0,964 5438
0,0362	0,99934	0,03619	0,03622	1,036 863	0,964 4474
0,0363	0,99934	0,03629	0,03632	1,036 967	0,964 3509
0,0364	0,99934	0,03639	0,03642	1,037 071	0,964 2545
0,0365	0,99933	0,03649	0,03652	1,037 174	0,964 1581
0,0366	0,99933	0,03659	0,03662	1,037 278	0,964 0617
0,0367	0,99933	0,03669	0,03672	1,037 382	0,963 9653
0,0368	0,99932	0,03679	0,03682	1,037 485	0,963 8689
0,0369	0,99932	0,03689	0,03692	1,037 589	0,963 7725
0,0370	0,99932	0,03699	0,03702	1,037 693	0,963 6761
0,0371	0,99931	0,03709	0,03712	1,037 797	0,963 5798
0,0372	0,99931	0,03719	0,03722	1,037 901	0,963 4834
0,0373	0,99930	0,03729	0,03732	1,038 004	0,963 3871
0,0374	0,99930	0,03739	0,03742	1,038 108	0,963 2907
0,0375	0,99930	0,03749	0,03752	1,038 212	0,963 1944
0,0376	0,99929	0,03759	0,03762	1,038 316	0,963 0981
0,0377	0,99929	0,03769	0,03772	1,038 420	0,963 0016
0,0378	0,99929	0,03779	0,03782	1,038 524	0,962 9055
0,0379	0,99928	0,03789	0,03792	1,038 627	0,962 8092
0,0380	0,99928	0,03799	0,03802	1,038 731	0,962 7129
0,0381	0,99927	0,03809	0,03812	1,038 835	0,962 6167
0,0382	0,99927	0,03819	0,03822	1,038 939	0,962 5204
0,0383	0,99927	0,03829	0,03832	1,039 043	0,962 4242
0,0384	0,99926	0,03839	0,03842	1,039 147	0,962 3279
0,0385	0,99926	0,03849	0,03852	1,039 251	0,962 2317
0,0386	0,99926	0,03859	0,03862	1,039 355	0,962 1355
0,0387	0,99925	0,03869	0,03872	1,039 459	0,962 0393
0,0388	0,99925	0,03879	0,03882	1,039 563	0,961 9431
0,0389	0,99924	0,03889	0,03892	1,039 667	0,961 8469
0,0390	0,99924	0,03899	0,03902	1,039 770	0,961 7507
0,0391	0,99924	0,03909	0,03912	1,039 874	0,961 6545
0,0392	0,99923	0,03919	0,03922	1,039 978	0,961 5584
0,0393	0,99923	0,03929	0,03932	1,040 082	0,961 4622
0,0394	0,99922	0,03939	0,03942	1,040 186	0,961 3661
0,0395	0,99922	0,03949	0,03952	1,040 291	0,961 2700
0,0396	0,99922	0,03959	0,03962	1,040 395	0,961 1738
0,0397	0,99921	0,03969	0,03972	1,040 499	0,961 0777
0,0398	0,99921	0,03979	0,03982	1,040 603	0,960 9816
0,0399	0,99920	0,03989	0,03992	1,040 707	0,960 8855

x	Cof x	Sin x	Tg x	φ
0,0350	1,00061	0,03501	0,03499	2° 00′ 19,27″
0,0351	1,00062	0,03511	0,03509	2 00 39,89
0,0352	1,00062	0,03521	0,03519	2 01 00,52
0,0353	1,00062	0,03531	0,03529	2 01 21,15
0,0354	1,00063	0,03541	0,03539	2 01 41,77
0,0355	1,00063	0,03551	0,03549	2 02 02,40
0,0356	1,00063	0,03561	0,03558	2 02 23,03
0,0357	1,00064	0,03571	0,03568	2 02 43,65
0,0358	1,00064	0,03581	0,03578	2 03 04,28
0,0359	1,00064	0,03591	0,03588	2 03 24,91
0,0360	1,00065	0,03601	0,03598	2 03 45,53
0,0361	1,00065	0,03611	0,03608	2 04 06,16
0,0362	1,00066	0,03621	0,03618	2 04 26,79
0,0363	1,00066	0,03631	0,03628	2 04 47,41
0,0364	1,00066	0,03641	0,03638	2 05 08,04
0,0365	1,00067	0,03651	0,03648	2 05 28,67
0,0366	1,00067	0,03661	0,03658	2 05 49,29
0,0367	1,00067	0,03671	0,03668	2 06 09,92
0,0368	1,00068	0,03681	0,03678	2 06 30,54
0,0369	1,00068	0,03691	0,03688	2 06 51,17
0,0370	1,00068	0,03701	0,03698	2 07 11,80
0,0371	1,00069	0,03711	0,03708	2 07 32,42
0,0372	1,00069	0,03721	0,03718	2 07 53,05
0,0373	1,00070	0,03731	0,03728	2 08 13,68
0,0374	1,00070	0,03741	0,03738	2 08 34,30
0,0375	1,00070	0,03751	0,03748	2 08 54,93
0,0376	1,00071	0,03761	0,03758	2 09 15,56
0,0377	1,00071	0,03771	0,03768	2 09 36,18
0,0378	1,00071	0,03781	0,03778	2 09 56,81
0,0379	1,00072	0,03791	0,03788	2 10 17,44
0,0380	1,00072	0,03801	0,03798	2 10 38,06
0,0381	1,00073	0,03811	0,03808	2 10 58,69
0,0382	1,00073	0,03821	0,03818	2 11 19,32
0,0383	1,00073	0,03831	0,03828	2 11 39,94
0,0384	1,00074	0,03841	0,03838	2 12 00,57
0,0385	1,00074	0,03851	0,03848	2 12 21,20
0,0386	1,00075	0,03861	0,03858	2 12 41,82
0,0387	1,00075	0,03871	0,03868	2 13 02,45
0,0388	1,00075	0,03881	0,03878	2 13 23,07
0,0389	1,00076	0,03891	0,03888	2 13 43,70
0,0390	1,00076	0,03901	0,03898	2 14 04,33
0,0391	1,00076	0,03911	0,03908	2 14 24,95
0,0392	1,00077	0,03921	0,03918	2 14 45,58
0,0393	1,00077	0,03931	0,03928	2 15 06,21
0,0394	1,00078	0,03941	0,03938	2 15 26,83
0,0395	1,00078	0,03951	0,03948	2 15 47,46
0,0396	1,00078	0,03961	0,03958	2 16 08,09
0,0397	1,00079	0,03971	0 03968	2 16 28,71
0,0398	1,00079	0,03981	0,03978	2 16 49,34
0,0399	1,00080	0,03991	0,03988	2 17 09,97

x	$\cos x$	$\sin x$	$\operatorname{tg} x$	e^{x}	e^{-x}
0,0400	0,99920	0,03999	0,04002	1,040 811	0,960 7894
0,0401	0,99920	0,04009	0,04012	1,040 915	0,960 6934
0,0402	0,99919	0,04019	0,04022	1,041 019	0,960 5973
0,0403	0,99919	0,04029	0,04032	1,041 123	0,960 5012
0,0404	0,99918	0,04039	0,04042	1,041 227	0,960 4052
0,0405	0,99918	0,04049	0,04052	1,041 331	0,960 3092
0,0406	0,99918	0,04059	0,04062	1,041 435	0,960 2131
0,0407	0,99917	0,04069	0,04072	1,041 540	0,960 1171
0,0408	0,99917	0,04079	0,04082	1,041 644	0,960 0211
0,0409	0,99916	0,04089	0,04092	1,041 748	0,959 9251
0,0410	0,99916	0,04099	0,04102	1,041 852	0,959 8291
0,0411	0,99916	0,04109	0,04112	1,041 956	0,959 7332
0,0412	0,99915	0,04119	0,04122	1,042 060	0,959 6372
0,0413	0,99915	0,04129	0,04132	1,042 165	0,959 5412
0,0414	0,99914	0,04139	0,04142	1,042 269	0,959 4453
0,0415	0,99914	0,04149	0,04152	1,042 373	0,959 3493
0,0416	0,99913	0,04159	0,04162	1,042 477	0,959 2534
0,0417	0,99913	0,04169	0,04172	1,042 582	0,959 1575
0,0418	0,99913	0,04179	0,04182	1,042 686	0,959 0616
0,0419	0,99912	0,04189	0,04192	1,042 790	0,958 9657
0,0420	0,99912	0,04199	0,04202	1,042 894	0,958 8698
0,0421	0,99911	0,04209	0,04212	1,042 999	0,958 7739
0,0422	0,99911	0,04219	0,04223	1,043 103	0,958 6780
0,0423	0,99911	0,04229	0,04233	1,043 207	0,958 5822
0,0424	0,99910	0,04239	0,04243	1,043 312	0,958 4863
0,0425	0,99910	0,04249	0,04253	1,043 416	0,958 3905
0,0426	0,99909	0,04259	0,04263	1,043 520	0,958 2946
0,0427	0,99909	0,04269	0,04273	1,043 625	0,958 1988
0,0428	0,99908	0,04279	0,04283	1,043 729	0,958 1030
0,0429	0,99908	0,04289	0,04293	1,043 833	0,958 0072
0,0430	0,99908	0,04299	0,04303	1,043 938	0,957 9114
0,0431	0,99907	0,04309	0,04313	1,044 042	0,957 8115
0,0432	0,99907	0,04319	0,04323	1,044 147	0,957 7198
0,0433	0,99906	0,04329	0,04333	1,044 251	0,957 6241
0,0434	0,99906	0,04339	0,04343	1,044 356	0,957 5283
0,0435	0,99905	0,04349	0,04353	1,044 460	0,957 4326
0,0436	0,99905	0,04359	0,04363	1,044 564	0,957 3368
0,0437	0,99905	0,04369	0,04373	1,044 669	0,957 2411
0,0438	0,99904	0,04379	0,04383	1,044 773	0,957 1454
0,0439	0,99904	0,04389	0,04393	1,044 878	0,957 0497
0,0440	0,99903	0,04399	0,04403	1,044 982	0,956 9540
0,0441	0,99903	0,04409	0,04413	1,045 086	0,956 8583
0,0442	0,99902	0,04419	0,04423	1,045 191	0,956 7626
0,0443	0,99902	0,04429	0,04433	1,045 296	0,956 6669
0,0444	0,99901	0,04439	0,04443	1,045 400	0,956 5712
0,0445	0,99901	0,04449	0,04453	1,045 505	0,956 4756
0,0446	0,99901	0,04459	0,04463	1,045 610	0,956 3800
0,0447	0,99900	0,04469	0,04473	1,045 714	0,956 2843
0,0448	0,99900	0,04479	0,04483	1,045 819	0,956 1887
0,0449	0,99899	0,04488	0,04493	1,045 923	0,956 0931

x	Cof x	Sin x	Tg x	φ
0,0400	1,00080	0,04001	0,03998	2° 17′ 30,59″
0,0401	1,00080	0,04011	0,04008	2 17 51,22
0,0402	1,00081	0,04021	0,04018	2 18 11,85
0,0403	1,00081	0,04031	0,04028	2 18 32,47
0,0404	1,00082	0,04041	0,04038	2 18 53,10
0,0405	1,00082	0,04051	0,04048	2 19 13,72
0,0406	1,00082	0,04061	0,04058	2 19 34,35
0,0407	1,00083	0,04071	0,04068	2 19 54,98
0,0408	1,00083	0,04081	0,04078	2 20 15,60
0,0409	1,00084	0,04091	0,04088	2 20 36,23
0,0410	1,00084	0,04101	0,04098	2 20 56,86
0,0411	1,00084	0,04111	0,04108	2 21 17,48
0,0412	1,00085	0,04121	0,04118	2 21 38,11
0,0413	1,00085	0,04131	0,04128	2 21 58,74
0,0414	1,00086	0,04141	0,04138	2 22 19,36
0,0415	1,00086	0,04151	0,04148	2 22 39,99
0,0416	1,00087	0,04161	0,04158	2 23 00,62
0,0417	1,00087	0,04171	0,04168	2 23 21,24
0,0418	1,00087	0,04181	0,04178	2 23 41,87
0,0419	1,00088	0,04191	0,04188	2 24 02,50
0,0420	1,00088	0,04201	0,04198	2 24 23,12
0,0421	1,00089	0,04211	0,04208	2 24 43,75
0,0422	1,00089	0,04221	0,04217	2 25 04,37
0,0423	1,00089	0,04231	0,04227	2 25 25,00
0,0424	1,00090	0,04241	0,04237	2 25 45,63
0,0425	1,00090	0,04251	0,04247	2 26 06,25
0,0426	1,00091	0,04261	0,04257	2 26 26,88
0,0427	1,00091	0,04271	0,04267	2 26 47,51
0,0428	1,00092	0,04281	0,04277	2 27 08,13
0,0429	1,00092	0,04291	0,04287	2 27 28,76
0,0430	1,00092	0,04301	0,04297	2 27 49,39
0,0431	1,00093	0,04311	0,04307	2 28 10,01
0,0432	1,00093	0,04321	0,04317	2 28 30,64
0,0433	1,00094	0,04331	0,04327	2 28 51,27
0,0434	1,00094	0,04341	0,04337	2 29 11,89
0,0435	1,00095	0,04351	0,04347	2 29 32,52
0,0436	1,00095	0,04361	0,04357	2 29 53,15
0,0437	1,00095	0,04371	0,04367	2 30 13,77
0,0438	1,00096	0,04381	0,04377	2 30 34,40
0,0439	1,00096	0,04391	0,04387	2 30 55,02
0,0440	1,00097	0,04401	0,04397	2 31 15,65
0,0441	1,00097	0,04411	0,04407	2 31 36,28
0,0442	1,00098	0,04421	0,04417	2 31 56,90
0,0443	1,00098	0,04431	0,04427	2 32 17,53
0,0444	1,00099	0,04441	0,04437	2 32 38,16
0,0445	1,00099	0,04451	0,04447	2 32 58,78
0,0446	1,00099	0,04461	0,04457	2 33 19,41
0,0447	1,00100	0,04471	0,04467	2 33 40,04
0,0448	1,00100	0,04481	0,04477	2 34 00,66
0,0449	1,00101	0,04492	0,04487	2 34 21,29

x	cos x	sin x	tg x	e^x	e^{-x}
0,0450	0,99899	0,04498	0,04503	1,046 028	0,955 9975
0,0451	0,99898	0,04508	0,04513	1,046 132	0,955 9019
0,0452	0,99898	0,04518	0,04523	1,046 237	0,955 8063
0,0453	0,99897	0,04528	0,04533	1,046 342	0,955 7107
0,0454	0,99897	0,04538	0,04543	1,046 446	0,955 6152
0,0455	0,99897	0,04548	0,04553	1,046 551	0,955 5196
0,0456	0,99896	0,04558	0,04563	1,046 656	0,955 4241
0,0457	0,99896	0,04568	0,04573	1,046 760	0,955 3285
0,0458	0,99895	0,04578	0,04583	1,046 865	0,955 2330
0,0459	0,99895	0,04588	0,04593	1,046 970	0,955 1375
0,0460	0,99894	0,04598	0,04603	1,047 074	0,955 0420
0,0461	0,99894	0,04608	0,04613	1,047 179	0,954 9465
0,0462	0,99893	0,04618	0,04623	1,047 284	0,954 8510
0,0463	0,99893	0,04628	0,04633	1,047 389	0,954 7555
0,0464	0,99892	0,04638	0,04643	1,047 493	0,954 6600
0,0465	0,99892	0,04648	0,04653	1,047 598	0,954 5646
0,0466	0,99891	0,04658	0,04663	1,047 703	0,954 4691
0,0467	0,99891	0,04668	0,04673	1,047 808	0,954 3737
0,0468	0,99891	0,04678	0,04683	1,047 912	0,954 2782
0,0469	0,99890	0,04688	0,04693	1,048 017	0,954 1828
0,0470	0,99890	0,04698	0,04703	1,048 122	0,954 0874
0,0471	0,99889	0,04708	0,04713	1,048 227	0,953 9920
0,0472	0,99889	0,04718	0,04724	1,048 332	0,953 8966
0,0473	0,99888	0,04728	0,04734	1,048 436	0,953 8012
0,0474	0,99888	0,04738	0,04744	1,048 541	0,953 7058
0,0475	0,99887	0,04748	0,04754	1,048 646	0,953 6105
0,0476	0,99887	0,04758	0,04764	1,048 751	0,953 5151
0,0477	0,99886	0,04768	0,04774	1,048 856	0,953 4198
0,0478	0,99886	0,04778	0,04784	1,048 961	0,953 3244
0,0479	0,99885	0,04788	0,04794	1,049 066	0,953 2291
0,0480	0,99885	0,04798	0,04804	1,049 171	0,953 1338
0,0481	0,99884	0,04808	0,04814	1,049 276	0,953 0385
0,0482	0,99884	0,04818	0,04824	1,049 381	0,952 9432
0,0483	0,99883	0,04828	0,04834	1,049 485	0,952 8479
0,0484	0,99883	0,04838	0,04844	1,049 590	0,952 7526
0,0485	0,99882	0,04848	0,04854	1,049 695	0,952 6573
0,0486	0,99882	0,04858	0,04864	1,049 800	0,952 5621
0,0487	0,99881	0,04868	0,04874	1,049 905	0,952 4668
0,0488	0,99881	0,04878	0,04884	1,050 010	0,952 3716
0,0489	0,99880	0,04888	0,04894	1,050 115	0,952 2764
0,0490	0,99880	0,04898	0,04904	1,050 220	0,952 1811
0,0491	0,99879	0,04908	0,04914	1,050 325	0,952 0859
0,0492	0,99879	0,04918	0,04924	1,050 430	0,951 9907
0,0493	0,99879	0,04928	0,04934	1,050 535	0,951 8955
0,0494	0,99878	0,04938	0,04944	1,050 641	0,951 8003
0,0495	0,99878	0,04948	0,04954	1,050 746	0,951 7052
0,0496	0,99877	0,04958	0,04964	1,050 851	0,951 6100
0,0497	0,99877	0,04968	0,04974	1,050 956	0,951 5148
0,0498	0,99876	0,04978	0,04984	1,051 061	0,951 4197
0,0499	0,99876	0,04988	0,04994	1,051 166	0,951 3246

x	Cos x	Sin x	Tg x	φ
0,0450	1,00101	0,04502	0,04497	2° 34′ 41,92″
0,0451	1,00102	0,04512	0,04507	2 35 02,54
0,0452	1,00102	0,04522	0,04517	2 35 23,17
0,0453	1,00103	0,04532	0,04527	2 35 43,80
0,0454	1,00103	0,04542	0,04537	2 36 04,42
0,0455	1,00104	0,04552	0,04547	2 36 25,05
0,0456	1,00104	0,04562	0,04557	2 36 45,68
0,0457	1,00104	0,04572	0,04567	2 37 06,30
0,0458	1,00105	0,04582	0,04577	2 37 26,93
0,0459	1,00105	0,04592	0,04587	2 37 47,55
0,0460	1,00106	0,04602	0,04597	2 38 08,18
0,0461	1,00106	0,04612	0,04607	2 38 28,81
0,0462	1,00107	0,04622	0,04617	2 38 49,43
0,0463	1,00107	0,04632	0,04627	2 39 10,06
0,0464	1,00108	0,04642	0,04637	2 39 30,69
0,0465	1,00108	0,04652	0,04647	2 39 51,31
0,0466	1,00109	0,04662	0,04657	2 40 11,94
0,0467	1,00109	0,04672	0,04667	2 40 32,57
0,0468	1,00110	0,04682	0,04677	2 40 53,19
0,0469	1,00110	0,04692	0,04687	2 41 13,82
0,0470	1,00110	0,04702	0,04697	2 41 34,45
0,0471	1,00111	0,04712	0,04707	2 41 55,07
0,0472	1,00111	0,04722	0,04716	2 42 15,70
0,0473	1,00112	0,04732	0,04726	2 42 36,33
0,0474	1,00112	0,04742	0,04736	2 42 56,95
0,0475	1,00113	0,04752	0,04746	2 43 17,58
0,0476	1,00113	0,04762	0,04756	2 43 38,20
0,0477	1,00114	0,04772	0,04766	2 43 58,83
0,0478	1,00114	0,04782	0,04776	2 44 19,46
0,0479	1,00115	0,04792	0,04786	2 44 40,08
0,0480	1,00115	0,04802	0,04796	2 45 00,71
0,0481	1,00116	0,04812	0,04806	2 45 21,34
0,0482	1,00116	0,04822	0,04816	2 45 41,96
0,0483	1,00117	0,04832	0,04826	2 46 02,59
0,0484	1,00117	0,04842	0,04836	2 46 23,22
0,0485	1,00118	0,04852	0,04846	2 46 43,84
0,0486	1,00118	0,04862	0,04856	2 47 04,47
0,0487	1,00119	0,04872	0,04866	2 47 25,10
0,0488	1,00119	0,04882	0,04876	2 47 45,72
0,0489	1,00120	0,04892	0,04886	2 48 06,35
0,0490	1,00120	0,04902	0,04896	2 48 26,98
0,0491	1,00121	0,04912	0,04906	2 48 47,60
0,0492	1,00121	0,04922	0,04916	2 49 08,23
0,0493	1,00122	0,04932	0,04926	2 49 28,85
0,0494	1,00122	0,04942	0,04936	2 49 49,48
0,0495	1,00123	0,04952	0,04946	2 50 10,11
0,0496	1,00123	0,04962	0,04956	2 50 30,73
0,0497	1,00124	0,04972	0,04966	2 50 51,36
0,0498	1,00124	0,04982	0,04976	2 51 11,99
0,0499	1,00125	0,04992	0,04986	2 51 32,61

x	$\cos x$	$\sin x$	$\operatorname{tg} x$	e^x	e^{-x}
0,0500	0,99875	0,04998	0,05004	1,051 271	0,951 2294
0,0501	0,99875	0,05008	0,05014	1,051 376	0,951 1343
0,0502	0,99874	0,05018	0,05024	1,051 481	0,951 0391
0,0503	0,99874	0,05028	0,05034	1,051 587	0,950 9441
0,0504	0,99873	0,05038	0,05044	1,051 692	0,950 8490
0,0505	0,99873	0,05048	0,05054	1,051 797	0,950 7539
0,0506	0,99872	0,05058	0,05064	1,051 902	0,950 6589
0,0507	0,99872	0,05068	0,05074	1,052 007	0,950 5638
0,0508	0,99871	0,05078	0,05084	1,052 112	0,950 4687
0,0509	0,99870	0,05088	0,05094	1,052 218	0,950 3737
0,0510	0,99870	0,05098	0,05104	1,052 323	0,950 2786
0,0511	0,99869	0,05108	0,05114	1,052 428	0,950 1836
0,0512	0,99869	0,05118	0,05124	1,052 533	0,950 0886
0,0513	0,99868	0,05128	0,05135	1,052 639	0,949 9936
0,0514	0,99868	0,05138	0,05145	1,052 744	0,949 8986
0,0515	0,99867	0,05148	0,05155	1,052 849	0,949 8037
0,0516	0,99867	0,05158	0,05165	1,052 954	0,949 7087
0,0517	0,99866	0,05168	0,05175	1,053 060	0,949 6137
0,0518	0,99866	0,05178	0,05185	1,053 165	0,949 5188
0,0519	0,99865	0,05188	0,05195	1,053 270	0,949 4238
0,0520	0,99865	0,05198	0,05205	1,053 376	0,949 3289
0,0521	0,99864	0,05208	0,05215	1,053 481	0,949 2339
0,0522	0,99864	0,05218	0,05225	1,053 586	0,949 1390
0,0523	0,99863	0,05228	0,05235	1,053 692	0,949 0441
0,0524	0,99863	0,05238	0,05245	1,053 797	0,948 9492
0,0525	0,99862	0,05248	0,05255	1,053 903	0,948 8543
0,0526	0,99862	0,05258	0,05265	1,054 008	0,948 7594
0,0527	0,99861	0,05268	0,05275	1,054 113	0,948 6646
0,0528	0,99861	0,05278	0,05285	1,054 219	0,948 5697
0,0529	0,99860	0,05288	0,05295	1,054 324	0,948 4749
0,0530	0,99860	0,05298	0,05305	1,054 430	0,948 3800
0,0531	0,99859	0,05308	0,05315	1,054 535	0,948 2852
0,0532	0,99859	0,05317	0,05325	1,054 641	0,948 1904
0,0533	0,99858	0,05327	0,05335	1,054 746	0,948 0955
0,0534	0,99857	0,05337	0,05345	1,054 852	0,948 0007
0,0535	0,99857	0,05347	0,05355	1,054 957	0,947 9059
0,0536	0,99856	0,05357	0,05365	1,055 062	0,947 8112
0,0537	0,99856	0,05367	0,05375	1,055 168	0,947 7164
0,0538	0,99855	0,05377	0,05385	1,055 273	0,947 6216
0,0539	0,99855	0,05387	0,05395	1,055 379	0,947 5269
0,0540	0,99854	0,05397	0,05405	1,055 485	0,947 4321
0,0541	0,99854	0,05407	0,05415	1,055 590	0,947 3374
0,0542	0,99853	0,05417	0,05425	1,055 696	0,947 2426
0,0543	0,99853	0,05427	0,05435	1,055 801	0,947 1479
0,0544	0,99852	0,05437	0,05445	1,055 907	0,947 0532
0,0545	0,99852	0,05447	0,05455	1,056 012	0,946 9585
0,0546	0,99851	0,05457	0,05465	1,056 118	0,946 8638
0,0547	0,99850	0,05467	0,05475	1,056 224	0,946 7691
0,0548	0,99850	0,05477	0,05485	1,056 329	0,946 6745
0,0549	0,99849	0,05487	0,05496	1,056 435	0,946 5798

x	Cos x	Sin x	Tg x	φ
0,0500	1,00125	0,05002	0,04996	2° 51′ 53,24″
0,0501	1,00126	0,05012	0,05006	2 52 13,87
0,0502	1,00126	0,05022	0,05016	2 52 34,49
0,0503	1,00127	0,05032	0,05026	2 52 55,12
0,0504	1,00127	0,05042	0,05036	2 53 15,75
0,0505	1,00128	0,05052	0,05046	2 53 36,37
0,0506	1,00128	0,05062	0,05056	2 53 57,00
0,0507	1,00129	0,05072	0,05066	2 54 17,63
0,0508	1,00129	0,05082	0,05076	2 54 38,25
0,0509	1,00130	0,05092	0,05086	2 54 58,88
0,0510	1,00130	0,05102	0,05096	2 55 19,51
0,0511	1,00131	0,05112	0,05106	2 55 40,13
0,0512	1,00131	0,05122	0,05116	2 56 00,76
0,0513	1,00132	0,05132	0,05126	2 56 21,38
0,0514	1,00132	0,05142	0,05135	2 56 42,01
0,0515	1,00133	0,05152	0,05145	2 57 02,64
0,0516	1,00133	0,05162	0,05155	2 57 23,26
0,0517	1,00134	0,05172	0,05165	2 57 43,89
0,0518	1,00134	0,05182	0,05175	2 58 04,52
0,0519	1,00135	0,05192	0,05185	2 58 25,14
0,0520	1,00135	0,05202	0,05195	2 58 45,77
0,0521	1,00136	0,05212	0,05205	2 59 06,40
0,0522	1,00136	0,05222	0,05215	2 59 27,02
0,0523	1,00137	0,05232	0,05225	2 59 47,65
0,0524	1,00137	0,05242	0,05235	3 00 08,28
0,0525	1,00138	0,05252	0,05245	3 00 28,90
0,0526	1,00138	0,05262	0,05255	3 00 49,53
0,0527	1,00139	0,05272	0,05265	3 01 10,16
0,0528	1,00139	0,05282	0,05275	3 01 30,78
0,0529	1,00140	0,05292	0,05285	3 01 51,41
0,0530	1,00140	0,05302	0,05295	3 02 12,03
0,0531	1,00141	0,05312	0,05305	3 02 32,66
0,0532	1,00142	0,05323	0,05315	3 02 53,29
0,0533	1,00142	0,05333	0,05325	3 03 13,91
0,0534	1,00143	0,05343	0,05335	3 03 34,54
0,0535	1,00143	0,05353	0,05345	3 03 55,17
0,0536	1,00144	0,05363	0,05355	3 04 15,79
0,0537	1,00144	0,05373	0,05365	3 04 36,42
0,0538	1,00145	0,05383	0,05375	3 04 57,05
0,0539	1,00145	0,05393	0,05385	3 05 17,67
0,0540	1,00146	0,05403	0,05395	3 05 38,30
0,0541	1,00146	0,05413	0,05405	3 05 58,93
0,0542	1,00147	0,05423	0,05415	3 06 19,55
0,0543	1,00147	0,05433	0,05425	3 06 40,18
0,0544	1,00148	0,05443	0,05435	3 07 00,81
0,0545	1,00149	0,05453	0,05445	3 07 21,43
0,0546	1,00149	0,05463	0,05455	3 07 42,06
0,0547	1,00150	0,05473	0,05465	3 08 02,68
0,0548	1,00150	0,05483	0,05475	3 08 23,31
0,0549	1,00151	0,05493	0,05484	3 08 43,94

x	$\cos x$	$\sin x$	$\operatorname{tg} x$	e^x	e^{-x}
0,0550	0,99849	0,05497	0,05506	1,056 541	0,946 4851
0,0551	0,99848	0,05507	0,05516	1,056 646	0,946 3905
0,0552	0,99848	0,05517	0,05526	1,056 752	0,946 2959
0,0553	0,99847	0,05527	0,05536	1,056 858	0,946 2012
0,0554	0,99847	0,05537	0,05546	1,056 963	0,946 1066
0,0555	0,99846	0,05547	0,05556	1,057 069	0,946 0120
0,0556	0,99845	0,05557	0,05566	1,057 175	0,945 9174
0,0557	0,99845	0,05567	0,05576	1,057 280	0,945 8228
0,0558	0,99844	0,05577	0,05586	1,057 386	0,945 7283
0,0559	0,99844	0,05587	0,05596	1,057 492	0,945 6337
0,0560	0,99843	0,05597	0,05606	1,057 598	0,945 5391
0,0561	0,99843	0,05607	0,05616	1,057 703	0,945 4446
0,0562	0,99842	0,05617	0,05626	1,057 809	0,945 3500
0,0563	0,99842	0,05627	0,05636	1,057 915	0,945 2555
0,0564	0,99841	0,05637	0,05646	1,058 021	0,945 1610
0,0565	0,99840	0,05647	0,05656	1,058 127	0,945 0665
0,0566	0,99840	0,05657	0,05666	1,058 232	0,944 9720
0,0567	0,99839	0,05667	0,05676	1,058 338	0,944 8775
0,0568	0,99839	0,05677	0,05686	1,058 444	0,944 7830
0,0569	0,99838	0,05687	0,05696	1,058 550	0,944 6885
0,0570	0,99838	0,05697	0,05706	1,058 656	0,944 5941
0,0571	0,99837	0,05707	0,05716	1,058 762	0,944 4996
0,0572	0,99836	0,05717	0,05726	1,058 868	0,944 4052
0,0573	0,99836	0,05727	0,05736	1,058 973	0,944 3107
0,0574	0,99835	0,05737	0,05746	1,059 079	0,944 2163
0,0575	0,99835	0,05747	0,05756	1,059 185	0,944 1219
0,0576	0,99834	0,05757	0,05766	1,059 291	0,944 0275
0,0577	0,99834	0,05767	0,05776	1,059 397	0,943 9331
0,0578	0,99833	0,05777	0,05786	1,059 503	0,943 8387
0,0579	0,99832	0,05787	0,05796	1,059 609	0,943 7443
0,0580	0,99832	0,05797	0,05807	1,059 715	0,943 6499
0,0581	0,99831	0,05807	0,05817	1,059 821	0,943 5556
0,0582	0,99831	0,05817	0,05827	1,059 927	0,943 4612
0,0583	0,99830	0,05827	0,05837	1,060 033	0,943 3669
0,0584	0,99830	0,05837	0,05847	1,060 139	0,943 2726
0,0585	0,99829	0,05847	0,05857	1,060 245	0,943 1782
0,0586	0,99828	0,05857	0,05867	1,060 351	0,943 0839
0,0587	0,99828	0,05867	0,05877	1,060 457	0,942 9896
0,0588	0,99827	0,05877	0,05887	1,060 563	0,942 8953
0,0589	0,99827	0,05887	0,05897	1,060 669	0,942 8010
0,0590	0,99826	0,05897	0,05907	1,060 775	0,942 7134
0,0591	0,99825	0,05907	0,05917	1,060 881	0,942 6192
0,0592	0,99825	0,05917	0,05927	1,060 987	0,942 5249
0,0593	0,99824	0,05927	0,05937	1,060 094	0,942 4307
0,0594	0,99824	0,05937	0,05947	1,061 200	0,942 3364
0,0595	0,99823	0,05946	0,05957	1,061 306	0,942 2422
0,0596	0,99822	0,05956	0,05967	1,061 412	0,942 1480
0,0597	0,99822	0,05966	0,05977	1,061 518	0,942 0538
0,0598	0,99821	0,05976	0,05987	1,061 624	0,941 9596
0,0599	0,99821	0,05986	0,05997	1,061 730	0,941 8654

x	Cos x	Sin x	Tg x	φ
0,0550	1,00151	0,05503	0,05494	3° 09′ 04,56″
0,0551	1,00152	0,05513	0,05504	3 09 25,19
0,0552	1,00152	0,05523	0,05514	3 09 45,82
0,0553	1,00153	0,05533	0,05524	3 10 06,44
0,0554	1,00153	0,05543	0,05534	3 10 27,07
0,0555	1,00154	0,05553	0,05544	3 10 47,70
0,0556	1,00155	0,05563	0,05554	3 11 08,32
0,0557	1,00155	0,05573	0,05564	3 11 28,95
0,0558	1,00156	0,05583	0,05574	3 11 49,58
0,0559	1,00156	0,05593	0,05584	3 12 10,20
0,0560	1,00157	0,05603	0,05594	3 12 30,83
0,0561	1,00157	0,05613	0,05604	3 12 51,46
0,0562	1,00158	0,05623	0,05614	3 13 12,08
0,0563	1,00159	0,05633	0,05624	3 13 32,71
0,0564	1,00159	0,05643	0,05634	3 13 53,34
0,0565	1,00160	0,05653	0,05644	3 14 13,96
0,0566	1,00160	0,05663	0,05654	3 14 34,59
0,0567	1,00161	0,05673	0,05664	3 14 55,21
0,0568	1,00161	0,05683	0,05674	3 15 15,84
0,0569	1,00162	0,05693	0,05684	3 15 36,47
0,0570	1,00162	0,05703	0,05694	3 15 57,09
0,0571	1,00163	0,05713	0,05704	3 16 17,72
0,0572	1,00164	0,05723	0,05714	3 16 38,35
0,0573	1,00164	0,05733	0,05724	3 16 58,97
0,0574	1,00165	0,05743	0,05734	3 17 19,60
0,0575	1,00165	0,05753	0,05744	3 17 40,23
0,0576	1,00166	0,05763	0,05754	3 18 00,85
0,0577	1,00167	0,05773	0,05764	3 18 21,48
0,0578	1,00167	0,05783	0,05774	3 18 42,11
0,0579	1,00168	0,05793	0,05784	3 19 02,73
0,0580	1,00168	0,05803	0,05794	3 19 23,36
0,0581	1,00169	0,05813	0,05803	3 19 43,99
0,0582	1,00169	0,05823	0,05813	3 20 04,61
0,0583	1,00170	0,05833	0,05823	3 20 25,24
0,0584	1,00171	0,05843	0,05833	3 20 45,86
0,0585	1,00171	0,05853	0,05843	3 21 06,49
0,0586	1,00172	0,05863	0,05853	3 21 27,12
0,0587	1,00172	0,05873	0,05863	3 21 47,74
0,0588	1,00173	0,05883	0,05873	3 22 08,37
0,0589	1,00174	0,05893	0,05883	3 22 29,00
0,0590	1,00174	0,05903	0,05893	3 22 49,62
0,0591	1,00175	0,05913	0,05903	3 23 10,25
0,0592	1,00175	0,05923	0,05913	3 23 30,88
0,0593	1,00176	0,05933	0,05923	3 23 51,50
0,0594	1,00176	0,05943	0,05933	3 24 12,13
0,0595	1,00177	0,05954	0,05943	3 24 32,76
0,0596	1,00178	0,05964	0,05953	3 24 53,38
0,0597	1,00178	0,05974	0,05963	3 25 14,01
0,0598	1,00179	0,05984	0,05973	3 25 34,64
0,0599	1,00179	0,05994	0,05983	3 25 55,26

x	$\cos x$	$\sin x$	$\operatorname{tg} x$	e^x	e^{-x}
0,0600	0,99820	0,05996	0,06007	1,061 837	0,941 7645
0,0601	0,99819	0,06006	0,06017	1,061 943	0,941 6704
0,0602	0,99819	0,06016	0,06027	1,062 049	0,941 5762
0,0603	0,99818	0,06026	0,06037	1,062 155	0,941 4820
0,0604	0,99818	0,06036	0,06047	1,062 261	0,941 3879
0,0605	0,99817	0,06046	0,06057	1,062 368	0,941 2938
0,0606	0,99816	0,06056	0,06067	1,062 474	0,941 1996
0,0607	0,99816	0,06066	0,06077	1,062 580	0,941 1055
0,0608	0,99815	0,06076	0,06087	1,062 686	0,941 0114
0,0609	0,99815	0,06086	0,06098	1,062 793	0,940 9173
0,0610	0,99814	0,06096	0,06108	1,062 899	0,940 8232
0,0611	0,99813	0,06106	0,06118	1,063 005	0,940 7292
0,0612	0,99813	0,06116	0,06128	1,063 112	0,940 6351
0,0613	0,99812	0,06126	0,06138	1,063 218	0,940 5410
0,0614	0,99812	0,06136	0,06148	1,063 324	0,940 4470
0,0615	0,99811	0,06146	0,06158	1,063 430	0,940 3529
0,0616	0,99810	0,06156	0,06168	1,063 537	0,940 2589
0,0617	0,99810	0,06166	0,06178	1,063 643	0,940 1649
0,0618	0,99809	0,06176	0,06188	1,063 750	0,940 0709
0,0619	0,99808	0,06186	0,06198	1,063 856	0,939 9769
0,0620	0,99808	0,06196	0,06208	1,063 962	0,939 8829
0,0621	0,99807	0,06206	0,06218	1,064 069	0,939 7889
0,0622	0,99807	0,06216	0,06228	1,064 175	0,939 6949
0,0623	0,99806	0,06226	0,06238	1,064 282	0,939 6010
0,0624	0,99805	0,06236	0,06248	1,064 388	0,939 5070
0,0625	0,99805	0,06246	0,06258	1,064 494	0,939 4131
0,0626	0,99804	0,06256	0,06268	1,064 601	0,939 3191
0,0627	0,99804	0,06266	0,06278	1,064 707	0,939 2252
0,0628	0,99803	0,06276	0,06288	1,064 814	0,939 1313
0,0629	0,99802	0,06286	0,06298	1,064 920	0,939 0374
0,0630	0,99802	0,06296	0,06308	1,065 027	0,938 9435
0,0631	0,99801	0,06306	0,06318	1,065 133	0,938 8496
0,0632	0,99800	0,06316	0,06328	1,065 240	0,938 7557
0,0633	0,99800	0,06326	0,06338	1,065 346	0,938 6618
0,0634	0,99799	0,06336	0,06348	1,065 453	0,938 5680
0,0635	0,99798	0,06346	0,06359	1,065 559	0,938 4741
0,0636	0,99798	0,06356	0,06369	1,065 666	0,938 3803
0,0637	0,99797	0,06366	0,06379	1,065 773	0,938 2864
0,0638	0,99797	0,06376	0,06389	1,065 879	0,938 1926
0,0639	0,99796	0,06386	0,06399	1,065 986	0,938 0988
0,0640	0,99795	0,06396	0,06409	1,066 092	0,938 0050
0,0641	0,99795	0,06406	0,06419	1,066 199	0,937 9112
0,0642	0,99794	0,06416	0,06429	1,066 306	0,937 8174
0,0643	0,99793	0,06426	0,06439	1,066 412	0,937 7236
0,0644	0,99793	0,06436	0,06449	1,066 519	0,937 6299
0,0645	0,99792	0,06446	0,06459	1,066 626	0,937 5361
0,0646	0,99791	0,06456	0,06469	1,066 732	0,937 4424
0,0647	0,99791	0,06465	0,06479	1,066 839	0,937 3486
0,0648	0,99790	0,06475	0,06489	1,066 946	0,937 2549
0,0649	0,99789	0,06485	0,06499	1,067 052	0,937 1612

x	Cos x	Sin x	Tg x	φ
0,0600	1,00180	0,06004	0,05993	3° 26′ 15,89″
0,0601	1,00181	0,06014	0,06003	3 26 36,51
0,0602	1,00181	0,06024	0,06013	3 26 57,14
0,0603	1,00182	0,06034	0,06023	3 27 17,77
0,0604	1,00182	0,06044	0,06033	3 27 38,39
0,0605	1,00183	0,06054	0,06043	3 27 59,02
0,0606	1,00184	0,06064	0,06053	3 28 19,65
0,0607	1,00184	0,06074	0,06063	3 28 40,27
0,0608	1,00185	0,06084	0,06073	3 29 00,90
0,0609	1,00185	0,06094	0,06082	3 29 21,53
0,0610	1,00186	0,06104	0,06092	3 29 42,15
0,0611	1,00187	0,06114	0,06102	3 30 02,78
0,0612	1,00187	0,06124	0,06112	3 30 23,41
0,0613	1,00188	0,06134	0,06122	3 30 44,03
0,0614	1,00189	0,06144	0,06132	3 31 04,66
0,0615	1,00189	0,06154	0,06142	3 31 25,29
0,0616	1,00190	0,06164	0,06152	3 31 45,91
0,0617	1,00190	0,06174	0,06162	3 32 06,54
0,0618	1,00191	0,06184	0,06172	3 32 27,17
0,0619	1,00192	0,06194	0,06182	3 32 47,79
0,0620	1,00192	0,06204	0,06192	3 33 08,42
0,0621	1,00193	0,06214	0,06202	3 33 29,04
0,0622	1,00194	0,06224	0,06212	3 33 49,67
0,0623	1,00194	0,06234	0,06222	3 34 10,30
0,0624	1,00195	0,06244	0,06232	3 34 30,92
0,0625	1,00195	0,06254	0,06242	3 34 51,55
0,0626	1,00196	0,06264	0,06252	3 35 12,18
0,0627	1,00197	0,06274	0,06262	3 35 32,80
0,0628	1,00197	0,06284	0,06272	3 35 53,43
0,0629	1,00198	0,06294	0,06282	3 36 14,06
0,0630	1,00199	0,06304	0,06292	3 36 34,68
0,0631	1,00199	0,06314	0,06302	3 36 55,31
0,0632	1,00200	0,06324	0,06312	3 37 15,94
0,0633	1,00200	0,06334	0,06322	3 37 36,56
0,0634	1,00201	0,06344	0,06332	3 37 57,19
0,0635	1,00202	0,06354	0,06342	3 38 17,82
0,0636	1,00202	0,06364	0,06351	3 38 38,44
0,0637	1,00203	0,06374	0,06361	3 38 59,07
0,0638	1,00204	0,06384	0,06371	3 39 19,69
0,0639	1,00204	0,06394	0,06381	3 39 40,32
0,0640	1,00205	0,06404	0,06391	3 40 00,95
0,0641	1,00206	0,06414	0,06401	3 40 21,57
0,0642	1,00206	0,06424	0,06411	3 40 42,20
0,0643	1,00207	0,06434	0,06421	3 41 02,83
0,0644	1,00207	0,06444	0,06431	3 41 23,45
0,0645	1,00208	0,06454	0,06441	3 41 44,08
0,0646	1,00209	0,06464	0,06451	3 42 04,71
0,0647	1,00209	0,06475	0,06461	3 42 25,33
0,0648	1,00210	0,06485	0,06471	3 42 45,96
0,0649	1,00211	0,06495	0,06481	3 43 06,59

x	$\cos x$	$\sin x$	$\operatorname{tg} x$	e^x	e^{-x}
0,0650	0,99789	0,06495	0,06509	1,067 159	0,937 0675
0,0651	0,99788	0,06505	0,06519	1,067 266	0,936 9738
0,0652	0,99788	0,06515	0,06529	1,067 372	0,936 8801
0,0653	0,99787	0,06525	0,06539	1,067 479	0,936 7864
0,0654	0,99786	0,06535	0,06549	1,067 586	0,936 6927
0,0655	0,99786	0,06545	0,06559	1,067 693	0,936 5990
0,0656	0,99785	0,06555	0,06569	1,067 800	0,936 5054
0,0657	0,99784	0,06565	0,06579	1,067 906	0,936 4117
0,0658	0,99784	0,06575	0,06589	1,068 013	0,936 3181
0,0659	0,99783	0,06585	0,06600	1,068 120	0,936 2245
0,0660	0,99782	0,06595	0,06610	1,068 227	0,936 1309
0,0661	0,99782	0,06605	0,06620	1,068 334	0,936 0373
0,0662	0,99781	0,06615	0,06630	1,068 440	0,935 9437
0,0663	0,99780	0,06625	0,06640	1,068 547	0,935 8501
0,0664	0,99780	0,06635	0,06650	1,068 654	0,935 7565
0,0665	0,99779	0,06645	0,06660	1,068 761	0,935 6629
0,0666	0,99778	0,06655	0,06670	1,068 868	0,935 5694
0,0667	0,99778	0,06665	0,06680	1,068 975	0,935 4758
0,0668	0,99777	0,06675	0,06690	1,069 082	0,935 3823
0,0669	0,99776	0,06685	0,06700	1,069 189	0,935 2887
0,0670	0,99776	0,06695	0,06710	1,069 295	0,935 1952
0,0671	0,99775	0,06705	0,06720	1,069 402	0,935 1017
0,0672	0,99774	0,06715	0,06730	1,069 509	0,935 0082
0,0673	0,99774	0,06725	0,06740	1,069 616	0,934 9147
0,0674	0,99773	0,06735	0,06750	1,069 723	0,934 8212
0,0675	0,99772	0,06745	0,06760	1,069 830	0,934 7277
0,0676	0,99772	0,06755	0,06770	1,069 937	0,934 6343
0,0677	0,99771	0,06765	0,06780	1,070 044	0,934 5408
0,0678	0,99770	0,06775	0,06790	1,070 151	0,934 4473
0,0679	0,99770	0,06785	0,06800	1,070 258	0,934 3539
0,0680	0,99769	0,06795	0,06810	1,070 365	0,934 2605
0,0681	0,99768	0,06805	0,06821	1,070 472	0,934 1671
0,0682	0,99768	0,06815	0,06831	1,070 579	0,934 0736
0,0683	0,99767	0,06825	0,06841	1,070 686	0,933 9802
0,0684	0,99766	0,06835	0,06851	1,070 794	0,933 8868
0,0685	0,99765	0,06845	0,06861	1,070 901	0,933 7935
0,0686	0,99765	0,06855	0,06871	1,071 008	0,933 7001
0,0687	0,99764	0,06865	0,06881	1,071 115	0,933 6067
0,0688	0,99763	0,06875	0,06891	1,071 222	0,933 5134
0,0689	0,99763	0,06885	0,06901	1,071 329	0,933 4200
0,0690	0,99762	0,06895	0,06911	1,071 436	0,933 3267
0,0691	0,99761	0,06905	0,06921	1,071 543	0,933 2333
0,0692	0,99761	0,06914	0,06931	1,071 651	0,933 1400
0,0693	0,99760	0,06924	0,06941	1,071 758	0,933 0467
0,0694	0,99759	0,06934	0,06951	1,071 865	0,932 9534
0,0695	0,99759	0,06944	0,06961	1,071 972	0,932 8601
0,0696	0,99758	0,06954	0,06971	1,072 079	0,932 7669
0,0697	0,99757	0,06964	0,06981	1,072 186	0,932 6736
0,0698	0,99756	0,06974	0,06991	1,072 294	0,932 5803
0,0699	0,99756	0,06984	0,07001	1,072 401	0,932 4871

x	Cos x	Sin x	Tg x	φ
0,0650	1,00211	0,06505	0,06491	3° 43′ 27,21″
0,0651	1,00212	0,06515	0,06501	3 43 47,84
0,0652	1,00213	0,06525	0,06511	3 44 08,47
0,0653	1,00213	0,06535	0,06521	3 44 29,09
0,0654	1,00214	0,06545	0,06531	3 44 49,72
0,0655	1,00215	0,06555	0,06541	3 45 10,34
0,0656	1,00215	0,06565	0,06551	3 45 30,97
0,0657	1,00216	0,06575	0,06561	3 45 51,60
0,0658	1,00217	0,06585	0,06571	3 46 12,22
0,0659	1,00217	0,06595	0,06580	3 46 32,85
0,0660	1,00218	0,06605	0,06590	3 46 53,48
0,0661	1,00219	0,06615	0,06600	3 47 14,10
0,0662	1,00219	0,06625	0,06610	3 47 34,73
0,0663	1,00220	0,06635	0,06620	3 47 55,36
0,0664	1,00221	0,06645	0,06630	3 48 15,98
0,0665	1,00221	0,06655	0,06640	3 48 36,61
0,0666	1,00222	0,06665	0,06650	3 48 57,24
0,0667	1,00223	0,06675	0,06660	3 49 17,86
0,0668	1,00223	0,06685	0,06670	3 49 38,49
0,0669	1,00224	0,06695	0,06680	3 49 59,12
0,0670	1,00225	0,06705	0,06690	3 50 19,74
0,0671	1,00225	0,06715	0,06700	3 50 40,37
0,0672	1,00226	0,06725	0,06710	3 51 00,99
0,0673	1,00227	0,06735	0,06720	3 51 21,62
0,0674	1,00227	0,06745	0,06730	3 51 42,25
0,0675	1,00228	0,06755	0,06740	3 52 02,87
0,0676	1,00229	0,06765	0,06750	3 52 23,50
0,0677	1,00229	0,06775	0,06760	3 52 44,13
0,0678	1,00230	0,06785	0,06770	3 53 04,75
0,0679	1,00231	0,06795	0,06780	3 53 25,38
0,0680	1,00231	0,06805	0,06790	3 53 46,01
0,0681	1,00232	0,06815	0,06799	3 54 06,63
0,0682	1,00233	0,06825	0,06809	3 54 27,26
0,0683	1,00233	0,06835	0,06819	3 54 47,89
0,0684	1,00234	0,06845	0,06829	3 55 08,51
0,0685	1,00235	0,06855	0,06839	3 55 29,14
0,0686	1,00235	0,06865	0,06849	3 55 49,77
0,0687	1,00236	0,06875	0,06859	3 56 10,39
0,0688	1,00237	0,06885	0,06869	3 56 31,02
0,0689	1,00237	0,06895	0,06879	3 56 51,65
0,0690	1,00238	0,06905	0,06889	3 57 12,27
0,0691	1,00239	0,06916	0,06899	3 57 32,90
0,0692	1,00240	0,06926	0,06909	3 57 53,52
0,0693	1,00240	0,06936	0,06919	3 58 14,15
0,0694	1,00241	0,06946	0,06929	3 58 34,78
0,0695	1,00242	0,06956	0,06939	3 58 55,40
0,0696	1,00242	0,06966	0,06949	3 59 16,03
0,0697	1,00243	0,06976	0,06959	3 59 36,66
0,0698	1,00244	0,06986	0,06969	3 59 57,28
0,0699	1,00244	0,06996	0,06979	4 00 17,91

x	$\cos x$	$\sin x$	$\operatorname{tg} x$	e^x	e^{-x}
0,0700	0,99755	0,06994	0,07011	1,072 508	0,932 3938
0,0701	0,99754	0,07004	0,07021	1,072 615	0,932 3006
0,0702	0,99754	0,07014	0,07032	1,072 723	0,932 2074
0,0703	0,99753	0,07024	0,07042	1,072 830	0,932 1141
0,0704	0,99752	0,07034	0,07052	1,072 937	0,932 0209
0,0705	0,99752	0,07044	0,07062	1,073 045	0,931 9278
0,0706	0,99751	0,07054	0,07072	1,073 152	0,931 8346
0,0707	0,99750	0,07064	0,07082	1,073 259	0,931 7414
0,0708	0,99749	0,07074	0,07092	1,073 367	0,931 6482
0,0709	0,99749	0,07084	0,07102	1,073 474	0,931 5550
0,0710	0,99748	0,07094	0,07112	1,073 581	0,931 4619
0,0711	0,99747	0,07104	0,07122	1,073 689	0,931 3688
0,0712	0,99747	0,07114	0,07132	1,073 796	0,931 2756
0,0713	0,99746	0,07124	0,07142	1,073 903	0,931 1825
0,0714	0,99745	0,07134	0,07152	1,074 011	0,931 0894
0,0715	0,99744	0,07144	0,07162	1,074 118	0,930 9963
0,0716	0,99744	0,07154	0,07172	1,074 226	0,930 9032
0,0717	0,99743	0,07164	0,07182	1,074 333	0,930 8101
0,0718	0,99742	0,07174	0,07192	1,074 440	0,930 7170
0,0719	0,99742	0,07184	0,07202	1,074 548	0,930 6240
0,0720	0,99741	0,07194	0,07212	1,074 655	0,930 5309
0,0721	0,99740	0,07204	0,07222	1,074 763	0,930 4378
0,0722	0,99739	0,07214	0,07232	1,074 870	0,930 3448
0,0723	0,99739	0,07224	0,07243	1,074 978	0,930 2518
0,0724	0,99738	0,07234	0,07253	1,075 085	0,930 1588
0,0725	0,99737	0,07244	0,07263	1,075 193	0,930 0657
0,0726	0,99737	0,07254	0,07273	1,075 300	0,929 9728
0,0727	0,99736	0,07264	0,07283	1,075 408	0,929 8798
0,0728	0,99735	0,07274	0,07293	1,075 515	0,929 7868
0,0729	0,99734	0,07284	0,07303	1,075 623	0,929 6938
0,0730	0,99734	0,07294	0,07313	1,075 731	0,929 6008
0,0731	0,99733	0,07303	0,07323	1,075 838	0,929 5079
0,0732	0,99732	0,07313	0,07333	1,075 946	0,929 4149
0,0733	0,99731	0,07323	0,07343	1,076 053	0,929 3220
0,0734	0,99731	0,07333	0,07353	1,076 161	0,929 2291
0,0735	0,99730	0,07343	0,07363	1,076 269	0,929 1361
0,0736	0,99729	0,07353	0,07373	1,076 376	0,929 0432
0,0737	0,99729	0,07363	0,07383	1,076 484	0,928 9503
0,0738	0,99728	0,07373	0,07393	1,076 591	0,928 8574
0,0739	0,99727	0,07383	0,07403	1,076 699	0,928 7646
0,0740	0,99726	0,07393	0,07414	1,076 807	0,928 6717
0,0741	0,99726	0,07403	0,07424	1,076 914	0,928 5788
0,0742	0,99725	0,07413	0,07434	1,077 022	0,928 4860
0,0743	0,99724	0,07423	0,07444	1,077 130	0,928 3931
0,0744	0,99723	0,07433	0,07454	1,077 238	0,928 3003
0,0745	0,99723	0,07443	0,07464	1,077 345	0,928 2075
0,0746	0,99722	0,07453	0,07474	1,077 453	0,928 1147
0,0747	0,99721	0,07463	0,07484	1,077 561	0,928 0219
0,0748	0,99720	0,07473	0,07494	1,077 669	0,927 9290
0,0749	0,99720	0,07483	0,07504	1,077 776	0,927 8364

x	Cof x	Sin x	Tg x	φ
0,0700	1,00245	0,07006	0,06989	4°00′38,54″
0,0701	1,00246	0,07016	0,06999	4 00 59,16
0,0702	1,00247	0,07026	0,07008	4 01 19,79
0,0703	1,00247	0,07036	0,07018	4 01 40,42
0,0704	1,00248	0,07046	0,07028	4 02 01,04
0,0705	1,00249	0,07056	0,07038	4 02 21,67
0,0706	1,00249	0,07066	0,07048	4 02 42,30
0,0707	1,00250	0,07076	0,07058	4 03 02,92
0,0708	1,00251	0,07086	0,07068	4 03 23,55
0,0709	1,00251	0,07096	0,07078	4 03 44,17
0,0710	1,00252	0,07106	0,07088	4 04 04,80
0,0711	1,00253	0,07116	0,07098	4 04 25,43
0,0712	1,00254	0,07126	0,07108	4 04 46,05
0,0713	1,00254	0,07136	0,07118	4 05 06,68
0,0714	1,00255	0,07146	0,07128	4 05 27,31
0,0715	1,00256	0,07156	0,07138	4 05 47,93
0,0716	1,00256	0,07166	0,07148	4 06 08,56
0,0717	1,00257	0,07176	0,07158	4 06 29,19
0,0718	1,00258	0,07186	0,07168	4 06 49,81
0,0719	1,00259	0,07196	0,07178	4 07 10,44
0,0720	1,00259	0,07206	0,07188	4 07 31,07
0,0721	1,00260	0,07216	0,07198	4 07 51,69
0,0722	1,00261	0,07226	0,07207	4 08 12,32
0,0723	1,00261	0,07236	0,07217	4 08 32,95
0,0724	1,00262	0,07246	0,07227	4 08 53,57
0,0725	1,00263	0,07256	0,07237	4 09 14,20
0,0726	1,00264	0,07266	0,07247	4 09 34,82
0,0727	1,00264	0,07276	0,07257	4 09 55,45
0,0728	1,00265	0,07286	0,07267	4 10 16,08
0,0729	1,00266	0,07296	0,07277	4 10 36,70
0,0730	1,00267	0,07306	0,07287	4 10 57,33
0,0731	1,00267	0,07317	0,07297	4 11 17,96
0,0732	1,00268	0,07327	0,07307	4 11 38,58
0,0733	1,00269	0,07337	0,07317	4 11 59,21
0,0734	1,00269	0,07347	0,07327	4 12 19,84
0,0735	1,00270	0,07357	0,07337	4 12 40,46
0,0736	1,00271	0,07367	0,07347	4 13 01,09
0,0737	1,00272	0,07377	0,07357	4 13 21,72
0,0738	1,00272	0,07387	0,07367	4 13 42,34
0,0739	1,00273	0,07397	0,07377	4 14 02,97
0,0740	1,00274	0,07407	0,07387	4 14 23,60
0,0741	1,00275	0,07417	0,07396	4 14 44,22
0,0742	1,00275	0,07427	0,07406	4 15 04,85
0,0743	1,00276	0,07437	0,07416	4 15 25,48
0,0744	1,00277	0,07447	0,07426	4 15 46,10
0,0745	1,00278	0,07457	0,07436	4 16 06,73
0,0746	1,00278	0,07467	0,07446	4 16 27,35
0,0747	1,00279	0,07477	0,07456	4 16 47,98
0,0748	1,00280	0,07487	0,07466	4 17 08,61
0,0749	1,00281	0,07497	0,07476	4 17 29,23

x	cos x	sin x	tg x	e^x	e^{-x}
0,0750	0,99719	0,07493	0,07514	1,077 884	0,927 7435
0,0751	0,99718	0,07503	0,07524	1,077 992	0,927 6507
0,0752	0,99717	0,07513	0,07534	1,078 100	0,927 5580
0,0753	0,99717	0,07523	0,07544	1,078 208	0,927 4652
0,0754	0,99716	0,07533	0,07554	1,078 315	0,927 3725
0,0755	0,99715	0,07543	0,07564	1,078 423	0,927 2797
0,0756	0,99714	0,07553	0,07574	1,078 531	0,927 1870
0,0757	0,99714	0,07563	0,07584	1,078 639	0,927 0943
0,0758	0,99713	0,07573	0,07595	1,078 747	0,927 0016
0,0759	0,99712	0,07583	0,07605	1,078 855	0,926 9089
0,0760	0,99711	0,07593	0,07615	1,078 963	0,926 8162
0,0761	0,99711	0,07603	0,07625	1,079 070	0,926 7235
0,0762	0,99710	0,07613	0,07635	1,079 178	0,926 6309
0,0763	0,99709	0,07623	0,07645	1,079 286	0,926 5382
0,0764	0,99708	0,07633	0,07655	1,079 394	0,926 4456
0,0765	0,99708	0,07643	0,07665	1,079 502	0,926 3529
0,0766	0,99707	0,07653	0,07675	1,079 610	0,926 2603
0,0767	0,99706	0,07662	0,07685	1,079 718	0,926 1677
0,0768	0,99705	0,07672	0,07695	1,079 826	0,926 0751
0,0769	0,99704	0,07682	0,07705	1,079 934	0,925 9824
0,0770	0,99704	0,07692	0,07715	1,080 042	0,925 8899
0,0771	0,99703	0,07702	0,07725	1,080 150	0,925 7973
0,0772	0,99702	0,07712	0,07735	1,080 258	0,925 7047
0,0773	0,99701	0,07722	0,07745	1,080 366	0,925 6121
0,0774	0,99701	0,07732	0,07755	1,080 474	0,925 5196
0,0775	0,99700	0,07742	0,07766	1,080 582	0,925 4270
0,0776	0,99699	0,07752	0,07776	1,080 690	0,925 3345
0,0777	0,99698	0,07762	0,07786	1,080 798	0,925 2420
0,0778	0,99698	0,07772	0,07796	1,080 906	0,925 1494
0,0779	0,99697	0,07782	0,07806	1,081 015	0,925 0569
0,0780	0,99696	0,07792	0,07816	1,081 123	0,924 9644
0,0781	0,99695	0,07802	0,07826	1,081 231	0,924 8719
0,0782	0,99694	0,07812	0,07836	1,081 339	0,924 7795
0,0783	0,99694	0,07822	0,07846	1,081 447	0,924 6870
0,0784	0,99693	0 07832	0,07856	1,081 555	0,924 5945
0,0785	0,99692	0,07842	0,07866	1,081 663	0,924 5021
0,0786	0,99691	0,07852	0,07876	1,081 772	0,924 4096
0,0787	0,99690	0,07862	0,07886	1,081 880	0,924 3172
0,0788	0,99690	0,07872	0,07896	1,081 988	0,924 2248
0,0789	0,99689	0,07882	0,07906	1,082 096	0,924 1323
0,0790	0,99688	0,07892	0,07916	1,082 204	0,924 0399
0,0791	0,99687	0,07902	0,07926	1,082 313	0,923 9475
0,0792	0,99687	0,07912	0,07937	1,082 421	0,923 8551
0,0793	0,99686	0,07922	0,07947	1,082 529	0,923 7628
0,0794	0,99685	0,07932	0,07957	1,082 637	0,923 6704
0,0795	0,99684	0,07942	0,07967	1,082 746	0,923 5780
0,0796	0,99683	0,07952	0,07977	1,082 854	0,923 4857
0,0797	0,99683	0,07962	0,07987	1,082 962	0,923 3933
0,0798	0,99682	0,07972	0,07997	1,082 070	0,923 3010
0,0799	0,99681	0,07982	0,08007	1,083 179	0,923 2087

x	Cos x	Sin x	Tg x	φ
0,0750	1,00281	0,07507	0,07486	4° 17′ 49,86″
0,0751	1,00282	0,07517	0,07496	4 18 10,49
0,0752	1,00283	0,07527	0,07506	4 18 31,11
0,0753	1,00284	0,07537	0,07516	4 18 51,74
0,0754	1,00284	0,07547	0,07526	4 19 12,37
0,0755	1,00285	0,07557	0,07536	4 19 32,99
0,0756	1,00286	0,07567	0,07546	4 19 53,62
0,0757	1,00287	0,07577	0,07556	4 20 14,25
0,0758	1,00287	0,07587	0,07566	4 20 34,87
0,0759	1,00288	0,07597	0,07575	4 20 55,50
0,0760	1,00289	0,07607	0,07585	4 21 16,13
0,0761	1,00290	0,07617	0,07595	4 21 36,75
0,0762	1,00290	0,07627	0,07605	4 21 57,38
0,0763	1,00291	0,07637	0,07615	4 22 18,00
0,0764	1,00292	0,07647	0,07625	4 22 38,63
0,0765	1,00293	0,07657	0,07635	4 22 59,26
0,0766	1,00294	0,07667	0,07645	4 23 19,88
0,0767	1,00294	0,07678	0,07655	4 23 40,51
0,0768	1,00295	0,07688	0,07665	4 24 01,14
0,0769	1,00296	0,07698	0,07675	4 24 21,76
0,0770	1,00297	0,07708	0,07685	4 24 42,39
0,0771	1,00297	0,07718	0,07695	4 25 03,02
0,0772	1,00298	0,07728	0,07705	4 25 23,64
0,0773	1,00299	0,07738	0,07715	4 25 44,27
0,0774	1,00300	0,07748	0,07725	4 26 04,90
0,0775	1,00300	0,07758	0,07735	4 26 25,52
0,0776	1,00301	0,07768	0,07744	4 26 46,15
0,0777	1,00302	0,07778	0,07754	4 27 06,78
0,0778	1,00303	0,07788	0,07764	4 27 27,40
0,0779	1,00304	0,07798	0,07774	4 27 48,03
0,0780	1,00304	0,07808	0,07784	4 28 08,65
0,0781	1,00305	0,07818	0,07794	4 28 29,28
0,0782	1,00306	0,07828	0,07804	4 28 49,91
0,0783	1,00307	0,07838	0,07814	4 29 10,53
0,0784	1,00307	0,07848	0,07824	4 29 31,16
0,0785	1,00308	0,07858	0,07834	4 29 51,79
0,0786	1,00309	0,07868	0,07844	4 30 12,41
0,0787	1,00310	0,07878	0,07854	4 30 33,04
0,0788	1,00311	0,07888	0,07864	4 30 53,67
0,0789	1,00311	0,07898	0,07874	4 31 14,29
0,0790	1,00312	0,07908	0,07884	4 31 34,92
0,0791	1,00313	0,07918	0,07894	4 31 55,55
0,0792	1,00314	0,07928	0,07903	4 32 16,17
0,0793	1,00315	0,07938	0,07913	4 32 36,80
0,0794	1,00315	0,07948	0,07923	4 32 57,43
0,0795	1,00316	0,07958	0,07933	4 33 18,05
0,0796	1,00317	0,07968	0,07943	4 33 38,68
0,0797	1,00318	0,07978	0,07953	4 33 59,31
0,0798	1,00319	0,07988	0,07963	4 34 19,93
0,0799	1,00319	0,07999	0,07973	4 34 40,56

x	$\cos x$	$\sin x$	$\operatorname{tg} x$	e^x	e^{-x}
0,0800	0,99680	0,07991	0,08017	1,083 287	0,923 1163
0,0801	0,99679	0,08001	0,08027	1,083 395	0,923 0240
0,0802	0,99679	0,08011	0,08037	1,083 504	0,922 9317
0,0803	0,99678	0,08021	0,08047	1,083 612	0,922 8395
0,0804	0,99677	0,08031	0,08057	1,083 720	0,922 7472
0,0805	0,99676	0,08041	0,08067	1,083 829	0,922 6549
0,0806	0,99675	0,08051	0,08077	1,083 937	0,922 5626
0,0807	0,99675	0,08061	0,08088	1,084 046	0,922 4704
0,0808	0,99674	0,08071	0,08098	1,084 154	0,922 3781
0,0809	0,99673	0,08081	0,08108	1,084 262	0,922 2859
0,0810	0,99672	0,08091	0,08118	1,084 371	0,922 1933
0,0811	0,99671	0,08101	0,08128	1,084 479	0,922 1011
0,0812	0,99671	0,08111	0,08138	1,084 588	0,922 0089
0,0813	0,99670	0,08121	0,08148	1,084 696	0,921 9167
0,0814	0,99669	0,08131	0,08158	1,084 805	0,921 8245
0,0815	0,99668	0,08141	0,08168	1,084 913	0,921 7323
0,0816	0,99667	0,08151	0,08178	1,085 022	0,921 6402
0,0817	0,99666	0,08161	0,08188	1,085 130	0,921 5480
0,0818	0,99666	0,08171	0,08198	1,085 239	0,921 4559
0,0819	0,99665	0,08181	0,08208	1,085 347	0,921 3637
0,0820	0,99664	0,08191	0,08218	1,085 456	0,921 2720
0,0821	0,99663	0,08201	0,08228	1,085 564	0,921 1798
0,0822	0,99662	0,08211	0,08239	1,085 673	0,921 0877
0,0823	0,99662	0,08221	0,08249	1,085 781	0,920 9956
0,0824	0,99661	0,08231	0,08259	1,085 890	0,920 9035
0,0825	0,99660	0,08241	0,08269	1,085 999	0,920 8114
0,0826	0,99659	0,08251	0,08279	1,086 107	0,920 7194
0,0827	0,99658	0,08261	0,08289	1,086 216	0,920 6273
0,0828	0,99657	0,08271	0,08299	1,086 325	0,920 5352
0,0829	0,99657	0,08281	0,08309	1,086 433	0,920 4432
0,0830	0,99656	0,08290	0,08319	1,086 542	0,920 3511
0,0831	0,99655	0,08300	0,08329	1,086 650	0,920 2591
0,0832	0,99654	0,08310	0,08339	1,086 759	0,920 1671
0,0833	0,99653	0,08320	0,08349	1,086 868	0,920 0751
0,0834	0,99652	0,08330	0,08359	1,086 977	0,919 9831
0,0835	0,99652	0,08340	0,08369	1,087 085	0,919 8911
0,0836	0,99651	0,08350	0,08379	1,087 194	0,919 7991
0,0837	0,99650	0,08360	0,08390	1,087 303	0,919 7071
0, 838	0,99649	0,08370	0,08400	1,087 411	0,919 6152
0,0839	0,99648	0,08380	0,08410	1,087 520	0,919 5232
0,0840	0,99647	0,08390	0,08420	1,087 629	0,919 4313
0,0841	0,99647	0,08400	0,08430	1,087 738	0,919 3393
0,0842	0,99646	0,08410	0,08440	1,087 846	0,919 2474
0,0843	0,99645	0,08420	0,08450	1,087 955	0,919 1555
0,0844	0,99644	0,08430	0,08460	1,088 064	0,919 0636
0,0845	0,99643	0,08440	0,08470	1,088 173	0,918 9717
0,0846	0,99642	0,08450	0,08480	1,088 282	0,918 8798
0,0847	0,99642	0,08460	0,08490	1,088 391	0,918 7879
0,0848	0,99641	0,08470	0,08500	1,08 499	0,918 6960
0,0849	0,99640	0,08480	0,08510	1,088 608	0,918 6041

x	Cos x	Sin x	Tg x	φ
0,0800	1,00320	0,08009	0,07983	4°35′01,18″
0,0801	1,00321	0,08019	0,07993	4 35 21,81
0,0802	1,00322	0,08029	0,08003	4 35 42,44
0,0803	1,00323	0,08039	0,08013	4 36 03,06
0,0804	1,00323	0,08049	0,08023	4 36 23,69
0,0805	1,00324	0,08059	0,08033	4 36 44,32
0,0806	1,00325	0,08069	0,08043	4 37 04,94
0,0807	1,00326	0,08079	0,08053	4 37 25,57
0,0808	1,00327	0,08089	0,08062	4 37 46,20
0,0809	1,00327	0,08099	0,08072	4 38 06,82
0,0810	1,00328	0,08109	0,08082	4 38 27,45
0,0811	1,00329	0,08119	0,08092	4 38 48,08
0,0812	1,00330	0,08129	0,08102	4 39 08,70
0,0813	1,00331	0,08139	0,08112	4 39 29,33
0,0814	1,00331	0,08149	0,08122	4 39 49,96
0,0815	1,00332	0,08159	0,08132	4 40 10,58
0,0816	1,00333	0,08169	0,08142	4 40 31,21
0,0817	1,00334	0,08179	0,08152	4 40 51,83
0,0818	1,00335	0,08189	0,08162	4 41 12,46
0,0819	1,00336	0,08199	0,08172	4 41 33,09
0,0820	1,00336	0,08209	0,08182	4 41 53,71
0,0821	1,00337	0,08219	0,08192	4 42 14,34
0,0822	1,00338	0,08229	0,08202	4 42 34,97
0,0823	1,00339	0,08239	0,08211	4 42 55,59
0,0824	1,00340	0,08249	0,08221	4 43 16,22
0,0825	1,00341	0,08259	0,08231	4 43 36,85
0,0826	1,00341	0,08269	0,08241	4 43 57,47
0,0827	1,00342	0,08279	0,08251	4 44 18,10
0,0828	1,00343	0,08289	0,08261	4 44 38,73
0,0829	1,00344	0,08299	0,08271	4 44 59,35
0,0830	1,00345	0,08310	0,08281	4 45 19,98
0,0831	1,00345	0,08320	0,08291	4 45 40,61
0,0832	1,00346	0,08330	0,08301	4 46 01,23
0,0833	1,00347	0,08340	0,08311	4 46 21,86
0,0834	1,00348	0,08350	0,08321	4 46 42,48
0,0835	1,00349	0,08360	0,08331	4 47 03,11
0,0836	1,00350	0,08370	0,08341	4 47 23,74
0,0837	1,00350	0,08380	0,08351	4 47 44,36
0,0838	1,00351	0,08390	0,08360	4 48 04,99
0,0839	1,00352	0,08400	0,08370	4 48 25,62
0,0840	1,00353	0,08410	0,08380	4 48 46,24
0,0841	1,00354	0,08420	0,08390	4 49 06,87
0,0842	1,00355	0,08430	0,08400	4 49 27,50
0,0843	1,00356	0,08440	0,08410	4 49 48,12
0,0844	1,00356	0,08450	0,08420	4 50 08,75
0,0845	1,00357	0,08460	0,08430	4 50 29,38
0,0846	1,00358	0,08470	0,08440	4 50 50,00
0,0847	1,00359	0,08480	0,08450	4 51 10,63
0,0848	1,00360	0,08490	0,08460	4 51 31,26
0,0849	1,00361	0,08500	0,08470	4 51 51,88

x	$\cos x$	$\sin x$	$\operatorname{tg} x$	e^x	e^{-x}
0,0850	0,99639	0,08490	0,08520	1,088 717	0,918 5123
0,0851	0,99638	0,08500	0,08531	1,088 826	0,918 4204
0,0852	0,99637	0,08510	0,08541	1,088 935	0,918 3286
0,0853	0,99636	0,08520	0,08551	1,089 044	0,918 2368
0,0854	0,99636	0,08530	0,08561	1,089 153	0,918 1450
0,0855	0,99635	0,08540	0,08571	1,089 262	0,918 0531
0,0856	0,99634	0,08550	0,08581	1,089 370	0,917 9613
0,0857	0,99633	0,08560	0,08591	1,089 479	0,917 8696
0,0858	0,99632	0,08569	0,08601	1,089 588	0,917 7778
0,0859	0,99631	0,08579	0,08611	1,089 697	0,917 6860
0,0860	0,99630	0,08589	0,08621	1,089 806	0,917 5942
0,0861	0,99630	0,08599	0,08631	1,089 915	0,917 5025
0,0862	0,99629	0,08609	0,08641	1,090 024	0,917 4107
0,0863	0,99628	0,08619	0,08651	1,090 133	0,917 3190
0,0864	0,99627	0,08629	0,08661	1,090 242	0,917 2273
0,0865	0,99626	0,08639	0,08672	1,090 351	0,917 1355
0,0866	0,99625	0,08649	0,08682	1,090 460	0,917 0438
0,0867	0,99624	0,08659	0,08692	1,090 569	0,916 9521
0,0868	0,99624	0,08669	0,08702	1,090 679	0,916 8604
0,0869	0,99623	0,08679	0,08712	1,090 788	0,916 7688
0,0870	0,99622	0,08689	0,08722	1,090 897	0,916 6771
0,0871	0,99621	0,08699	0,08732	1,091 006	0,916 5854
0,0872	0,99620	0,08709	0,08742	1,091 115	0,916 4938
0,0873	0,99619	0,08719	0,08752	1,091 224	0,916 4021
0,0874	0,99618	0,08729	0,08762	1,091 333	0,916 3105
0,0875	0,99617	0,08739	0,08772	1,091 442	0,916 2189
0,0876	0,99617	0,08749	0,08782	1,091 551	0,916 1273
0,0877	0,99616	0,08759	0,08792	1,091 661	0,916 0356
0,0878	0,99615	0,08769	0,08803	1,091 770	0,915 9440
0,0879	0,99614	0,08779	0,08813	1,091 879	0,915 8525
0,0880	0,99613	0,08789	0,08823	1,091 988	0,915 7609
0,0881	0,99612	0,08799	0,08833	1,092 097	0,915 6693
0,0882	0,99611	0,08809	0,08843	1,092 207	0,915 5777
0,0883	0,99610	0,08819	0,08853	1,092 316	0,915 4862
0,0884	0,99610	0,08828	0,08863	1,092 425	0,915 3946
0,0885	0,99609	0,08838	0,08873	1,092 534	0,915 3031
0,0886	0,99608	0,08848	0,08883	1,092 644	0,915 2116
0,0887	0,99607	0,08858	0,08893	1,092 753	0,915 1201
0,0888	0,99606	0,08868	0,08903	1,092 862	0,915 0286
0,0889	0,99605	0,08878	0,08913	1,092 971	0,915 9371
0,0890	0,99604	0,08888	0,08923	1,093 081	0,914 8456
0,0891	0,99603	0,08898	0,08934	1,093 190	0,914 7541
0,0892	0,99602	0,08908	0,08944	1,093 299	0,914 6626
0,0893	0,99602	0,08918	0,08954	1,093 409	0,914 5712
0,0894	0,99601	0,08928	0,08964	1,093 518	0,914 4797
0,0895	0,99600	0,08938	0,08974	1,093 627	0,914 3883
0,0896	0,99599	0,08948	0,08984	1,093 737	0,914 2968
0,0897	0,99598	0,08958	0,08994	1,093 846	0,914 2054
0,0898	0,99597	0,08968	0,09004	1,093 955	0,914 1140
0,0899	0,99596	0,08978	0,09014	1,094 065	0,914 0226

x	Cof x	Sin x	Tg x	φ
0,0850	1,00361	0,08510	0,08480	4° 52′ 12,51″
0,0851	1,00362	0,08520	0,08490	4 52 33,14
0,0852	1,00363	0,08530	0,08499	4 52 53,76
0,0853	1,00364	0,08540	0,08509	4 53 14,39
0,0854	1,00365	0,08550	0,08519	4 53 35,01
0,0855	1,00366	0,08560	0,08529	4 53 55,64
0,0856	1,00367	0,08570	0,08539	4 54 16,27
0,0857	1,00367	0,08580	0,08549	4 54 36,89
0,0858	1,00368	0,08591	0,08559	4 54 57,52
0,0859	1,00369	0,08601	0,08569	4 55 18,15
0,0860	1,00370	0,08611	0,08579	4 55 38,77
0,0861	1,00371	0,08621	0,08589	4 55 59,40
0,0862	1,00372	0,08631	0,08599	4 56 20,03
0,0863	1,00373	0,08641	0,08609	4 56 40,65
0,0864	1,00373	0,08651	0,08619	4 57 01,28
0,0865	1,00374	0,08661	0,08628	4 57 21,91
0,0866	1,00375	0,08671	0,08638	4 57 42,53
0,0867	1,00376	0,08681	0,08648	4 58 03,16
0,0868	1,00377	0,08691	0,08658	4 58 23,79
0,0869	1,00378	0,08701	0,08668	4 58 44,41
0,0870	1,00379	0,08711	0,08678	4 59 05,04
0,0871	1,00380	0,08721	0,08688	4 59 25,66
0,0872	1,00380	0,08731	0,08698	4 59 46,29
0,0873	1,00381	0,08741	0,08708	5 00 06,92
0,0874	1,00382	0,08751	0,08718	5 00 27,54
0,0875	1,00383	0,08761	0,08728	5 00 48,17
0,0876	1,00384	0,08771	0,08738	5 01 08,80
0,0877	1,00385	0,08781	0,08748	5 01 29,42
0,0878	1,00386	0,08791	0,08758	5 01 50,05
0,0879	1,00387	0,08801	0,08767	5 02 10,68
0,0880	1,00387	0,08811	0,08777	5 02 31,30
0,0881	1,00388	0,08821	0,08787	5 02 51,93
0,0882	1,00389	0,08831	0,08797	5 03 12,56
0,0883	1,00390	0,08841	0,08807	5 03 33,18
0,0884	1,00391	0,08852	0,08817	5 03 53,81
0,0885	1,00392	0,08862	0,08827	5 04 14,44
0,0886	1,00393	0,08872	0,08837	5 04 35,06
0,0887	1,00394	0,08882	0,08847	5 04 55,69
0,0888	1,00395	0,08892	0,08857	5 05 16,31
0,0889	1,00395	0,08902	0,08867	5 05 36,94
0,0890	1,00396	0,08912	0,08877	5 05 57,57
0,0891	1,00397	0,08922	0,08886	5 06 18,19
0,0892	1,00398	0,08932	0,08896	5 06 38,82
0,0893	1,00399	0,08942	0,08906	5 06 59,45
0,0894	1,00400	0,08952	0,08916	5 07 20,07
0,0895	1,00401	0,08962	0,08926	5 07 40,70
0,0896	1,00402	0,08972	0,08936	5 08 01,33
0,0897	1,00403	0,08982	0,08946	5 08 21,95
0,0898	1,00403	0,08992	0,08956	5 08 42,58
0,0899	1,00404	0,09002	0,08966	5 09 03,21

x	$\cos x$	$\sin x$	$\operatorname{tg} x$	e^x	e^{-x}
0,0900	0,99595	0,08988	0,09024	1,094 174	0,913 9312
0,0901	0,99594	0,08998	0,09034	1,094 284	0,913 8398
0,0902	0,99593	0,09008	0,09044	1,094 393	0,913 7484
0,0903	0,99593	0,09018	0,09055	1,094 503	0,913 6570
0,0904	0,99592	0,09028	0,09065	1,094 612	0,913 3657
0,0905	0,99591	0,09038	0,09075	1,094 722	0,913 4743
0,0906	0,99590	0,09048	0,09085	1,094 831	0,913 3830
0,0907	0,99589	0,09058	0,09095	1,094 940	0,913 2917
0,0908	0,99588	0,09068	0,09105	1,095 050	0,913 2003
0,0909	0,99587	0,09077	0,09115	1,095 159	0,913 1090
0,0910	0,99586	0,09087	0,09125	1,095 269	0,913 0177
0,0911	0,99585	0,09097	0,09135	1,095 379	0,912 9264
0,0912	0,99584	0,09107	0,09145	1,095 488	0,912 8351
0,0913	0,99584	0,09117	0,09155	1,095 598	0,912 7438
0,0914	0,99583	0,09127	0,09165	1,095 707	0,912 6526
0,0915	0,99582	0,09137	0,09176	1,095 817	0,912 5613
0,0916	0,99581	0,09147	0,09186	1,095 926	0,912 4701
0,0917	0,99580	0,09157	0,09196	1,096 036	0,912 3788
0,0918	0,99579	0,09167	0,09206	1,096 146	0,912 2876
0,0919	0,99578	0,09177	0,09216	1,096 255	0,912 1964
0,0920	0,99577	0,09187	0,09226	1,096 365	0,912 1051
0,0921	0,99576	0,09197	0,09236	1,096 474	0,912 0139
0,0922	0,99575	0,09207	0,09246	1,096 584	0,911 9227
0,0923	0,99574	0,09217	0,09256	1,096 694	0,911 8316
0,0924	0,99573	0,09227	0,09266	1,096 803	0,911 7404
0,0925	0,99572	0,09237	0,09276	1,096 913	0,911 6492
0,0926	0,99572	0,09247	0,09286	1,097 023	0,911 5581
0,0927	0,99571	0,09257	0,09297	1,097 133	0,911 4669
0,0928	0,99570	0,09267	0,09307	1,097 242	0,911 3758
0,0929	0,99569	0,09277	0,09317	1,097 352	0,911 2846
0,0930	0,99568	0,09287	0,09327	1,097 462	0,911 1935
0,0931	0,99567	0,09297	0,09337	1,097 571	0,911 1024
0,0932	0,99566	0,09307	0,09347	1,097 681	0,911 0113
0,0933	0,99565	0,09316	0,09357	1,097 791	0,910 9202
0,0934	0,99564	0,09326	0,09367	1,097 901	0,910 8291
0,0935	0,99563	0,09336	0,09377	1,098 011	0,910 7380
0,0936	0,99562	0,09346	0,09387	1,098 120	0,910 6469
0,0937	0,99561	0,09356	0,09397	1,098 230	0,910 5559
0,0938	0,99560	0,09366	0,09408	1,098 341	0,910 4648
0,0939	0,99559	0,09376	0,09418	1,098 450	0,910 3738
0,0940	0,99559	0,09386	0,09428	1,098 560	0,910 2828
0,0941	0,99558	0,09396	0,09438	1,098 670	0,910 1917
0,0942	0,99557	0,09406	0,09448	1,098 779	0,910 1007
0,0943	0,99556	0,09416	0,09458	1,098 889	0,910 0097
0,0944	0,99555	0,09426	0,09468	1,098 999	0,909 9187
0,0945	0,99554	0,09436	0,09478	1,099 109	0,909 8277
0,0946	0,99553	0,09446	0,09488	1,099 219	0,909 7368
0,0947	0,99552	0,09456	0,09498	1,099 329	0,909 6458
0,0948	0,99551	0,09466	0,09508	1,099 439	0,909 5548
0,0949	0,99550	0,09476	0,09518	1,099 549	0,909 4639

x	Coſ x	Sin x	Tg x	φ
0,0900	1,00405	0,09012	0,08976	5° 09′ 23,83″
0,0901	1,00406	0,09022	0,08986	5 09 44,46
0,0902	1,00407	0,09032	0,08996	5 10 05,09
0,0903	1,00408	0,09042	0,09006	5 10 25,71
0,0904	1,00409	0,09052	0,09015	5 10 46,34
0,0905	1,00410	0,09062	0,09025	5 11 06,96
0,0906	1,00411	0,09072	0,09035	5 11 27,59
0,0907	1,00412	0,09082	0,09045	5 11 48,22
0,0908	1,00413	0,09092	0,09055	5 12 08,84
0,0909	1,00413	0,09103	0,09065	5 12 29,47
0,0910	1,00414	0,09113	0,09075	5 12 50,10
0,0911	1,00415	0,09123	0,09085	5 13 10,72
0,0912	1,00416	0,09133	0,09095	5 13 31,35
0,0913	1,00417	0,09143	0,09105	5 13 51,98
0,0914	1,00418	0,09153	0,09115	5 14 12,60
0,0915	1,00419	0,09163	0,09125	5 14 33,23
0,0916	1,00420	0,09173	0,09134	5 14 53,86
0,0917	1,00421	0,09183	0,09144	5 15 14,48
0,0918	1,00422	0,09193	0,09154	5 15 35,11
0,0919	1,00423	0,09203	0,09164	5 15 55,74
0,0920	1,00423	0,09213	0,09174	5 16 16,36
0,0921	1,00424	0,09223	0,09184	5 16 36,99
0,0922	1,00425	0,09233	0,09194	5 16 57,62
0,0923	1,00426	0,09243	0,09204	5 17 18,24
0,0924	1,00427	0,09253	0,09214	5 17 38,87
0,0925	1,00428	0,09263	0,09224	5 17 59,49
0,0926	1,00429	0,09273	0,09234	5 18 20,12
0,0927	1,00430	0,09283	0,09244	5 18 40,75
0,0928	1,00431	0,09293	0,09253	5 19 01,37
0,0929	1,00432	0,09303	0,09263	5 19 22,00
0,0930	1,00433	0,09313	0,09273	5 19 42,63
0,0931	1,00434	0,09323	0,09283	5 20 03,25
0,0932	1,00435	0,09333	0,09293	5 20 23,88
0,0933	1,00436	0,09344	0,09303	5 20 44,51
0,0934	1,00436	0,09354	0,09313	5 21 05,13
0,0935	1,00437	0,09364	0,09323	5 21 25,76
0,0936	1,00438	0,09374	0,09333	5 21 46,39
0,0937	1,00439	0,09384	0,09343	5 22 07,01
0,0938	1,00440	0,09394	0,09353	5 22 27,64
0,0939	1,00441	0,09404	0,09362	5 22 48,27
0,0940	1,00442	0,09414	0,09372	5 23 08,89
0,0941	1,00443	0,09424	0,09382	5 23 29,52
0,0942	1,00444	0,09434	0,09392	5 23 50,14
0,0943	1,00445	0,09444	0,09402	5 24 10,77
0,0944	1,00446	0,09454	0,09412	5 24 31,40
0,0945	1,00447	0,09464	0,09422	5 24 52,02
0,0946	1,00448	0,09474	0,09432	5 25 12,65
0,0947	1,00449	0,09484	0,09442	5 25 33,28
0,0948	1,00450	0,09494	0,09452	5 25 53,90
0,0949	1,00451	0,09504	0,09462	5 26 14,53

x	$\cos x$	$\sin x$	$\operatorname{tg} x$	e^x	e^{-x}
0,0950	0,99549	0,09486	0,09529	1,099 659	0,909 3729
0,0951	0,99548	0,09496	0,09539	1,099 769	0,909 2820
0,0952	0,99547	0,09506	0,09549	1,099 879	0,909 1911
0,0953	0,99546	0,09516	0,09559	1,099 989	0,909 1002
0,0954	0,99545	0,09526	0,09569	1,100 099	0,909 0093
0,0955	0,99544	0,09535	0,09579	1,100 209	0,908 9184
0,0956	0,99543	0,09545	0,09589	1,100 319	0,908 8275
0,0957	0,99542	0,09555	0,09599	1,100 429	0,908 7366
0,0958	0,99541	0,09565	0,09609	1,100 539	0,908 6457
0,0959	0,99541	0,09575	0,09619	1,100 649	0,908 5549
0,0960	0,99540	0,09585	0,09629	1,100 759	0,908 4640
0,0961	0,99539	0,09595	0,09640	1,100 869	0,908 3732
0,0962	0,99538	0,09605	0,09650	1,100 979	0,908 2823
0,0963	0,99537	0,09615	0,09660	1,101 089	0,908 1915
0,0964	0,99536	0,09625	0,09670	1,101 199	0,908 1007
0,0965	0,99535	0,09635	0,09680	1,101 310	0,908 0099
0,0966	0,99534	0,09645	0,09690	1,101 420	0,907 9191
0,0967	0,99533	0,09655	0,09700	1,101 530	0,907 8283
0,0968	0,99532	0,09665	0,09710	1,101 640	0,907 7375
0,0969	0,99531	0,09675	0,09720	1,101 750	0,907 6468
0,0970	0,99530	0,09685	0,09730	1,101 860	0,907 5560
0,0971	0,99529	0,09695	0,09741	1,101 971	0,907 4653
0,0972	0,99528	0,09705	0,09751	1,102 081	0,907 3745
0,0973	0,99527	0,09715	0,09761	1,102 191	0,907 2838
0,0974	0,99526	0,09725	0,09771	1,102 301	0,907 1931
0,0975	0,99525	0,09735	0,09781	1,102 411	0,907 1023
0,0976	0,99524	0,09745	0,09791	1,102 522	0,907 0116
0,0977	0,99523	0,09754	0,09801	1,102 632	0,906 9209
0,0978	0,99522	0,09764	0,09811	1,102 742	0,906 8303
0,0979	0,99521	0,09774	0,09821	1,102 852	0,906 7396
0,0980	0,99520	0,09784	0,09831	1,102 963	0,906 6489
0,0981	0,99519	0,09794	0,09841	1,103 073	0,906 5582
0,0982	0,99518	0,09804	0,09852	1,103 183	0,906 4676
0,0983	0,99517	0,09814	0,09862	1,103 294	0,906 3770
0,0984	0,99516	0,09824	0,09872	1,103 404	0,906 2863
0,0985	0,99515	0,09834	0,09882	1,103 514	0,906 1957
0,0986	0,99514	0,09844	0,09892	1,103 625	0,906 1051
0,0987	0,99513	0,09854	0,09902	1,103 735	0,906 0145
0,0988	0,99512	0,09864	0,09912	1,103 846	0,905 9239
0,0989	0,99511	0,09874	0,09922	1,103 956	0,905 8333
0,0990	0,99510	0,09884	0,09932	1,104 066	0,905 7427
0,0991	0,99509	0,09894	0,09942	1,104 177	0,905 6521
0,0992	0,99508	0,09904	0,09953	1,104 287	0,905 5616
0,0993	0,99507	0,09914	0,09963	1,104 398	0,905 4710
0,0994	0,99506	0,09924	0,09973	1,104 508	0,905 3805
0,0995	0,99505	0,09934	0,09983	1,104 618	0,905 2899
0,0996	0,99504	0,09944	0,09993	1,104 729	0,905 1994
0,0997	0,99503	0,09953	0,10003	1,104 839	0,905 1089
0,0998	0,99502	0,09963	0,10013	1,104 950	0,905 0184
0,0999	0,99501	0,09973	0,10023	1,105 060	0,904 9279

x	Cos x	Sin x	Tg x	φ
0,0950	1,00452	0,09514	0,09472	5° 26′ 35,16″
0,0951	1,00453	0,09524	0,09481	5 26 55,78
0,0952	1,00453	0,09534	0,09491	5 27 16,41
0,0953	1,00454	0,09544	0,09501	5 27 37,04
0,0954	1,00455	0,09554	0,09511	5 27 57,66
0,0955	1,00456	0,09565	0,09521	5 28 18,29
0,0956	1,00457	0,09575	0,09531	5 28 38,92
0,0957	1,00458	0,09585	0,09541	5 28 59,54
0,0958	1,00459	0,09595	0,09551	5 29 20,17
0,0959	1,00460	0,09605	0,09561	5 29 40,79
0,0960	1,00461	0,09615	0,09571	5 30 01,42
0,0961	1,00462	0,09625	0,09581	5 30 22,05
0,0962	1,00463	0,09635	0,09590	5 30 42,67
0,0963	1,00464	0,09645	0,09600	5 31 03,30
0,0964	1,00465	0,09655	0,09610	5 31 23,93
0,0965	1,00466	0,09665	0,09620	5 31 44,55
0,0966	1,00467	0,09675	0,09630	5 32 05,18
0,0967	1,00468	0,09685	0,09640	5 32 25,81
0,0968	1,00469	0,09695	0,09650	5 32 46,43
0,0969	1,00470	0,09705	0,09660	5 33 07,06
0,0970	1,00471	0,09715	0,09670	5 33 27,69
0,0971	1,00472	0,09725	0,09680	5 33 48,31
0,0972	1,00473	0,09735	0,09689	5 34 08,94
0,0973	1,00474	0,09745	0,09699	5 34 29,57
0,0974	1,00475	0,09755	0,09709	5 34 50,19
0,0975	1,00476	0,09765	0,09719	5 35 10,82
0,0976	1,00477	0,09776	0,09729	5 35 31,45
0,0977	1,00478	0,09786	0,09739	5 35 52,07
0,0978	1,00479	0,09796	0,09749	5 36 12,70
0,0979	1,00480	0,09806	0,09759	5 36 33,32
0,0980	1,00481	0,09816	0,09769	5 36 53,95
0,0981	1,00482	0,09826	0,09779	5 37 14,58
0,0982	1,00483	0,09836	0,09788	5 37 35,20
0,0983	1,00484	0,09846	0,09798	5 37 55,83
0,0984	1,00485	0,09856	0,09808	5 38 16,46
0,0985	1,00486	0,09866	0,09818	5 38 37,08
0,0986	1,00486	0,09876	0,09828	5 38 57,71
0,0987	1,00487	0,09886	0,09838	5 39 18,34
0,0988	1,00488	0,09896	0,09848	5 39 38,96
0,0989	1,00489	0,09906	0,09858	5 39 59,59
0,0990	1,00490	0,09916	0,09868	5 40 20,22
0,0991	1,00491	0,09926	0,09878	5 40 40,84
0,0992	1,00492	0,09936	0,09888	5 41 01,47
0,0993	1,00493	0,09946	0,09897	5 41 22,10
0,0994	1,00494	0,09956	0,09907	5 41 42,72
0,0995	1,00495	0,09966	0,09917	5 42 03,35
0,0996	1,00496	0,09976	0,09927	5 42 23,97
0,0997	1,00497	0,09987	0,09937	5 42 44,60
0,0998	1,00498	0,09997	0,09947	5 43 05,23
0,0999	1,00499	0,10007	0,09957	5 43 25,85

x	$\cos x$	$\sin x$	$\operatorname{tg} x$	e^x	e^{-x}
0,100	0,99500	0,09983	0,10033	1,105 171	0,904 8374
0,101	0,99490	0,10083	0,10134	1,106 277	0,903 9330
0,102	0,99480	0,10182	0,10236	1,107 383	0,903 0296
0,103	0,99470	0,10282	0,10337	1,108 491	0,902 1270
0,104	0,99460	0,10381	0,10438	1,109 600	0,901 2253
0,105	0,99449	0,10481	0,10539	1,110 711	0,900 3245
0,106	0,99439	0,10580	0,10640	1,111 822	0,899 4246
0,107	0,99428	0,10680	0,10741	1,112 934	0,898 5257
0,108	0,99417	0,10779	0,10842	1,114 048	0,897 6276
0,109	0,99407	0,10878	0,10943	1,115 162	0,896 7304
0,110	0,99396	0,10978	0,11045	1,116 278	0,895 8341
0,111	0,99385	0,11077	0,11146	1,117 395	0,894 9387
0,112	0,99373	0,11177	0,11247	1,118 513	0,894 0443
0,113	0,99362	0,11276	0,11348	1,119 632	0,893 1507
0,114	0,99351	0,11375	0,11450	1,120 752	0,892 2580
0,115	0,99339	0,11475	0,11551	1,121 873	0,891 3661
0,116	0,99328	0,11574	0,11652	1,122 996	0,890 4752
0,117	0,99316	0,11673	0,11754	1,124 119	0,889 5852
0,118	0,99305	0,11773	0,11855	1,125 244	0,888 6961
0,119	0,99293	0,11872	0,11956	1,126 370	0,887 8078
0,120	0,99281	0,11971	0,12058	1,127 497	0,886 9204
0,121	0,99269	0,12070	0,12159	1,128 625	0,886 0340
0,122	0,99257	0,12170	0,12261	1,129 754	0,885 1484
0,123	0,99245	0,12269	0,12362	1,130 884	0,884 2637
0,124	0,99232	0,12368	0,12464	1,132 016	0,883 3798
0,125	0,99220	0,12467	0,12566	1,133 148	0,882 4969
0,126	0,99207	0,12567	0,12667	1,134 282	0,881 6148
0,127	0,99195	0,12666	0,12769	1,135 417	0,880 7337
0,128	0,99182	0,12765	0,12870	1,136 553	0,879 8534
0,129	0,99169	0,12864	0,12972	1,137 690	0,878 9740
0,130	0,99156	0,12963	0,13074	1,138 828	0,878 0954
0,131	0,99143	0,13063	0,13175	1,139 968	0,877 2178
0,132	0,99130	0,13162	0,13277	1,141 108	0,876 3410
0,133	0,99117	0,13261	0,13379	1,142 250	0,875 4651
0,134	0,99104	0,13360	0,13481	1,143 393	0,874 5901
0,135	0,99090	0,13459	0,13583	1,144 537	0,873 7159
0,136	0,99077	0,13558	0,13684	1,145 682	0,872 8426
0,137	0,99063	0,13657	0,13786	1,146 828	0,871 9702
0,138	0,99049	0,13756	0,13888	1,147 976	0,871 0987
0,139	0,99036	0,13855	0,13990	1,149 124	0,870 2280
0,140	0,99022	0,13954	0,14092	1,150 274	0,869 3582
0,141	0,99008	0,14053	0,14194	1,151 425	0,868 4893
0,142	0,98993	0,14152	0,14296	1,152 577	0,867 6213
0,143	0,98979	0,14251	0,14398	1,153 730	0,866 7541
0,144	0,98965	0,14350	0,14500	1,154 884	0,865 8877
0,145	0,98951	0,14449	0,14602	1,156 040	0,865 0223
0,146	0,98936	0,14548	0,14705	1,157 196	0,864 1577
0,147	0,98921	0,14647	0,14807	1,158 354	0,863 2940
0,148	0,98907	0,14746	0,14909	1,159 513	0,862 4311
0,149	0,98892	0,14845	0,15011	1,160 673	0,861 5691

x	Cof x	Sin x	Tg x	φ
0,100	1,00500	0,10017	0,09967	5° 43′ 46,48″
0,101	1,00510	0,10117	0,10066	5 47 12,75
0,102	1,00521	0,10218	0,10165	5 50 39,01
0,103	1,00531	0,10318	0,10264	5 54 05,28
0,104	1,00541	0,10419	0,10363	5 57 31,54
0,105	1,00552	0,10519	0,10462	6 00 57,80
0,106	1,00562	0,10620	0,10560	6 04 24,07
0,107	1,00573	0,10720	0,10659	6 07 50,33
0,108	1,00584	0,10821	0,10758	6 11 16,60
0,109	1,00595	0,10922	0,10857	6 14 42,86
0,110	1,00606	0,11022	0,10956	6 18 09,13
0,111	1,00617	0,11123	0,11055	6 21 35,39
0,112	1,00628	0,11223	0,11153	6 25 01,66
0,113	1,00639	0,11324	0,11252	6 28 27,92
0,114	1,00651	0,11425	0,11351	6 31 54,19
0,115	1,00662	0,11525	0,11450	6 35 20,45
0,116	1,00674	0,11626	0,11548	6 38 46,72
0,117	1,00685	0,11727	0,11647	6 42 12,98
0,118	1,00697	0,11827	0,11746	6 45 39,25
0,119	1,00709	0,11928	0,11844	6 49 05,51
0,120	1,00721	0,12029	0,11943	6 52 31,78
0,121	1,00733	0,12130	0,12041	6 55 58,04
0,122	1,00745	0,12230	0,12140	6 59 24,31
0,123	1,00757	0,12331	0,12238	7 02 50,57
0,124	1,00770	0,12432	0,12337	7 06 16,84
0,125	1,00782	0,12533	0,12435	7 09 43,10
0,126	1,00795	0,12633	0,12534	7 13 09,37
0,127	1,00808	0,12734	0,12632	7 16 35,63
0,128	1,00820	0,12835	0,12731	7 20 01,90
0,129	1,00833	0,12936	0,12829	7 23 28,16
0,130	1,00846	0,13037	0,12927	7 26 54,42
0,131	1,00859	0,13138	0,13026	7 30 20,69
0,132	1,00872	0,13238	0,13124	7 33 46,95
0,133	1,00886	0,13339	0,13222	7 37 13,22
0,134	1,00899	0,13440	0,13320	7 40 39,48
0,135	1,00913	0,13541	0,13419	7 44 05,75
0,136	1,00926	0,13642	0,13517	7 47 32,01
0,137	1,00940	0,13743	0,13615	7 50 58,28
0,138	1,00954	0,13844	0,13713	7 54 24,54
0,139	1,00968	0,13945	0,13811	7 57 50,81
0,140	1,00982	0,14046	0,13909	8 01 17,07
0,141	1,00996	0,14147	0,14007	8 04 43,34
0,142	1,01010	0,14248	0,14105	8 08 09,60
0,143	1,01024	0,14349	0,14203	8 11 35,87
0,144	1,01039	0,14450	0,14301	8 15 02,13
0,145	1,01053	0,14551	0,14399	8 18 28,40
0,146	1,01068	0,14652	0,14497	8 21 54,66
0,147	1,01082	0,14753	0,14595	8 25 20,93
0,148	1,01097	0,14854	0,14693	8 28 47,19
0,149	1,01112	0,14955	0,14791	8 32 13,46

x	$\cos x$	$\sin x$	$\operatorname{tg} x$	e^x	e^{-x}
0,150	0,98877	0,14944	0,15114	1,161 834	0,860 7080
0,151	0,98862	0,15043	0,15216	1,162 997	0,859 8477
0,152	0,98847	0,15142	0,15318	1,164 160	0,858 9883
0,153	0,98832	0,15240	0,15421	1,165 325	0,858 1297
0,154	0,98817	0,15339	0,15523	1,166 491	0,857 2720
0,155	0,98801	0,15438	0,15625	1,167 658	0,856 4152
0,156	0,98786	0,15537	0,15728	1,168 826	0,855 5592
0,157	0,98770	0,15636	0,15830	1,169 996	0,854 7041
0,158	0,98754	0,15734	0,15933	1,171 166	0,853 8498
0,159	0,98739	0,15833	0,16035	1,172 338	0,852 9964
0,160	0,98723	0,15932	0,16138	1,173 511	0,852 1438
0,161	0,98707	0,16031	0,16241	1,174 685	0,851 2921
0,162	0,98691	0,16129	0,16343	1,175 860	0,850 4412
0,163	0,98674	0,16228	0,16446	1,177 037	0,849 5912
0,164	0,98658	0,16327	0,16549	1,178 214	0,848 7420
0,165	0,98642	0,16425	0,16651	1,179 393	0,847 8937
0,166	0,98625	0,16524	0,16754	1,180 573	0,847 0462
0,167	0,98609	0,16622	0,16857	1,181 754	0,846 1996
0,168	0,98592	0,16721	0,16960	1,182 937	0,845 3538
0,169	0,98575	0,16820	0,17063	1,184 120	0,844 5089
0,170	0,98558	0,16918	0,17166	1,185 305	0,843 6648
0,171	0,98542	0,17017	0,17269	1,186 491	0,842 8216
0,172	0,98524	0,17115	0,17372	1,187 678	0,841 9792
0,173	0,98507	0,17214	0,17475	1,188 866	0,841 1376
0,174	0,98490	0,17312	0,17578	1,190 056	0,840 2969
0,175	0,98473	0,17411	0,17681	1,191 246	0,839 4570
0,176	0,98455	0,17509	0,17784	1,192 438	0,838 6180
0,177	0,98438	0,17608	0,17887	1,193 631	0,837 7798
0,178	0,98420	0,17706	0,17990	1,194 825	0,836 9424
0,179	0,98402	0,17805	0,18094	1,196 021	0,836 1059
0,180	0,98384	0,17903	0,18197	1,197 217	0,835 2702
0,181	0,98366	0,18001	0,18300	1,198 415	0,834 4354
0,182	0,98348	0,18100	0,18404	1,199 614	0,833 6013
0,183	0,98330	0,18198	0,18507	1,200 814	0,832 7682
0,184	0,98312	0,18296	0,18610	1,202 016	0,831 9358
0,185	0,98294	0,18395	0,18714	1,203 218	0,831 1043
0,186	0,98275	0,18493	0,18818	1,204 422	0,830 2736
0,187	0,98257	0,18591	0,18921	1,205 627	0,829 4437
0,188	0,98238	0,18689	0,19025	1,206 834	0,828 6147
0,189	0,98219	0,18788	0,19128	1,208 041	0,827 7865
0,190	0,98200	0,18886	0,19232	1,209 250	0,826 9591
0,191	0,98181	0,18984	0,19336	1,210 459	0,826 1326
0,192	0,98162	0,19082	0,19439	1,211 671	0,825 3069
0,193	0,98143	0,19180	0,19543	1,212 883	0,824 4820
0,194	0,98124	0,19279	0,19647	1,214 096	0,823 6579
0,195	0,98105	0,19377	0,19751	1,215 311	0,822 8347
0,196	0,98085	0,19475	0,19855	1,216 527	0,822 0122
0,197	0,98066	0,19573	0,19959	1,217 744	0,821 1906
0,198	0,98046	0,19671	0,20063	1,218 962	0,820 3699
0,199	0,98026	0,19769	0,20167	1,220 182	0,819 5499

x	Cos x	Sin x	Tg x	φ
0,150	1,01127	0,15056	0,14889	8° 35′ 39,72″
0,151	1,01142	0,15157	0,14986	8 39 05,99
0,152	1,01157	0,15259	0,15084	8 42 32,25
0,153	1,01173	0,15360	0,15182	8 45 58,52
0,154	1,01188	0,15461	0,15279	8 49 24,78
0,155	1,01204	0,15562	0,15377	8 52 51,04
0,156	1,01219	0,15663	0,15475	8 56 17,31
0,157	1,01235	0,15765	0,15572	8 59 43,57
0,158	1,01251	0,15866	0,15670	9 03 09,84
0,159	1,01267	0,15967	0,15767	9 06 36,10
0,160	1,01283	0,16068	0,15865	9 10 02,37
0,161	1,01299	0,16170	0,15962	9 13 28,63
0,162	1,01315	0,16271	0,16060	9 16 54,90
0,163	1,01331	0,16372	0,16157	9 20 21,16
0,164	1,01348	0,16474	0,16254	9 23 47,43
0,165	1,01364	0,16575	0,16352	9 27 13,69
0,166	1,01381	0,16676	0,16449	9 30 39,96
0,167	1,01398	0,16778	0,16546	9 34 06,22
0,168	1,01415	0,16879	0,16644	9 37 32,49
0,169	1,01431	0,16981	0,16741	9 40 58,75
0,170	1,01448	0,17082	0,16838	9 44 25,02
0,171	1,01466	0,17183	0,16935	9 47 51,28
0,172	1,01483	0,17285	0,17032	9 51 17,55
0,173	1,01500	0,17386	0,17129	9 54 43,81
0,174	1,01518	0,17488	0,17226	9 58 10,08
0,175	1,01535	0,17589	0,17324	10 01 36,34
0,176	1,01553	0,17691	0,17420	10 05 02,61
0,177	1,01571	0,17793	0,17517	10 08 28,87
0,178	1,01588	0,17894	0,17614	10 11 55,14
0,179	1,01606	0,17996	0,17711	10 15 21,40
0,180	1,01624	0,18097	0,17808	10 18 47,67
0,181	1,01643	0,18199	0,17905	10 22 13,93
0,182	1,01661	0,18301	0,18002	10 25 40,19
0,183	1,01679	0,18402	0,18098	10 29 06,46
0,184	1,01698	0,18504	0,18195	10 32 32,72
0,185	1,01716	0,18606	0,18292	10 35 58,99
0,186	1,01735	0,18707	0,18388	10 39 25,25
0,187	1,01754	0,18809	0,18485	10 42 51,52
0,188	1,01772	0,18911	0,18582	10 46 17,78
0,189	1,01791	0,19013	0,18678	10 49 44,05
0,190	1,01810	0,19115	0,18775	10 53 10,31
0,191	1,01830	0,19216	0,18871	10 56 36,58
0,192	1,01849	0,19318	0,18967	11 00 02,84
0,193	1,01868	0,19420	0,19064	11 03 29,11
0,194	1,01888	0,19522	0,19160	11 06 55,37
0,195	1,01907	0,19624	0,19257	11 10 21,64
0,196	1,01027	0,19726	0,19353	11 13 47,90
0,197	1,01947	0,19828	0,19449	11 17 14,17
0,198	1,01967	0,19930	0,19545	11 20 40,43
0,199	1,01987	0,20032	0,19641	11 24 06,70

x	$\cos x$	$\sin x$	$\operatorname{tg} x$	e^x	e^{-x}
0,200	0,98007	0,19867	0,20271	1,221 403	0,818 7308
0,201	0,97987	0,19965	0,20375	1,222 625	0,817 9124
0,202	0,97967	0,20063	0,20479	1,223 848	0,817 0949
0,203	0,97947	0,20161	0,20583	1,225 072	0,816 2782
0,204	0,97926	0,20259	0,20688	1,226 298	0,815 4624
0,205	0,97906	0,20357	0,20792	1,227 525	0,814 6473
0,206	0,97886	0,20455	0,20896	1,228 753	0,813 8331
0,207	0,97865	0,20552	0,21001	1,229 983	0,813 0196
0,208	0,97845	0,20650	0,21105	1,231 213	0,812 2070
0,209	0,97824	0,20748	0,21210	1,232 445	0,811 3952
0,210	0,97803	0,20846	0,21314	1,233 678	0,810 5842
0,211	0,97782	0,20944	0,21419	1,234 912	0,809 7741
0,212	0,97761	0,21042	0,21523	1,236 148	0,808 9647
0,213	0,97740	0,21139	0,21628	1,237 385	0,808 1561
0,214	0,97719	0,21237	0,21733	1,238 623	0,807 3484
0,215	0,97698	0,21335	0,21838	1,239 862	0,806 5414
0,216	0,97676	0,21432	0,21942	1,241 102	0,805 7353
0,217	0,97655	0,21530	0,22047	1,242 344	0,804 9300
0,218	0,97633	0,21628	0,22152	1,243 587	0,804 1254
0,219	0,97612	0,21725	0,22257	1,244 831	0,803 3217
0,220	0,97590	0,21823	0,22362	1,246 077	0,802 5188
0,221	0,97568	0,21921	0,22467	1,247 323	0,801 7167
0,222	0,97546	0,22018	0,22572	1,248 571	0,800 9154
0,223	0,97524	0,22116	0,22677	1,249 821	0,800 1148
0,224	0,97502	0,22213	0,22782	1,251 071	0,799 3151
0,225	0,97479	0,22311	0,22888	1,252 323	0,798 5162
0,226	0,97457	0,22408	0,22993	1,253 576	0,797 7181
0,227	0,97435	0,22506	0,23098	1,254 830	0,796 9208
0,228	0,97412	0,22603	0,23203	1,256 085	0,796 1243
0,229	0,97389	0,22700	0,23309	1,257 342	0,795 3285
0,230	0,97367	0,22798	0,23414	1,258 600	0,794 5336
0,231	0,97344	0,22895	0,23520	1,259 859	0,793 7395
0,232	0,97321	0,22992	0,23625	1,261 120	0,792 9461
0,233	0,97298	0,23090	0,23731	1,262 381	0,792 1536
0,234	0,97275	0,23187	0,23837	1,263 644	0,791 3618
0,235	0,97251	0,23284	0,23942	1,264 909	0,790 5708
0,236	0,97228	0,23382	0,24048	1,266 174	0,789 7807
0,237	0,97205	0,23479	0,24154	1,267 441	0,788 9913
0,238	0,97181	0,23576	0,24260	1,268 709	0,788 2027
0,239	0,97158	0,23673	0,24366	1,269 979	0,787 4149
0,240	0,97134	0,23770	0,24472	1,271 249	0,786 6279
0,241	0,97110	0,23867	0,24578	1,272 521	0,785 8416
0,242	0,97086	0,23964	0,24684	1,273 794	0,785 0562
0,243	0,97062	0,24062	0,24790	1,275 069	0,784 2715
0,244	0,97038	0,24159	0,24896	1,276 344	0,783 4876
0,245	0,97014	0,24256	0,25002	1,277 621	0,782 7045
0,246	0,96989	0,24353	0,25108	1,278 900	0,781 9222
0,247	0,96965	0,24450	0,25214	1,280 179	0,781 1407
0,248	0,96941	0,24547	0,25321	1,281 460	0,780 3599
0,249	0,96916	0,24643	0,25427	1,282 742	0,779 5800

x	Cos x	Sin x	Tg x	φ
0,200	1,02007	0,20134	0,19738	11° 27′ 32,96″
0,201	1,02027	0,20236	0,19834	11 30 59,23
0,202	1,02047	0,20338	0,19930	11 34 25,49
0,203	1,02068	0,20440	0,20026	11 37 51,76
0,204	1,02088	0,20542	0,20122	11 41 18,02
0,205	1,02109	0,20644	0,20218	11 44 44,29
0,206	1,02129	0,20746	0,20313	11 48 10,55
0,207	1,02150	0,20848	0,20409	11 51 36,81
0,208	1,02171	0,20950	0,20505	11 55 03,08
0,209	1,02192	0,21052	0,20601	11 58 29,34
0,210	1,02213	0,21155	0,20697	12 01 55,61
0,211	1,02234	0,21257	0,20792	12 05 21,87
0,212	1,02256	0,21359	0,20888	12 08 48,14
0,213	1,02277	0,21461	0,20984	12 12 14,40
0,214	1,02299	0,21564	0,21079	12 15 40,67
0,215	1,02320	0,21666	0,21175	12 19 06,93
0,216	1,02342	0,21768	0,21270	12 22 33,20
0,217	1,02364	0,21871	0,21366	12 25 59,46
0,218	1,02386	0,21973	0,21461	12 29 25,73
0,219	1,02408	0,22075	0,21556	12 32 51,99
0,220	1,02430	0,22178	0,21652	12 36 18,26
0,221	1,02452	0,22280	0,21747	12 39 44,52
0,222	1,02474	0,22383	0,21842	12 43 10,79
0,223	1,02497	0,22485	0,21938	12 46 37,05
0,224	1,02519	0,22588	0,22033	12 50 03,32
0,225	1,02542	0,22690	0,22128	12 53 29,58
0,226	1,02565	0,22793	0,22223	12 56 55,85
0,227	1,02588	0,22895	0,22318	13 00 22,11
0,228	1,02610	0,22998	0,22413	13 03 48,38
0,229	1,02634	0,23101	0,22508	13 07 14,64
0,230	1,02657	0,23203	0,22603	13 10 40,91
0,231	1,02680	0,23306	0,22698	13 14 07,17
0,232	1,02703	0,23409	0,22793	13 17 33,44
0,233	1,02727	0,23511	0,22887	13 20 59,70
0,234	1,02750	0,23614	0,22982	13 24 25,96
0,235	1,02774	0,23717	0,23077	13 27 52,23
0,236	1,02798	0,23820	0,23171	13 31 18,49
0,237	1,02822	0,23922	0,23266	13 34 44,76
0,238	1,02846	0,24025	0,23361	13 38 11,02
0,239	1,02870	0,24128	0,23455	13 41 37,29
0,240	1,02894	0,24231	0,23550	13 45 03,55
0,241	1,02918	0,24334	0,23644	13 48 29,82
0,242	1,02943	0,24437	0,23738	13 51 56,08
0,243	1,02967	0,24540	0,23833	13 55 22,35
0,244	1,02992	0,24643	0,23927	13 58 48,61
0,245	1,03016	0,24746	0,24021	14 02 14,88
0,246	1,03041	0,24849	0,24115	14 05 41,14
0,247	1,03066	0,24952	0,24210	14 09 07,41
0,248	1,03091	0,25055	0,24304	14 12 33,67
0,249	1,03116	0,25158	0,24398	14 15 59,94

x	$\cos x$	$\sin x$	$\operatorname{tg} x$	e^x	e^{-x}
0,250	0,96891	0,24740	0,25534	1,284 025	0,778 8008
0,251	0 96866	0,24837	0,25641	1,285 310	0,778 0224
0,252	0,96842	0,24934	0,25747	1,286 596	0,777 2447
0,253	0,96817	0,25031	0,25854	1,287 883	0,776 4679
0,254	0,96792	0,25128	0,25961	1,289 172	0,775 6918
0,255	0,96766	0,25225	0,26067	1,290 462	0,774 9165
0,256	0,96741	0,25321	0,26174	1,291 753	0,774 1420
0,257	0,96716	0,25418	0,26281	1,293 045	0,773 3682
0,258	0,96690	0,25515	0,26388	1,294 339	0,772 5952
0,259	0,96665	0,25611	0,26495	1,295 634	0,771 8230
0,260	0,96639	0,25708	0,26602	1,296 930	0,771 0516
0,261	0,96613	0,25805	0,26709	1,298 228	0,770 2809
0,262	0,96587	0,25901	0,26816	1,299 527	0,769 5110
0,263	0,96561	0,25998	0,26924	1,300 827	0,768 7419
0,264	0,96535	0,26094	0,27031	1,302 128	0,767 9735
0,265	0,96509	0,26191	0,27138	1,303 431	0,767 2059
0,266	0,96483	0,26287	0,27246	1,304 735	0,766 4391
0,267	0,96457	0,26384	0,27353	1,306 040	0,765 6731
0,268	0,96430	0,26480	0,27461	1,307 347	0,764 9078
0,269	0,96404	0,26577	0,27568	1,308 655	0,764 1433
0,270	0,96377	0,26673	0,27676	1,309 964	0,763 3795
0,271	0,96350	0,26770	0,27784	1,311 275	0,762 6165
0,272	0,96324	0,26866	0,27891	1,312 587	0,761 8543
0,273	0,96297	0,26962	0,27999	1,313 900	0,761 0928
0,274	0,96270	0,27058	0,28107	1,315 215	0,760 3321
0,275	0,96243	0,27155	0,28215	1,316 531	0,759 5721
0,276	0,96215	0,27251	0,28323	1,317 848	0,758 8129
0,277	0,96188	0,27347	0,28431	1,319 166	0,758 0545
0,278	0,96161	0,27443	0,28539	1,320 486	0,757 2968
0,279	0,96133	0,27539	0,28647	1,321 807	0,756 5399
0,280	0,96106	0,27636	0,28755	1,323 130	0,755 7837
0,281	0,96078	0,27732	0,28864	1,324 454	0,755 0283
0,282	0,96050	0,27828	0,28973	1,325 779	0,754 2737
0,283	0,96022	0,27924	0,29081	1,327 105	0,753 5198
0,284	0,95994	0,28020	0,29189	1,328 433	0,752 7666
0,285	0,95966	0,28116	0,29298	1,329 762	0,752 0143
0,286	0,95938	0,28212	0,29406	1,331 092	0,751 2626
0,287	0,95910	0,28308	0,29515	1,332 424	0,750 5117
0,288	0,95881	0,28404	0,29624	1,333 757	0,749 7616
0,289	0,95853	0,28499	0,29732	1,335 092	0,749 0122
0,290	0,95824	0,28595	0,29841	1,336 427	0,748 2636
0,291	0,95796	0,28691	0,29950	1,337 765	0,747 5157
0,292	0,95767	0,28787	0,30059	1,339 103	0,746 7685
0,293	0,95738	0,28883	0,30168	1,340 443	0,746 0221
0,294	0,95709	0,28978	0,30277	1,341 784	0,745 2765
0,295	0,95680	0,29074	0,30387	1,343 126	0,744 5316
0,296	0,95651	0,29170	0,30496	1,344 470	0,743 7874
0,297	0,95622	0,29265	0,30605	1,345 815	0,743 0440
0,298	0,95593	0,29361	0,30715	1,347 162	0,742 3013
0,299	0,95563	0,29456	0,30824	1,348 510	0,741 5594

x	Cof x	Sin x	Tg x	φ
0,250	1,03141	0,25261	0,24492	14° 19′ 26,20″
0,251	1,03167	0,25364	0,24586	14 22 52,47
0,252	1,03192	0,25468	0,24680	14 26 18,73
0,253	1,03218	0,25571	0,24774	14 29 45,00
0,254	1,03243	0,25674	0,24867	14 33 11,26
0,255	1,03269	0,25777	0,24961	14 36 37,53
0,256	1,03295	0,25881	0,25055	14 40 03,79
0,257	1,03321	0,25984	0,25149	14 43 30,06
0,258	1,03347	0,26087	0,25242	14 46 56,32
0,259	1,03373	0,26191	0,25336	14 50 22,58
0,260	1,03399	0,26294	0,25430	14 53 48,85
0,261	1,03425	0,26397	0,25523	14 57 15,11
0,262	1,03452	0,26501	0,25617	15 00 41,38
0,263	1,03478	0,26604	0,25710	15 04 07,64
0,264	1,03505	0,26708	0,25803	15 07 33,91
0,265	1,03532	0,26811	0,25897	15 11 00,17
0,266	1,03559	0,26915	0,25990	15 14 26,44
0,267	1,03586	0,27018	0,26083	15 17 52,70
0,268	1,03613	0,27122	0,26176	15 21 18,97
0,269	1,03640	0,27226	0,26269	15 24 45,23
0,270	1,03667	0,27329	0,26362	15 28 11,50
0,271	1,03695	0,27433	0,26456	15 31 37,76
0,272	1,03722	0,27537	0,26548	15 35 04,03
0,273	1,03750	0,27640	0,26641	15 38 30,29
0,274	1,03777	0,27744	0,26734	15 41 56,56
0,275	1,03805	0,27848	0,26827	15 45 22,82
0,276	1,03833	0,27952	0,26920	15 48 49,09
0,277	1,03861	0,28056	0,27013	15 52 15,35
0,278	1,03889	0,28159	0,27105	15 55 41,62
0,279	1,03917	0,28263	0,27198	15 59 07,88
0,280	1,03946	0,28367	0,27291	16 02 34,15
0,281	1,03974	0,28471	0,27383	16 06 00,41
0,282	1,04003	0,28575	0,27476	16 09 26,68
0,283	1,04031	0,28679	0,27568	16 12 52,94
0,284	1,04060	0,28783	0,27660	16 16 19,20
0,285	1,04089	0,28887	0,27753	16 19 45,47
0,286	1,04118	0,28991	0,27845	16 23 11,73
0,287	1,04147	0,29096	0,27937	16 26 38,00
0,288	1,04176	0,29200	0,28029	16 30 04,26
0,289	1,04205	0,29304	0,28121	16 33 30,53
0,290	1,04235	0,29408	0,28213	16 36 56,79
0,291	1,04264	0,29512	0,28305	16 40 23,06
0,292	1,04294	0,29617	0,28397	16 43 49,32
0,293	1,04323	0,29721	0,28489	16 47 15,59
0,294	1,04353	0,29825	0,28581	16 50 41,85
0,295	1,04383	0,29930	0,28673	16 54 08,12
0,296	1,04413	0,30034	0,28765	16 57 34,38
0,297	1,04443	0,30139	0,28856	17 01 00,65
0,298	1,04473	0,30243	0,28948	17 04 26,91
0,299	1,04503	0,30348	0,29040	17 07 53,18

x	$\cos x$	$\sin x$	$\operatorname{tg} x$	e^{x}	e^{-x}
0,300	0,95534	0,29552	0,30934	1,349 859	0,740 8182
0,301	0,95504	0,29648	0,31043	1,351 209	0,740 0778
0,302	0,95474	0,29743	0,31153	1,352 561	0,739 3381
0,303	0,95445	0,29838	0,31263	1,353 914	0,738 5991
0,304	0,95415	0,29934	0,31372	1,355 269	0,737 8609
0,305	0,95385	0,30029	0,31482	1,356 625	0,737 1234
0,306	0,95355	0,30125	0,31592	1,357 982	0,736 3866
0,307	0,95324	0,30220	0,31702	1,359 341	0,735 6506
0,308	0,95294	0,30315	0,31812	1,360 701	0,734 9153
0,309	0,95264	0,30411	0,31923	1,362 062	0,734 1808
0,310	0,95233	0,30506	0,32033	1,363 425	0,733 4470
0,311	0,95203	0,30601	0,32143	1,364 789	0,732 7139
0,312	0,95172	0,30696	0,32253	1,366 155	0,731 9815
0,313	0,95141	0,30791	0,32364	1,367 522	0,731 2499
0,314	0,95111	0,30887	0,32474	1,368 890	0,730 5190
0,315	0 95080	0,30982	0,32585	1,370 259	0,729 7889
0,316	0,95049	0,31077	0,32696	1,371 630	0,729 0595
0,317	0,95017	0,31172	0,32806	1,373 003	0,728 3308
0,318	0,94986	0,31267	0,32917	1,374 376	0,727 6028
0,319	0,94955	0,31362	0,33028	1,375 751	0,726 8755
0,320	0,94924	0,31457	0,33139	1,377 128	0,726 1490
0,321	0,94892	0,31552	0,33250	1,378 506	0,725 4233
0,322	0,94860	0,31646	0,33361	1,379 885	0,724 6982
0,323	0,94829	0,31741	0,33472	1,381 265	0,723 9739
0,324	0,94797	0,31836	0,33583	1,382 647	0,723 2502
0,325	0,94765	0,31931	0,33695	1,384 031	0,722 5274
0,326	0,94733	0,32026	0,33806	1,385 415	0,721 8052
0,327	0,94701	0,32120	0,33918	1,386 801	0,721 0837
0,328	0,94669	0,32215	0,34029	1,388 189	0,720 3630
0,329	0,94637	0,32310	0,34141	1,389 578	0,719 6430
0,330	0,94604	0,32404	0,34252	1,390 968	0,718 9237
0,331	0,94572	0,32499	0,34364	1,392 360	0,718 2052
0,332	0,94539	0,32593	0,34476	1,393 753	0,717 4873
0,333	0,94507	0,32688	0,34588	1,395 147	0,716 7702
0,334	0,94474	0,32782	0,34700	1,396 543	0,716 0538
0,335	0,94441	0,32877	0,34812	1,397 940	0,715 3381
0,336	0,94408	0,32971	0,34924	1,399 339	0,714 6231
0,337	0,94375	0,33066	0,35037	1,400 739	0,713 9088
0,338	0,94342	0,33160	0,35149	1,402 141	0,713 1953
0,339	0,94309	0,33254	0,35261	1,403 543	0,712 4824
0,340	0,94275	0,33349	0,35374	1,404 948	0,711 7703
0,341	0,94242	0,33443	0,35486	1,406 353	0,711 0589
0,342	0,94209	0,33537	0,35599	1,407 760	0,710 3482
0,343	0,94175	0,33631	0,35712	1,409 169	0,709 6382
0,344	0,94141	0,33726	0,35824	1,410 579	0,708 9289
0,345	0,94108	0,33820	0,35937	1,411 990	0,708 2204
0,346	0,94074	0,33914	0,36050	1,413 403	0,707 5125
0,347	0,94040	0,34008	0,36163	1,414 817	0,706 8053
0,348	0,94006	0,34102	0,36276	1,416 232	0,706 0989
0,349	0,93972	0,34196	0,36390	1,417 649	0,705 3931

x	Cof x	Sin x	Tg x	φ
0,300	1,04534	0,30452	0,29131	17° 11′ 19,44″
0,301	1,04564	0,30557	0,29223	17 14 45,71
0,302	1,04595	0,30661	0,29314	17 18 11,97
0,303	1,04626	0,30766	0,29406	17 21 38,24
0,304	1,04656	0,30870	0,29497	17 25 04,50
0,305	1,04687	0,30975	0,29588	17 28 30,77
0,306	1,04718	0,31080	0,29679	17 31 57,03
0,307	1,04750	0,31185	0,29771	17 35 23,30
0,308	1,04781	0,31289	0,29862	17 38 49,56
0,309	1,04812	0,31394	0,29953	17 42 15,83
0,310	1,04844	0,31499	0,30044	17 45 42,09
0,311	1,04875	0,31604	0.30135	17 49 08,35
0,312	1,04907	0,31709	0,30226	17 52 34,62
0,313	1,04939	0,31814	0,30316	17 56 00,88
0,314	1,04970	0,31919	0,30407	17 59 27,15
0,315	1,05002	0,32024	0,30498	18 02 53,41
0,316	1,05034	0,32129	0,30589	18 06 19,68
0,317	1,05067	0,32234	0,30679	18 09 45,94
0,318	1,05099	0,32339	0,30770	18 13 12,21
0,319	1,05131	0,32444	0,30860	18 16 38,47
0,320	1,05164	0,32549	0,30951	18 20 04,74
0,321	1.05196	0,32654	0,31041	18 23 31,00
0,322	1,05229	0,32759	0,31131	18 26 57,27
0,323	1,05262	0,32865	0,31222	18 30 23,53
0,324	1,05295	0,32970	0,31312	18 33 49,80
0,325	1,05328	0,33075	0,31402	18 37 16,06
0,326	1.05361	0,33181	0,31492	18 40 42,33
0,327	1,05394	0,33286	0,31582	18 44 08,59
0,328	1,05428	0,33391	0,31672	18 47 34,86
0,329	1,05461	0,33497	0,31762	18 51 01,12
0,330	1,05495	0,33602	0,31852	18 54 27,39
0,331	1,05528	0,33708	0,31942	18 57 53,65
0,332	1,05562	0,33813	0,32032	19 01 19,92
0,333	1,05596	0,33919	0,32121	19 04 46,18
0,334	1,05630	0,34024	0,32211	19 08 12,45
0,335	1,05664	0,34130	0,32301	19 11 38,71
0,336	1,05698	0,34236	0,32390	19 15 04,97
0,337	1,05732	0,34342	0,32480	19 18 31,24
0,338	1,05767	0,34447	0,32569	19 21 57,50
0,339	1,05801	0,34553	0,32658	19 25 23,77
0,340	1,05836	0,34659	0,32748	19 28 50,03
0,341	1,05871	0,34765	0,32837	19 32 16,30
0,342	1,05905	0,34871	0,32926	19 35 42,56
0,343	1,05940	0,34977	0,33015	19 39 08,83
0,344	1,05975	0,35082	0,33104	19 42 35,09
0,345	1,06011	0,35188	0,33193	19 46 01,36
0,346	1,06046	0,35295	0,33282	19 49 27,62
0,347	1,06081	0,35401	0,33371	19 52 53,89
0,348	1,06117	0,35507	0,33460	19 56 20,15
0,349	1,06152	0,35613	0,33549	19 59 46,42

x	$\cos x$	$\sin x$	$\operatorname{tg} x$	e^x	e^{-x}
0,350	0,93937	0,34290	0,36503	1,419 068	0,704 6881
0,351	0,93903	0,34384	0,36616	1,420 487	0,703 9838
0,352	0,93869	0,34478	0,36730	1,421 909	0,703 2801
0,353	0,93834	0,34571	0,36843	1,423 331	0,702 5772
0,354	0,93799	0,34665	0,36957	1,424 755	0,701 8750
0,355	0,93765	0,34759	0,37071	1,426 181	0,701 1734
0,356	0,93730	0,34853	0,37184	1,427 608	0,700 4726
0,357	0,93695	0,34946	0,37298	1,429 036	0,699 7725
0,358	0,93660	0,35040	0,37412	1,430 466	0,699 0731
0,359	0,93625	0,35134	0,37526	1,431 897	0,698 3744
0,360	0,93590	0,35227	0,37640	1,433 329	0,697 6763
0,361	0,93554	0,35321	0,37755	1,434 763	0,696 9790
0,362	0,93519	0,35415	0,37869	1,436 199	0,696 2824
0,363	0,93484	0,35508	0,37983	1,437 636	0,695 5864
0,364	0,93448	0,35601	0,38098	1,439 074	0,694 8912
0,365	0,93412	0,35695	0,38212	1,440 514	0,694 1967
0,366	0,93377	0,35788	0,38327	1,441 955	0,693 5028
0,367	0,93341	0,35882	0,38442	1,443 398	0,692 8096
0,368	0,93305	0,35975	0,38556	1,444 842	0,692 1172
0,369	0,93269	0,36068	0,38671	1,446 288	0,691 4254
0,370	0,93233	0,36162	0,38786	1,447 735	0,690 7343
0,371	0,93197	0,36255	0,38901	1,449 183	0,690 0439
0,372	0,93160	0,36348	0,39017	1,450 633	0,689 3542
0,373	0,93124	0,36441	0,39132	1,452 084	0,688 6652
0,374	0,93087	0,36534	0,39247	1,453 537	0,687 9769
0,375	0,93051	0,36627	0,39363	1,454 991	0,687 2893
0,376	0,93014	0,36720	0,39478	1,456 447	0,686 6023
0,377	0,92977	0,36813	0,39594	1,457 904	0,685 9161
0,378	0,92940	0,36906	0,39710	1,459 363	0,685 2305
0,379	0,92904	0,36999	0,39825	1,460 823	0,684 5456
0,380	0,92866	0,37092	0,39941	1,462 285	0,683 8614
0,381	0,92829	0,37185	0,40057	1,463 748	0,683 1779
0,382	0,92792	0,37278	0,40173	1,465 212	0,682 4951
0,383	0,92755	0,37370	0,40290	1,466 678	0,681 8129
0,384	0,92717	0,37463	0,40406	1,468 145	0,681 1314
0,385	0,92680	0,37556	0,40522	1,469 614	0,680 4506
0,386	0,92642	0,37649	0,40639	1,471 085	0,679 7705
0,387	0,92605	0,37741	0,40755	1,472 556	0,679 0911
0,388	0,92567	0,37834	0,40872	1,474 030	0,678 4123
0,389	0,92529	0,37926	0,40989	1,475 505	0,677 7343
0,390	0,92491	0,38019	0,41105	1,476 981	0,677 0569
0,391	0,92453	0,38111	0,41222	1,478 459	0,676 3802
0,392	0,92415	0,38204	0,41339	1,479 938	0,675 7041
0,393	0,92376	0,38296	0,41457	1,481 418	0,675 0287
0,394	0,92338	0,38389	0,41574	1,482 901	0,674 3541
0,395	0,92300	0,38481	0,41691	1,484 384	0,673 6800
0,396	0,92261	0,38573	0,41809	1,485 869	0,673 0067
0,397	0,92223	0,38665	0,41926	1,487 356	0,672 3340
0,398	0,92184	0,38758	0,42044	1,488 844	0,671 6620
0,399	0,92145	0,38850	0,42161	1,490 334	0,670 9907

x	Cos x	Sin x	Tg x	φ
0,350	1,06188	0,35719	0,33638	20°03′ 12,68″
0,351	1,06224	0,35825	0,33726	20 06 38,95
0,352	1,06259	0,35931	0,33815	20 10 05,21
0,353	1,06295	0,36038	0,33903	20 13 31,48
0,354	1,06332	0,36144	0,33992	20 16 57,74
0,355	1,06368	0,36250	0,34080	20 20 24,01
0,356	1,06404	0,36357	0,34169	20 23 50,27
0,357	1,06440	0,36463	0,34257	20 27 16,54
0,358	1,06477	0,36570	0,34345	20 30 42,80
0,359	1,06514	0,36676	0,34433	20 34 09,07
0,360	1,06550	0,36783	0,34521	20 37 35,33
0,361	1,06587	0,36889	0,34609	20 41 01,60
0,362	1,06624	0,36996	0,34697	20 44 27,86
0,363	1,06661	0,37102	0,34785	20 47 54,12
0,364	1,06698	0,37209	0,34873	20 51 20,39
0,365	1,06736	0,37316	0,34961	20 54 46,65
0,366	1,06773	0,37423	0,35049	20 58 12,92
0,367	1,06810	0,37529	0,35136	21 01 39,18
0,368	1,06848	0,37636	0,35224	21 05 05,45
0,369	1,06886	0,37743	0,35312	21 08 31,71
0,370	1,06923	0,37850	0,35399	21 11 57,98
0,371	1,06961	0,37957	0,35487	21 15 24,24
0,372	1,06999	0,38064	0,35574	21 18 50,51
0,373	1,07037	0,38171	0,35661	21 22 16,77
0,374	1,07076	0,38278	0,35749	21 25 43,04
0,375	1,07114	0,38385	0,35836	21 29 09,30
0,376	1,07152	0,38492	0,35923	21 32 35,57
0,377	1,07191	0,38599	0,36010	21 36 01,83
0,378	1,07230	0,38707	0,36097	21 39 28,10
0,379	1,07268	0,38814	0,36184	21 42 54,36
0,380	1,07307	0,38921	0,36271	21 46 20,63
0,381	1,07346	0,39028	0,36358	21 49 46,89
0,382	1,07385	0,39136	0,36444	21 53 13,16
0,383	1,07425	0,39243	0,36531	21 56 39,42
0.384	1,07464	0,39351	0,36618	22 00 05,69
0,385	1,07503	0,39458	0,36704	22 03 31,95
0,386	1,07543	0,39566	0,36791	22 06 58,22
0,387	1,07582	0,39673	0,36877	22 10 24,48
0,388	1,07622	0,39781	0,36963	22 13 50,74
0,389	1,07662	0,39889	0,37050	22 17 17,01
0,390	1,07702	0,39996	0,37136	22 20 43,27
0,391	1,07742	0,40104	0,37222	22 24 09,54
0,392	1,07782	0,40212	0,37308	22 27 35,80
0,393	1,07822	0,40319	0,37394	22 31 02,07
0,394	1,07863	0,40427	0,37480	22 34 28,33
0,395	1,07903	0,40535	0,37566	22 37 54,60
0,396	1,07944	0,40643	0,37652	22 41 20,86
0,397	1,07984	0,40751	0,37738	22 44 47,13
0,398	1,08025	0,40859	0,37824	22 48 13,39
0,399	1,08066	0,40967	0,37909	22 51 39,66

x	$\cos x$	$\sin x$	$\operatorname{tg} x$	e^x	e^{-x}
0,400	0,92106	0,38942	0,42279	1,491 825	0,670 3200
0,401	0,92067	0,39034	0,42397	1,493 317	0,669 6501
0,402	0,92028	0,39126	0,42515	1,494 811	0,668 9807
0,403	0,91989	0,39218	0,42633	1,496 307	0,668 3121
0,404	0,91950	0,39310	0,42752	1,497 804	0,667 6441
0,405	0,91910	0,39402	0,42870	1,499 303	0,666 9768
0,406	0,91871	0,39494	0,42988	1,500 803	0,666 3102
0,407	0,91831	0,39586	0,43107	1,502 304	0,665 6442
0,408	0,91792	0,39677	0,43226	1,503 807	0,664 9789
0,409	0,91752	0,39769	0,43344	1,505 312	0,664 3142
0,410	0,91712	0,39861	0,43463	1,506 818	0,663 6503
0,411	0,91672	0,39953	0,43582	1,508 325	0,662 9869
0,412	0,91632	0,40044	0,43701	1.509 834	0,662 3243
0,413	0,91592	0,40136	0,43820	1,511 345	0,661 6623
0,414	0,91552	0,40227	0,43940	1,512 857	0,661 0010
0,415	0,91512	0,40319	0,44059	1,514 371	0,660 3403
0,416	0,91471	0,40410	0,44178	1,515 886	0,659 6803
0,417	0,91431	0,40502	0,44298	1,517 403	0,659 0209
0,418	0,91390	0,40593	0,44418	1,518 921	0,658 3622
0,419	0,91350	0,40685	0,44537	1,520 440	0,657 7042
0,420	0,91309	0,40776	0,44657	1,521 962	0,657 0468
0,421	0,91268	0,40867	0,44777	1,523 488	0,656 3901
0,422	0,91227	0,40959	0,44897	1,525 009	0,655 7340
0,423	0,91186	0,41050	0,45018	1,526 534	0,655 0786
0,424	0,91145	0,41141	0,45138	1,528 062	0,654 4239
0,425	0,91104	0,41232	0,45258	1,529 590	0,653 7698
0,426	0,91063	0,41323	0,45379	1,531 121	0,653 1163
0,427	0,91021	0,41414	0,45500	1,532 653	0,652 4636
0,428	0,90980	0,41505	0,45620	1,534 187	0,651 8114
0,429	0,90938	0,41596	0,45741	1,535 721	0,651 1599
0,430	0,90897	0,41687	0,45862	1,537 258	0,650 5091
0,431	0,90855	0,41778	0,45983	1,538 796	0,649 8589
0,432	0,90813	0,41869	0,46104	1,540 335	0,649 2094
0,433	0,90771	0,41960	0,46226	1,541 876	0,648 5605
0,434	0,90729	0,42050	0,46347	1,543 419	0,647 9123
0,435	0,90687	0,42141	0,46469	1,544 963	0,647 2647
0,436	0,90645	0,42232	0,46590	1,546 509	0,646 6177
0,437	0,90603	0,42322	0,46712	1,548 056	0,645 9714
0,438	0,90560	0,42413	0,46834	1,549 605	0,645 3258
0,439	0,90518	0,42503	0,46956	1,551 155	0,644 6808
0,440	0,90475	0,42594	0,47078	1,552 707	0,644 0364
0,441	0,90433	0,42684	0,47200	1,554 261	0,643 3927
0,442	0,90390	0,42775	0,47323	1,555 816	0,642 7496
0,443	0,90347	0,42865	0,47445	1,557 372	0,642 1072
0,444	0,90304	0,42956	0,47568	1,558 930	0,641 4654
0,445	0,90261	0,43046	0,47690	1,560 490	0,640 8243
0,446	0,90218	0,43136	0,47813	1,562 051	0,640 1838
0,447	0,90175	0,43226	0,47936	1,563 614	0,639 5439
0,448	0,90132	0,43316	0,48059	1,565 179	0,638 9047
0,449	0,90088	0,43406	0,48182	1,566 745	0,638 2661

x	Cos x	Sin x	Tg x	φ
0,400	1,08107	0,41075	0,37995	22° 55′ 05,92″
0,401	1,08148	0,41183	0,38080	22 58 32,19
0,402	1,08190	0,41292	0,38166	23 01 58,45
0,403	1,08231	0,41400	0,38251	23 05 24,72
0,404	1,08272	0,41508	0,38337	23 08 50,98
0,405	1,08314	0,41616	0,38422	23 12 17,25
0,406	1,08356	0,41725	0,38507	23 15 43,51
0,407	1,08397	0,41833	0,38592	23 19 09,78
0,408	1,08439	0,41941	0,38677	23 22 36,04
0,409	1 08481	0,42050	0,38762	23 26 02,31
0,410	1,08523	0,42158	0,38847	23 29 28,57
0,411	1,08566	0,42267	0,38932	23 32 54,84
0,412	1,08608	0,42376	0,39017	23 36 21,10
0,413	1,08650	0,42484	0,39102	23 39 47,36
0,414	1,08693	0,42593	0,39186	23 43 13,63
0,415	1,08736	0,42702	0,39271	23 46 39,89
0,416	1,08778	0,42810	0,39356	23 50 06,16
0,417	1,08821	0,42919	0,39440	23 53 32,42
0,418	1,08864	0,43028	0,39524	23 56 58,69
0,419	1,08907	0,43137	0,39609	24 00 24,95
0,420	1,08950	0,43246	0,39693	24 03 51,22
0,421	1,08994	0,43355	0,39777	24 07 17,48
0,422	1,09037	0,43464	0,39861	24 10 43,75
0,423	1,09081	0,43573	0,39945	24 14 10,01
0,424	1,09124	0,43682	0,40029	24 17 36,28
0,425	1,09168	0,43791	0,40113	24 21 02,54
0,426	1,09212	0,43900	0,40197	24 24 28,81
0,427	1,09256	0,44009	0,40281	24 27 55,07
0,428	1,09300	0,44119	0,40365	24 31 21,34
0,429	1,09344	0,44228	0,40449	24 34 47,60
0,430	1,09388	0,44337	0,40532	24 38 13,87
0,431	1,09433	0,44447	0,40616	24 41 40,13
0,432	1,09477	0,44556	0,40699	24 45 06,40
0,433	1,09522	0,44666	0,40783	24 48 32,66
0,434	1,09567	0,44775	0,40866	24 51 58,93
0,435	1,09611	0,44885	0,40949	24 55 25,19
0,436	1,09656	0,44995	0,41032	24 58 51,46
0,437	1,09701	0,45104	0,41115	25 02 17,72
0,438	1,09747	0,45214	0,41199	25 05 43,99
0,439	1,09792	0,45324	0,41282	25 09 10,25
0,440	1,09837	0,45434	0,41364	25 12 36,51
0,441	1,09883	0,45543	0,41447	25 16 02,78
0,442	1,09928	0,45653	0,41530	25 19 29,04
0,443	1,09974	0,45763	0,41613	25 22 55,31
0,444	1,10020	0,45873	0,41695	25 26 21,57
0,445	1,10066	0,45983	0,41778	25 29 47,84
0,446	1,10112	0,46093	0,41861	25 33 14,10
0,447	1,10158	0,46204	0,41943	25 36 40,37
0,448	1,10204	0,46314	0,42025	25 40 06,63
0,449	1,10251	0,46424	0,42108	25 43 32,90

x	$\cos x$	$\sin x$	$\operatorname{tg} x$	e^{x}	e^{-x}
0,450	0,90045	0,43497	0,48306	1,568 312	0,637 6282
0,451	0,90001	0,43587	0,48429	1,569 881	0,636 9908
0,452	0,89958	0,43677	0,48552	1,571 452	0,636 3542
0,453	0,89914	0,43766	0,48676	1,573 024	0,635 7181
0,454	0,89870	0,43856	0,48800	1,574 598	0,635 0827
0,455	0,89826	0,43946	0,48924	1,576 173	0,634 4480
0,456	0,89782	0,44036	0,49048	1,577 750	0,633 8138
0,457	0,89738	0,44126	0,49172	1,579 329	0,633 1803
0,458	0,89694	0,44216	0,49296	1,580 909	0,632 5475
0,459	0,89650	0,44305	0,49420	1,582 491	0,631 9152
0,460	0,89605	0,44395	0,49545	1,584 074	0,631 2836
0,461	0,89561	0,44484	0,49669	1,585 659	0,630 6527
0,462	0,89516	0,44574	0,49794	1,587 245	0,630 0223
0,463	0,89472	0,44663	0,49919	1,588 833	0,629 3926
0,464	0,89427	0,44753	0,50044	1,590 423	0,628 7636
0,465	0,89382	0,44842	0,50169	1,592 014	0,628 1351
0,466	0,89337	0,44932	0,50294	1,593 607	0,627 5073
0,467	0,89292	0,45021	0,50420	1,595 201	0,626 8801
0,468	0,89247	0,45110	0,50545	1,596 797	0,626 2535
0,469	0,89202	0,45199	0,50671	1,598 395	0,625 6276
0,470	0,89157	0,45289	0,50797	1,599 994	0,625 0023
0.471	0,89111	0,45378	0,50922	1,601 595	0,624 3776
0,472	0,89066	0,45467	0,51048	1,603 197	0,623 7535
0,473	0,89021	0,45556	0,51175	1,604 801	0,623 1301
0,474	0,88975	0,45645	0,51301	1,606 407	0,622 5073
0,475	0,88929	0,45734	0,51427	1,608 014	0,621 8851
0,476	0,88883	0,45823	0,51554	1,609 623	0,621 2635
0,477	0,88838	0,45912	0,51680	1,611 233	0,620 6425
0,478	0,88792	0,46000	0,51807	1,612 845	0,620 0222
0,479	0,88746	0,46089	0,51934	1,614 459	0,619 4025
0,480	0,88699	0,46178	0,52061	1,616 074	0,618 7834
0,481	0,88653	0,46267	0,52188	1,617 691	0,618 1649
0,482	0,88607	0,46355	0,52316	1,619 310	0,617 5471
0,483	0,88561	0,46444	0,52443	1,620 930	0,616 9298
0,484	0,88514	0,46532	0,52571	1,622 552	0,616 3132
0,485	0,88467	0,46621	0,52698	1,624 175	0,615 6972
0,486	0,88421	0,46709	0,52826	1,625 800	0,615 0818
0,487	0,88374	0,46798	0,52954	1,627 427	0,614 4670
0,488	0,88327	0,46886	0,53082	1,629 055	0,613 8529
0,489	0,88280	0,46974	0,53210	1,630 685	0,613 2393
0,490	0,88233	0,47063	0,53339	1,632 316	0,612 6264
0,491	0,88186	0,47151	0,53467	1,633 949	0,612 0141
0,492	0,88139	0,47239	0,53596	1,635 584	0,611 4024
0,493	0,88092	0,47327	0,53725	1,637 221	0,610 7913
0,494	0,88044	0,47415	0,53854	1,638 859	0,610 1808
0,495	0,87997	0,47503	0,53983	1,640 498	0,609 5709
0,496	0,87949	0,47591	0,54112	1,642 140	0,608 9616
0,497	0,87902	0,47679	0,54241	1,643 783	0,608 3530
0,498	0,87854	0,47767	0,54371	1,645 427	0,607 7449
0,499	0,87806	0,47855	0,54500	1,647 073	0,607 1375

x	Cos x	Sin x	Tg x	φ
0,450	1,10297	0,46534	0,42190	25° 46′ 59,16″
0,451	1,10344	0,46645	0,42272	25 50 25,43
0,452	1,10390	0,46755	0,42354	25 53 51,69
0,453	1,10437	0,46865	0,42436	25 57 17,96
0,454	1,10484	0,46976	0,42518	26 00 44,22
0,455	1,10531	0,47086	0,42600	26 04 10,49
0,456	1,10578	0,47197	0,42682	26 07 36,75
0,457	1,10625	0,47307	0,42764	26 11 03,02
0,458	1,10673	0,47418	0,42845	26 14 29,28
0,459	1,10720	0,47529	0,42927	26 17 55,55
0,460	1,10768	0,47640	0,43008	26 21 21,81
0,461	1,10816	0,47750	0,43090	26 24 48,08
0,462	1,10863	0,47861	0,43171	26 28 14,34
0,463	1,10911	0,47972	0,43253	26 31 40,61
0,464	1,10959	0,48083	0,43334	26 35 06,87
0,465	1,11007	0,48194	0,43415	26 38 33,13
0,466	1,11056	0,48305	0,43496	26 41 59,40
0,467	1,11104	0,48416	0,43577	26 45 25,66
0,468	1,11153	0,48527	0,43658	26 48 51,93
0,469	1,11201	0,48638	0,43739	26 52 18,19
0,470	1,11250	0,48750	0,43820	26 55 44,46
0,471	1,11299	0,48861	0,43901	26 59 10,72
0,472	1,11348	0,48972	0,43981	27 02 36,99
0,473	1,11397	0,49084	0,44062	27 06 03,25
0,474	1,11446	0,49195	0,44143	27 09 29,52
0,475	1,11495	0,49306	0,44223	27 12 55,78
0,476	1,11544	0,49418	0,44303	27 16 22,05
0,477	1,11594	0,49530	0,44384	27 19 48,31
0,478	1,11643	0,49641	0,44464	27 23 14,58
0,479	1,11693	0,49753	0,44544	27 26 40,84
0,480	1,11743	0,49865	0,44624	27 30 07,11
0,481	1,11793	0,49976	0,44704	27 33 33,37
0,482	1,11843	0,50088	0,44784	27 36 59,64
0,483	1,11893	0,50200	0,44864	27 40 25,90
0,484	1,11943	0,50312	0,44944	27 43 52,17
0,485	1,11994	0,50424	0,45024	27 47 18,43
0,486	1,12044	0,50536	0,45104	27 50 44,70
0,487	1,12095	0,50648	0,45183	27 54 10,96
0,488	1,12145	0,50760	0,45263	27 57 37,23
0,489	1,12196	0,50872	0,45342	28 01 03,49
0,490	1,12247	0,50984	0,45422	28 04 29,76
0,491	1,12298	0,51097	0,45501	28 07 56,02
0,492	1,12349	0,51209	0,45580	28 11 22,28
0,493	1,12401	0,51321	0,45659	28 14 48,55
0,494	1,12452	0,51434	0,45739	28 18 14,81
0,495	1,12503	0,51546	0,45818	28 21 41,08
0,496	1,12555	0,51659	0,45897	28 25 07,34
0,497	1,12607	0,51771	0,45975	28 28 33,61
0,498	1,12659	0,51884	0,46054	28 31 59,87
0,499	1,12711	0,51997	0,46133	28 35 26,14

x	$\cos x$	$\sin x$	$\operatorname{tg} x$	e^x	e^{-x}
0,500	0,87758	0,47943	0,54630	1,648 721	0,606 5307
0,501	0,87710	0,48030	0,54760	1,650 371	0,605 9244
0,502	0,87662	0,48118	0,54890	1,652 022	0,605 3188
0,503	0,87614	0,48206	0,55020	1,653 675	0,604 7138
0,504	0,87566	0,48293	0,55151	1,655 329	0,604 1094
0,505	0,87517	0,48381	0,55281	1,656 986	0,603 5056
0,506	0,87469	0,48468	0,55412	1,658 643	0,602 9024
0,507	0,87421	0,48556	0,55543	1,660 303	0,602 2998
0,508	0,87372	0,48643	0,55674	1,661 964	0,601 6978
0,509	0,87323	0,48730	0,55805	1,663 627	0,601 0964
0,510	0,87274	0,48818	0,55936	1,665 291	0,600 4956
0,511	0,87226	0,48905	0,56067	1,666 957	0,599 8954
0,512	0,87177	0,48992	0,56199	1,668 625	0,599 2958
0,513	0,87128	0,49079	0,56330	1,670 295	0,598 6968
0,514	0,87078	0,49166	0,56462	1,671 966	0,598 0984
0,515	0,87029	0,49253	0,56594	1,673 639	0,597 5006
0,516	0,86980	0,49340	0,56726	1,675 313	0,596 9034
0,517	0,86931	0,49427	0,56859	1,676 989	0,596 3068
0,518	0,86881	0,49514	0,56991	1,678 667	0,595 7108
0,519	0,86832	0,49601	0,57123	1,680 346	0,595 1154
0,520	0,86782	0,49688	0,57256	1,682 028	0,594 5205
0,521	0,86732	0,49775	0,57389	1,683 711	0,593 9263
0,522	0,86682	0,49861	0,57522	1,685 395	0,593 3327
0,523	0,86632	0,49948	0,57655	1,687 081	0,592 7397
0,524	0,86582	0,50035	0,57788	1,688 769	0,592 1472
0,525	0,86532	0,50121	0,57922	1,690 459	0,591 5554
0,526	0,86482	0,50208	0,58055	1,692 150	0,590 9641
0,527	0,86432	0,50294	0,58189	1,693 843	0,590 3734
0,528	0,86382	0,50381	0,58323	1,695 538	0,589 7834
0,529	0,86331	0,50467	0,58457	1,697 234	0,589 1939
0,530	0,86281	0,50553	0,58592	1,698 932	0,588 6050
0,531	0,86230	0,50640	0,58726	1,700 632	0,588 0167
0,532	0,86179	0,50726	0,58860	1,702 334	0,587 4289
0,533	0,86129	0,50812	0,58995	1,704 037	0,586 8418
0,534	0,86078	0,50898	0,59130	1,705 742	0,586 2553
0,535	0,86027	0,50984	0,59265	1,707 448	0,585 6693
0,536	0,85976	0,51070	0,59401	1,709 157	0,585 0809
0,537	0,85925	0,51156	0,59536	1,710 867	0,584 4991
0,538	0,85874	0,51242	0,59671	1,712 578	0,583 9149
0,539	0,85822	0,51328	0,59807	1,714 292	0,583 3313
0,540	0,85771	0,51414	0,59943	1,716 007	0,582 7483
0,541	0,85719	0,51499	0,60079	1,717 724	0,582 1658
0,542	0,85668	0,51585	0,60215	1,719 442	0,581 5839
0,543	0,85616	0,51671	0,60351	1,721 163	0,581 0026
0,544	0,85565	0,51756	0,60488	1,722 885	0,580 4219
0,545	0,85513	0,51842	0,60625	1,724 608	0,579 8418
0,546	0,85461	0,51927	0,60762	1,726 334	0,579 2622
0,547	0,85409	0,52013	0,60899	1,728 061	0,578 6833
0,548	0,85357	0,52098	0,61036	1,729 790	0,578 1049
0,549	0,85305	0,52183	0,61173	1,731 521	0,577 5270

x	Cos x	Sin x	Tg x	φ
0,500	1,12763	0,52110	0,46212	28° 38′ 52,40″
0,501	1,12815	0,52222	0,46290	28 42 18,67
0,502	1,12867	0,52335	0,46369	28 45 44,93
0,503	1,12919	0,52448	0,46447	28 49 11,20
0,504	1,12972	0,52561	0,46526	28 52 37,46
0,505	1,13025	0,52674	0,46604	28 56 03,73
0,506	1,13077	0,52787	0,46682	28 59 29,99
0,507	1,13130	0,52900	0,46760	29 02 56,26
0,508	1,13183	0,53013	0,46839	29 06 22,52
0,509	1,13236	0,53127	0,46917	29 09 48,79
0,510	1,13289	0,53240	0,46995	29 13 15,05
0,511	1,13343	0,53353	0,47072	29 16 41,32
0,512	1,13396	0,53466	0,47150	29 20 07,58
0,513	1,13450	0,53580	0,47228	29 23 33,85
0,514	1,13503	0,53693	0,47306	29 27 00,11
0,515	1,13557	0,53807	0,47383	29 30 26,38
0,516	1,13611	0,53920	0,47461	29 33 52,64
0,517	1,13665	0,54034	0,47538	29 37 18,90
0,518	1,13719	0,54148	0,47615	29 40 45,17
0,519	1,13773	0,54262	0,47693	29 44 11,43
0,520	1,13827	0,54375	0,47770	29 47 37,70
0,521	1,13882	0,54489	0,47847	29 51 03,96
0,522	1,13936	0,54603	0,47924	29 54 30,23
0,523	1,13991	0,54717	0,48001	29 57 56,49
0,524	1,14046	0,54831	0,48078	30 01 22,76
0,525	1,14101	0,54945	0,48155	30 04 49,02
0,526	1,14156	0,55059	0,48232	30 08 15,29
0,527	1,14211	0,55173	0,48308	30 11 41,55
0,528	1,14266	0,55288	0,48385	30 15 07,82
0,529	1,14321	0,55402	0,48462	30 18 34,08
0,530	1,14377	0,55516	0,48538	30 22 00,35
0,531	1,14432	0,55631	0,48615	30 25 26,61
0,532	1,14488	0,55745	0,48691	30 28 52,88
0,533	1,14544	0,55860	0,48767	30 32 19,14
0,534	1,14600	0,55974	0,48843	30 35 45,41
0,535	1,14656	0,56089	0,48919	30 39 11,67
0,536	1,14712	0,56204	0,48995	30 42 37,94
0,537	1,14768	0,56318	0,49071	30 46 04,20
0,538	1,14825	0,56433	0,49147	30 49 30,47
0,539	1,14881	0,56548	0,40223	30 52 56,73
0,540	1,14938	0,56663	0,49299	30 56 23,00
0,541	1,14994	0,56778	0,49374	30 59 49,26
0,542	1,15051	0,56893	0,49450	31 03 15,52
0,543	1,15108	0,57008	0,49526	31 06 41,79
0,544	1,15165	0,57123	0,49601	31 10 08,05
0,545	1,15223	0,57238	0,49676	31 13 34,32
0,546	1,15280	0,57354	0,49752	31 17 00,58
0,547	1,15337	0,57469	0,49827	31 20 26,85
0,548	1,15395	0,57584	0,49902	31 23 53,11
0,549	1,15452	0,57700	0,49977	31 27 19,38

x	$\cos x$	$\sin x$	$\operatorname{tg} x$	e^x	e^{-x}
0,550	0,85252	0,52269	0,61311	1,733 253	0,576 9498
0,551	0,85200	0,52354	0,61448	1,734 987	0,576 3731
0,552	0,85148	0,52439	0,61586	1,736 723	0,575 7971
0,553	0,85095	0,52524	0,61724	1,738 461	0,575 2216
0,554	0,85043	0,52609	0,61862	1,740 200	0,574 6466
0,555	0,84990	0,52694	0,62001	1,741 941	0,574 0723
0,556	0,84937	0,52779	0,62139	1,743 684	0,573 4985
0,557	0,84884	0,52864	0,62278	1,745 428	0,572 9253
0,558	0,84832	0,52949	0,62417	1,747 175	0,572 3526
0,559	0,84779	0,53034	0,62556	1,748 923	0,571 7806
0,560	0,84726	0,53119	0,62695	1,750 673	0,571 2091
0,561	0,84672	0,53203	0,62834	1,752 424	0,570 6381
0,562	0,84619	0,53288	0,62974	1,754 177	0,570 0678
0,563	0,84566	0,53373	0,63114	1,755 932	0,569 4980
0,564	0,84512	0,53457	0,63254	1,757 689	0,568 9288
0,565	0,84459	0,53542	0,63394	1,759 448	0,568 3601
0,566	0,84405	0,53626	0,63534	1,761 208	0,567 7921
0,567	0,84352	0,53710	0,63674	1,762 970	0,567 2246
0,568	0,84298	0,53795	0,63815	1,764 734	0,566 6576
0,569	0,84244	0,53879	0,63956	1,766 500	0,566 0912
0,570	0,84190	0,53963	0,64097	1,768 267	0,565 5254
0,571	0,84136	0,54047	0,64238	1,770 036	0,564 9602
0,572	0,84082	0,54131	0,64379	1,771 807	0,564 3955
0,573	0,84028	0,54216	0,64521	1,773 580	0,563 8314
0,574	0,83974	0,54300	0,64663	1,775 354	0,563 2679
0,575	0,83919	0,54383	0,64805	1,777 131	0,562 7049
0,576	0,83865	0,54467	0,64947	1,778 909	0,562 1424
0,577	0,83810	0,54551	0,65089	1,780 688	0,561 5806
0,578	0,83756	0,54635	0,65231	1,782 470	0,561 0193
0,579	0,83701	0,54719	0,65374	1,784 253	0,560 4585
0,580	0,83646	0,54802	0,65517	1,786 038	0,559 8984
0,581	0,83591	0,54886	0,65660	1,787 825	0,559 3387
0,582	0,83536	0,54970	0,65803	1,789 614	0,558 7797
0,583	0,83481	0,55053	0,65946	1,791 405	0,558 2212
0,584	0,83426	0,55137	0,66090	1,793 197	0,557 6632
0,585	0,83371	0,55220	0,66234	1,794 991	0,557 1059
0,586	0,83316	0,55303	0,66378	1,796 787	0,556 5490
0,587	0,83261	0,55387	0,66522	1,798 585	0,555 9928
0,588	0,83205	0,55470	0,66666	1,800 384	0,555 4370
0,589	0,83150	0,55553	0,66811	1,802 185	0,554 8819
0,590	0,83094	0,55636	0,66956	1,803 988	0,554 3273
0,591	0,83038	0,55719	0,67101	1,805 793	0,553 7732
0,592	0,82983	0,55802	0,67246	1,807 600	0,553 2197
0,593	0,82927	0,55885	0,67391	1,809 409	0,552 6668
0,594	0,82871	0,55968	0,67536	1,811 219	0,552 1144
0,595	0,82815	0,56051	0,67682	1,813 031	0,551 5626
0,596	0,82759	0,56134	0,67828	1,814 845	0,551 0113
0,597	0,82703	0,56216	0,67974	1,816 661	0,550 4605
0,598	0,82646	0,56299	0,68120	1,818 478	0,549 9104
0,599	0,82590	0,56382	0,68267	1,820 298	0,549 3607

x	Cos x	Sin x	Tg x	φ
0,550	1,15510	0,57815	0,50052	31° 30′ 45,64″
0,551	1,15568	0,57931	0,50127	31 34 11,91
0,552	1,15626	0,58046	0,50202	31 37 38,17
0,553	1,15684	0,58162	0,50277	31 41 04,44
0,554	1,15742	0,58278	0,50351	31 44 30,70
0,555	1,15801	0,58393	0,50426	31 47 56,97
0,556	1,15859	0,58509	0,50500	31 51 23,23
0,557	1,15918	0,58625	0,50575	31 54 49,50
0,558	1,15976	0,58741	0,50649	31 58 15,76
0,559	1,16035	0,58857	0,50724	32 01 42,03
0,560	1,16094	0,58973	0,50798	32 05 08,29
0,561	1,16153	0,59089	0,50872	32 08 34,56
0,562	1,16212	0,59205	0,50946	32 12 00,82
0,563	1,16272	0,59322	0,51020	32 15 27,09
0,564	1,16331	0,59438	0,51094	32 18 53,35
0,565	1,16390	0,59554	0,51168	32 22 19,62
0,566	1,16450	0,59671	0,51242	32 25 45,88
0,567	1,16510	0,59787	0,51315	32 29 12,15
0,568	1,16570	0,59904	0,51389	32 32 38,41
0,569	1,16630	0,60020	0,51462	32 36 04,67
0,570	1,16690	0,60137	0,51536	32 39 30,94
0,571	1,16750	0,60254	0,51609	32 42 57,20
0,572	1,16810	0,60371	0,51683	32 46 23,47
0,573	1,16871	0,60487	0,51756	32 49 49,73
0,574	1,16931	0,60604	0,51829	32 53 16,00
0,575	1,16992	0,60721	0,51902	32 56 42,26
0,576	1,17053	0,60838	0,51975	33 00 08,53
0,577	1,17113	0,60955	0,52048	33 03 34,79
0,578	1,17174	0,61073	0,52121	33 07 01,06
0,579	1,17236	0,61190	0,52194	33 10 27,32
0,580	1,17297	0,61307	0,52267	33 13 53,59
0,581	1,17358	0,61424	0,52339	33 17 19,85
0,582	1,17420	0,61542	0,52412	33 20 46,12
0,583	1,17481	0,61659	0,52484	33 24 12,38
0,584	1,17543	0,61777	0,52557	33 27 38,65
0,585	1,17605	0,61894	0,52629	33 31 04,91
0,586	1,17667	0,62012	0,52701	33 34 31,18
0,587	1,17729	0,62130	0,52773	33 37 57,44
0,588	1,17791	0,62247	0,52846	33 41 23,71
0,589	1,17853	0,62365	0,52918	33 44 49,97
0,590	1,17916	0,62483	0,52990	33 48 16,24
0,591	1,17978	0,62601	0,53061	33 51 42,50
0,592	1,18041	0,62719	0,53133	33 55 08,77
0,593	1,18104	0,62837	0,53205	33 58 35,03
0,594	1,18167	0,62955	0,53277	34 02 01,29
0,595	1,18230	0,63073	0,53348	34 05 27,56
0,596	1,18293	0,63192	0,53420	34 08 53,82
0,597	1,18356	0,63310	0,53491	34 12 20,09
0,598	1,18419	0,63428	0,53562	34 15 46,35
0,599	1,18483	0,63547	0,53634	34 19 12,62

x	$\cos x$	$\sin x$	$\operatorname{tg} x$	e^{x}	e^{-x}
0,600	0,82534	0,56464	0,68414	1,822 119	0,548 8116
0,601	0,82477	0,56547	0,68561	1,823 942	0,548 2631
0,602	0,82420	0,56629	0,68708	1,825 767	0,547 7151
0,603	0,82364	0,56712	0,68855	1,827 593	0,547 1677
0,604	0,82307	0,56794	0,69003	1,829 422	0,546 6208
0,605	0,82250	0,56876	0,69150	1,831 252	0,546 0744
0,606	0,82193	0,56958	0,69298	1,833 084	0,545 5286
0,607	0,82136	0,57041	0,69446	1,834 918	0,544 9834
0,608	0,82079	0,57123	0,69595	1,836 754	0,544 4387
0,609	0,82022	0,57205	0,69743	1,838 592	0,543 8945
0,610	0,81965	0,57287	0,69892	1,840 431	0,543 3509
0,611	0,81907	0,57369	0,70041	1,842 273	0,542 8078
0,612	0,81850	0,57451	0,70190	1,844 116	0,542 2653
0,613	0,81793	0,57532	0,70339	1,845 961	0,541 7233
0,614	0,81735	0,57614	0,70489	1,847 808	0,541 1818
0,615	0,81677	0,57696	0,70639	1,849 657	0,540 6409
0,616	0,81620	0,57778	0,70789	1,851 507	0,540 1005
0,617	0,81562	0,57859	0,70939	1,853 360	0,539 5607
0,618	0,81504	0,57941	0,71089	1,855 214	0,539 0214
0,619	0,81446	0,58022	0,71240	1,857 070	0,538 4827
0,620	0,81388	0,58104	0,71391	1,858 928	0,537 9444
0,621	0,81330	0,58185	0,71592	1,860 788	0,537 4068
0,622	0,81271	0,58266	0,71693	1,862 650	0,536 8696
0,623	0,81213	0,58347	0,71845	1,864 513	0,536 3330
0,624	0,81155	0,58429	0,71997	1,866 379	0,535 7970
0,625	0,81096	0,58510	0,72148	1,868 246	0,535 2614
0,626	0,81038	0,58591	0,72301	1,870 115	0,534 7264
0,627	0,80979	0,58672	0,72453	1,871 986	0,534 1920
0,628	0,80920	0,58753	0,72606	1,873 859	0,533 6581
0,629	0,80862	0,58834	0,72758	1,875 734	0,533 1247
0,630	0,80803	0,58914	0,72911	1,877 611	0,532 5918
0,631	0,80744	0,58995	0,73065	1,879 489	0,532 0595
0,632	0,80685	0,59076	0,73218	1,881 370	0,531 5277
0,633	0,80626	0,59157	0,73372	1,883 252	0,530 9964
0,634	0,80566	0,59237	0,73526	1,885 136	0,530 4657
0,635	0,80507	0,59318	0,73680	1,887 022	0,529 9355
0,636	0,80448	0,59398	0,73834	1,888 910	0,529 4058
0,637	0,80388	0,59479	0,73989	1,890 800	0,528 8767
0,638	0,80329	0,59559	0,74144	1,892 692	0,528 3481
0,639	0,80269	0,59639	0,74299	1,894 585	0,527 8200
0,640	0,80210	0,59720	0,74454	1,896 481	0,527 2924
0,641	0,80150	0,59800	0,74610	1,898 378	0,526 7654
0,642	0,80090	0,59880	0,74766	1,900 278	0,526 2389
0,643	0,80030	0,59960	0,74922	1,902 179	0,525 7129
0,644	0,79970	0,60040	0,75079	1,904 082	0,525 1875
0,645	0,79910	0,60120	0,75234	1,905 987	0,524 6625
0,646	0,79850	0,60200	0,75391	1,907 894	0,524 1381
0,647	0,79790	0,60280	0,75548	1,909 803	0,523 6143
0,648	0,79729	0,60359	0,75705	1,911 714	0,523 0909
0,649	0,79669	0,60439	0,75863	1,913 626	0,522 5681

x	Cof x	Sin x	Tg x	φ
0,600	1,18547	0,63665	0,53705	34° 22′ 38,88″
0,601	1,18610	0,63784	0,53776	34 26 05,15
0,602	1,18674	0,63903	0,53847	34 29 31,41
0,603	1,18738	0,64021	0,53918	34 32 57,68
0,604	1,18802	0,64140	0,53989	34 36 23,94
0,605	1,18866	0,64259	0,54060	34 39 50,21
0,606	1,18931	0,64378	0,54131	34 43 16,47
0,607	1,18995	0,64497	0,54201	34 46 42,74
0,608	1,19060	0,64616	0,54272	34 50 09,00
0,609	1,19124	0,64735	0,54342	34 53 35,27
0,610	1,19189	0,64854	0,54413	34 57 01,53
0,611	1,19254	0,64973	0,54483	35 00 27,80
0,612	1,19319	0,65093	0,54553	35 03 54,06
0,613	1,19384	0,65212	0,54624	35 07 20,33
0,614	1,19449	0,65331	0,54694	35 10 46,59
0,615	1,19515	0,65451	0,54764	35 14 12,86
0,616	1,19580	0,65570	0,54834	35 17 39,12
0,617	1,19646	0,65690	0,54904	35 21 05,39
0,618	1,19712	0,65810	0,54973	35 24 31,65
0,619	1,19778	0,65929	0,55043	35 27 57,92
0,620	1,19844	0,66049	0,55113	35 31 24,18
0,621	1,19910	0,66169	0,55182	35 34 50,44
0,622	1,19976	0,66289	0,55252	35 38 16,71
0,623	1,20042	0,66409	0,55321	35 41 42,97
0,624	1,20109	0,66529	0,55391	35 45 09,24
0,625	1,20175	0,66649	0,55460	35 48 35,50
0,626	1,20242	0,66769	0,55529	35 52 01,77
0,627	1,20309	0,66890	0,55598	35 55 28,03
0,628	1,20376	0,67010	0,55667	35 58 54,30
0,629	1,20443	0,67130	0,55736	36 02 20,56
0,630	1,20510	0,67251	0,55805	36 05 46,83
0,631	1,20577	0,67371	0,55874	36 09 13,09
0,632	1,20645	0,67492	0,55943	36 12 39,36
0,633	1,20712	0,67613	0,56011	36 16 05,62
0,634	1,20780	0,67734	0,56080	36 19 31,89
0,635	1,20848	0,67854	0,56149	36 22 58,15
0,636	1,20916	0,67975	0,56217	36 26 24,42
0,637	1,20984	0,68096	0,56285	36 29 50,68
0,638	1,21052	0,68217	0,56354	36 33 16,95
0,639	1,21120	0,68338	0,56422	36 36 43,21
0,640	1,21189	0,68459	0,56490	36 40 09,48
0,641	1,21257	0,68581	0,56558	36 43 35,74
0,642	1,21326	0,68702	0,56626	36 47 02,01
0,643	1,21395	0,68823	0,56694	36 50 28,27
0,644	1,21463	0,68945	0,56762	36 53 54,54
0,645	1,21532	0,69066	0,56829	36 57 20,80
0,646	1,21602	0,69188	0,56897	37 00 47,06
0,647	1,21671	0,69309	0,56965	37 04 13,33
0,648	1,21740	0,69431	0,57032	37 07 39,59
0,649	1,21810	0,69553	0,57100	37 11 05,86

x	$\cos x$	$\sin x$	$\operatorname{tg} x$	e^x	e^{-x}
0,650	0,79608	0,60519	0,76020	1,915 541	0,522 0458
0,651	0,79548	0,60598	0,76178	1,917 457	0,521 5240
0,652	0,79487	0,60678	0,76337	1,919 376	0,521 0027
0,653	0,79426	0,60757	0,76495	1,921 296	0,520 4820
0,654	0,79366	0,60837	0,76654	1,923 218	0,519 9618
0,655	0,79305	0,60916	0,76812	1,925 143	0,519 4421
0,656	0,79244	0,60995	0,76972	1,927 069	0,518 9229
0,657	0,79183	0,61074	0,77131	1,928 997	0,518 4042
0,658	0,79122	0,61154	0,77291	1,930 927	0,517 8861
0,659	0,79060	0,61233	0,77450	1,932 859	0,517 3684
0,660	0,78999	0,61312	0,77610	1,934 792	0,516 8513
0,661	0,78938	0,61391	0,77771	1,936 728	0,516 3347
0,662	0,78876	0,61470	0,77931	1,938 666	0,515 8187
0,663	0,78815	0,61548	0,78092	1,940 605	0,515 3031
0,664	0,78753	0,61627	0,78253	1,942 547	0,514 7881
0,665	0,78692	0,61706	0,78415	1,944 491	0,514 2735
0,666	0,78630	0,61785	0,78576	1,946 436	0,513 7595
0,667	0,78568	0,61863	0,78738	1,948 383	0,513 2460
0,668	0,78506	0,61942	0,78900	1,950 333	0,512 7330
0,669	0,78444	0,62020	0,79063	1,952 284	0,512 2205
0,670	0,78382	0,62099	0,79225	1,954 237	0,511 7086
0,671	0,78320	0,62177	0,79388	1,956 193	0,511 1971
0,672	0,78258	0,62255	0,79551	1,958 150	0,510 6862
0,673	0,78196	0,62333	0,79715	1,960 109	0,510 1758
0,674	0,78133	0,62412	0,79879	1,962 070	0,509 6658
0,675	0,78071	0,62490	0,80042	1,964 033	0,509 1564
0,676	0,78008	0,62568	0.80207	1,965 998	0,508 6475
0,677	0,77946	0,62646	0,80371	1,967 965	0,508 1391
0,678	0,77883	0,62724	0,80536	1,969 934	0,507 6312
0,679	0,77820	0,62802	0,80701	1,971 905	0,507 1239
0,680	0,77757	0,62879	0,80866	1,973 878	0,506 6170
0,681	0,77694	0,62957	0,81032	1,975 853	0,506 1106
0,682	0,77631	0,63035	0,81197	1,977 829	0,505 6048
0,683	0,77568	0,63112	0,81364	1,979 808	0,505 0994
0,684	0,77505	0,63190	0,81530	1,981 789	0,504 5946
0,685	0,77442	0,63267	0,81696	1,983 772	0,504 0902
0,686	0,77379	0,63345	0,81863	1,985 757	0,503 5864
0,687	0,77315	0,63422	0,82030	1,987 743	0,503 0831
0,688	0,77252	0,63499	0,82198	1,989 732	0,502 5802
0,689	0,77188	0,63577	0,82366	1,991 723	0,502 0779
0,690	0,77125	0,63654	0,82534	1,993 716	0,501 5761
0,691	0,77061	0,63731	0,82702	1,995 710	0,501 0747
0,692	0,76997	0,63808	0,82870	1,997 707	0,500 5739
0,693	0,76933	0,63885	0,83039	1,999 706	0,500 0736
0,694	0,76869	0,63962	0,83208	2,001 706	0,499 5738
0,695	0,76805	0,64039	0,83378	2,003 709	0,499 0744
0,696	0,76741	0,64115	0,83547	2,005 714	0,498 5756
0,697	0,76677	0,64192	0,83717	2,007 720	0,498 0773
0,698	0,76613	0,64269	0,83888	2,009 729	0,497 5795
0,699	0,76549	0,64345	0,84058	2,011 740	0,497 0821

x	Cos x	Sin x	Tg x	φ
0,650	1,21879	0,69675	0,57167	37° 14′ 32,12″
0,651	1,21949	0,69797	0,57234	37 17 58,39
0,652	1,22019	0,69919	0,57301	37 21 24,65
0,653	1,22089	0,70041	0,57369	37 24 50,92
0,654	1,22159	0,70163	0,57436	37 28 17,18
0,655	1,22229	0,70285	0,57503	37 31 43,45
0,656	1,22300	0,70407	0,57570	37 35 09,71
0,657	1,22370	0,70530	0,57636	37 38 35,98
0,658	1,22441	0,70652	0,57703	37 42 02,24
0,659	1,22511	0,70775	0,57770	37 45 28,51
0,660	1,22582	0,70897	0,57836	37 48 54,77
0,661	1,22653	0,71020	0,57903	37 52 21,04
0,662	1,22724	0,71142	0,57969	37 55 47,30
0,663	1,22795	0,71265	0,58036	37 59 13,57
0,664	1,22867	0,71388	0,58102	38 02 39,83
0,665	1,22938	0,71511	0,58168	38 06 06,10
0,666	1,23010	0,71634	0,58234	38 09 32,36
0,667	1,23081	0,71757	0,58300	38 12 58,63
0,668	1,23153	0,71880	0,58366	38 16 24,89
0,669	1,23225	0,72003	0,58432	38 19 51,16
0,670	1,23297	0,72126	0,58498	38 23 17,42
0,671	1,23369	0,72250	0,58564	38 26 43,68
0,672	1,23442	0,72373	0,58629	38 30 09,95
0,673	1,23514	0,72497	0,58695	38 33 36,21
0,674	1,23587	0,72620	0,58760	38 37 02,48
0,675	1,23659	0,72744	0,58826	38 40 28,74
0,676	1,23732	0,72868	0,58891	38 43 55,01
0,677	1,23805	0,72991	0,58957	38 47 21,27
0,678	1,23878	0,73115	0,59022	38 50 47,54
0,679	1,23951	0,73239	0,59087	38 54 13,80
0,680	1,24025	0,73363	0,59152	38 57 40,07
0,681	1,24098	0,73487	0,59217	39 01 06,33
0,682	1,24172	0,73611	0,59282	39 04 32,60
0,683	1,24245	0,73735	0,59347	39 07 58,86
0,684	1,24319	0,73860	0,59411	39 11 25,13
0,685	1,24393	0,73984	0,59476	39 14 51,39
0,686	1,24467	0,74109	0,59541	39 18 17,66
0,687	1,24541	0,74233	0,59605	39 21 43,92
0,688	1,24616	0,74358	0,59670	39 25 10,19
0,689	1,24690	0,74482	0,59734	39 28 36,45
0,690	1,24765	0,74607	0,59798	39 32 02,72
0,691	1,24839	0,74732	0,59862	39 35 28,98
0,692	1,24914	0,74857	0,59927	39 38 55,25
0,693	1,24989	0,74982	0,59991	39 42 21,51
0,694	1,25064	0,75107	0,60055	39 45 47,78
0,695	1,25139	0,75232	0,60118	39 49 14,04
0,696	1,25214	0,75357	0,60182	39 52 40,31
0,697	1,25290	0,75482	0,60246	39 56 06,57
0,698	1,25365	0,75607	0,60310	39 59 32,83
0,699	1,25441	0,75733	0,60373	40 02 59,10

x	$\cos x$	$\sin x$	$\operatorname{tg} x$	e^x	e^{-x}
0,700	0,76484	0,64422	0,84229	2,013 753	0,496 5853
0,701	0,76420	0,64498	0,84400	2,015 767	0,496 0890
0,702	0,76355	0,64575	0,84571	2,017 784	0,495 5931
0,703	0,76291	0,64651	0,84743	2,019 803	0,495 0978
0,704	0,76226	0,64727	0,84915	2,021 824	0,494 6029
0,705	0,76161	0,64803	0,85087	2,023 847	0,494 1086
0,706	0,76096	0,64880	0,85260	2,025 872	0,493 6147
0,707	0,76031	0,64956	0,85433	2,027 898	0,493 1213
0,708	0,75966	0,65032	0,85606	2,029 927	0,492 6285
0,709	0,75901	0,65108	0,85779	2,031 958	0,492 1361
0,710	0,75836	0,65183	0,85953	2,033 991	0,491 6442
0,711	0,75771	0,65259	0,86127	2,036 026	0,491 1528
0,712	0,75706	0,65335	0,86301	2,038 063	0,490 6619
0,713	0,75640	0,65411	0,86476	2,040 102	0,490 1715
0,714	0,75575	0,65486	0,86651	2,042 144	0,489 6815
0,715	0,75509	0,65562	0,86826	2,044 187	0,489 1921
0,716	0,75444	0,65637	0,87002	2,046 232	0,488 7032
0,717	0,75378	0,65718	0,87178	2,048 279	0,488 2147
0,718	0,75312	0,65788	0,87354	2,050 328	0,487 7267
0,719	0,75246	0,65863	0,87530	2,052 380	0,487 2393
0,720	0,75181	0,65938	0,87707	2,054 433	0,486 7523
0,721	0,75115	0,66014	0,87884	2,056 489	0,486 2657
0,722	0,75049	0,66089	0,88061	2,058 546	0,485 7797
0.723	0,74982	0,66164	0,88239	2,060 606	0,485 2942
0,724	0,74916	0,66239	0,88417	2,062 669	0,484 8091
0,725	0,74850	0,66314	0,88595	2,064 731	0,484 3246
0,726	0,74784	0,66388	0,88774	2,066 797	0,483 8405
0,727	0,74717	0,66463	0,88953	2,068 865	0,483 3569
0,728	0,74651	0,66538	0,89132	2,070 935	0,482 8738
0,729	0,74584	0,66612	0,89312	2,073 007	0,482 3911
0,730	0,74517	0,66687	0,89492	2,075 081	0,481 9090
0,731	0,74451	0,66761	0,89672	2,077 157	0,481 4273
0,732	0,74384	0,66836	0,89853	2,079 235	0,480 9461
0,733	0,74317	0,66910	0,90033	2,081 315	0,480 4654
0,734	0,74250	0,66984	0,90215	2,083 398	0,479 9852
0,735	0,74183	0,67059	0,90396	2,085 482	0,479 5055
0,736	0,74116	0,67133	0,90578	2,087 569	0,479 0262
0,737	0,74049	0,67207	0,90760	2,089 657	0,478 5474
0,738	0,73982	0,67281	0,90943	2,091 748	0,478 0691
0,739	0,73914	0,67355	0,91126	2,093 841	0,477 5913
0,740	0,73847	0,67429	0,91309	2,095 936	0,477 1139
0,741	0,73779	0,67503	0,91492	2,098 032	0,476 6370
0,742	0,73712	0,67576	0,91676	2,100 132	0,476 1606
0,743	0,73644	0,67650	0,91861	2,102 233	0,475 6847
0,744	0,73577	0,67724	0,92045	2,104 336	0,475 2093
0,745	0,73509	0,67797	0,92230	2,106 411	0,474 7343
0,746	0,73441	0,67871	0,92415	2,108 549	0,474 2598
0,747	0,73373	0,67944	0,92601	2,110 659	0,473 7858
0,748	0,73305	0,68017	0,92787	2,112 770	0,473 3122
0,749	0.73237	0,68091	0,92973	2,114 884	0,472 8392

x	Cof x	Sin x	Tg x	φ
0,700	1,25517	0,75858	0,60437	40° 06′ 25,30″
0,701	1,25593	0,75984	0,60500	40 09 51,63
0,702	1,25669	0,76110	0,60564	40 13 17,89
0,703	1,25745	0,76235	0,60627	40 16 44,16
0,704	1,25821	0,76361	0,60690	40 20 10,42
0,705	1,25898	0,76487	0,60753	40 23 36,69
0,706	1,25974	0,76613	0,60816	40 27 02,95
0,707	1,26051	0,76739	0,60879	40 30 29,22
0,708	1,26128	0,76865	0,60942	40 33 55,48
0,709	1,26205	0,76991	0,61005	40 37 21,75
0,710	1,26282	0,77117	0,61068	40 40 48,01
0,711	1,26359	0,77244	0,61130	40 44 14,28
0,712	1,26436	0,77370	0,61193	40 47 40,54
0,713	1,26514	0,77497	0,61255	40 51 06,81
0,714	1,26591	0,77623	0,61318	40 54 33,07
0,715	1,26669	0,77750	0,61380	40 57 59,34
0,716	1,26747	0,77876	0,61443	41 01 25,60
0,717	1,26825	0,78003	0,61505	41 04 51,87
0,718	1,26903	0,78130	0,61567	41 08 18,13
0,719	1,26981	0,78257	0,61629	41 11 44,40
0,720	1,27059	0,78384	0,61691	41 15 10,66
0,721	1,27138	0,78511	0,61753	41 18 36,93
0,722	1,27216	0,78638	0,61815	41 22 03,19
0,723	1,27295	0,78766	0,61876	41 25 29,45
0,724	1,27374	0,78893	0,61938	41 28 55,72
0,725	1,27453	0,79020	0,62000	41 32 21,98
0,726	1,27532	0,79148	0,62061	41 35 48,25
0,727	1,27611	0,79275	0,62123	41 39 14,51
0,728	1,27690	0,79403	0,62184	41 42 40,78
0,729	1,27770	0,79531	0,62245	41 46 07,04
0,730	1,27849	0,79659	0,62307	41 49 33,31
0,731	1,27929	0,79786	0,62368	41 52 59,57
0,732	1,28009	0,79914	0,62429	41 56 25,84
0,733	1,28089	0,80042	0,62490	41 59 52,10
0,734	1,28169	0,80171	0,62551	42 03 18,37
0,735	1,28249	0,80299	0,62611	42 06 44,63
0,736	1,28330	0,80427	0,62672	42 10 10,90
0,737	1,28410	0,80555	0,62733	42 13 37,16
0,738	1,28491	0,80684	0,62794	42 17 03,43
0,739	1,28572	0,80812	0,62854	42 20 29,69
0,740	1,28652	0,80941	0,62915	42 23 55,96
0,741	1,28733	0,81070	0,62975	42 27 22,22
0,742	1,28815	0,81199	0,63035	42 30 48,49
0,743	1,28896	0,81327	0,63095	42 34 14,75
0,744	1,28977	0,81456	0,63156	42 37 41,02
0,745	1,29059	0,81585	0,63216	42 41 07,28
0,746	1,29140	0,81714	0,63276	42 44 33,55
0,747	1,29222	0,81844	0,63336	42 47 59,81
0,748	1,29304	0,81973	0,63395	42 51 26,08
0,749	1,29386	0,82102	0,63455	42 54 52,34

x	$\cos x$	$\sin x$	$\operatorname{tg} x$	e^x	e^{-x}
0,750	0,73169	0,68164	0,93160	2,117 000	0,472 3666
0,751	0,73101	0,68237	0,93347	2,119 118	0,471 8944
0,752	0,73032	0,68310	0,93534	2,121 238	0,471 4228
0,753	0,72964	0,68383	0,93722	2,123 361	0,470 9516
0,754	0,72896	0,68456	0,93910	2,125 485	0,470 4809
0,755	0,72827	0,68529	0,94098	2,127 612	0,470 0106
0,756	0,72759	0,68602	0,94287	2,129 740	0,469 5408
0,757	0,72690	0,68674	0,94476	2,131 871	0,469 0715
0,758	0,72621	0,68747	0,94665	2,134 004	0,468 6027
0,759	0,72552	0,68820	0,94855	2,136 139	0,468 1343
0,760	0,72484	0,68892	0,95045	2,138 276	0,467 6664
0,761	0,72415	0,68965	0,95236	2,140 416	0,467 1996
0,762	0,72346	0,69037	0,95427	2,142 557	0.466 7320
0,763	0,72277	0,69109	0,95618	2,144 701	0,466 2655
0,764	0,72207	0,69182	0,95809	2,146 846	0,465 7995
0,765	0,72138	0,69254	0,96001	2,148 994	0,465 3339
0,766	0,72069	0,69326	0,96194	2,151 144	0,464 8688
0,767	0,72000	0,69398	0,96386	2,153 297	0.464 4042
0,768	0,71930	0,69470	0,96580	2,155 451	0,463 9400
0,769	0,71861	0,69542	0,96773	2,157 608	0,463 4763
0,770	0,71791	0,69614	0,96967	2,159 766	0,463 0131
0,771	0,71721	0,69685	0,97161	2,161 927	0,462 5503
0,772	0,71652	0,69757	0,97356	2,164 090	0,462 0880
0,773	0,71582	0,69829	0,97551	2,166 255	0,461 6261
0,774	0,71512	0,69900	0,97746	2,168 423	0,461 1647
0,775	0,71442	0,69972	0,97942	2,170 592	0,460 7038
0,776	0,71372	0,70043	0,98138	2,172 764	0,460 2433
0,777	0,71302	0,70114	0,98334	2,174 938	0,459 7833
0,778	0,71232	0,70186	0,98531	2,177 114	0,459 3237
0,779	0,71162	0,70257	0,98728	2,179 292	0,458 8646
0,780	0,71091	0,70328	0,98926	2,181 472	0,458 4060
0,781	0,71021	0,70399	0,99124	2,183 655	0,457 9478
0,782	0,70951	0,70470	0,99323	2,185 840	0,457 4901
0,783	0,70880	0,70541	0,99522	2,188 027	0,457 0329
0,784	0,70809	0,70612	0,99721	2,190 216	0,456 5760
0,785	0,70739	0,70683	0,99920	2.192 407	0,456 1197
$^1/_4\pi$=0,785···	0,70711	0,70711	1	2,193 279	0,455 9383
0,786	0,70668	0,70753	1,00120	2,194 600	0,455 6638
0,787	0,70597	0,70824	1,00321	2,196 796	0,455 2084
0,788	0,70526	0,70894	1,00522	2,198 994	0,454 7534
0,789	0,70456	0,70965	1,00723	2,201 194	0,454 2989
0,790	0,70385	0,71035	1,00925	2,203 396	0,453 8448
0,791	0,70313	0,71106	1,01127	2,205 601	0,453 3912
0,792	0,70242	0,71176	1,01329	2,207 808	0,452 9380
0,793	0,70171	0,71246	1,01532	2,210 017	0,452 4853
0,794	0,70100	0,71316	1,01735	2,212 228	0,452 0330
0,795	0,70028	0,71386	1,01939	2,214 441	0,451 5812
0,796	0,69957	0,71456	1,02143	2,216 657	0,451 1299
0,797	0,69886	0,71526	1,02348	2,218 874	0,450 6790
0,798	0.69814	0,71596	1,02553	2,221 094	0,450 2285
0,799	0,69742	0,71666	1,02758	2,223 316	0,449 7785

x	Cof x	Sin x	Tg x	φ
0,750	1,29468	0,82232	0,63515	42° 58′ 18,60″
0,751	1,29551	0,82361	0,63575	43 01 44,87
0,752	1,29633	0,82491	0,63634	43 05 11,13
c,753	1,29716	0,82620	0,63694	43 08 37,40
0,754	1,29798	0,82750	0,63753	43 12 03,66
0,755	1,29881	0,82880	0,63812	43 15 29,93
0,756	1,29964	0,83010	0,63871	43 18 56,19
0,757	1,30047	0,83140	0,63931	43 22 22,46
0,758	1,30130	0,83270	0,63990	43 25 48,72
0,759	1,30214	0,83400	0,64049	43 29 14,99
0,760	1,30297	0,83530	0,64108	43 32 41,25
0,761	1,30381	0,83661	0,64167	43 36 07,52
0,762	1,30464	0,83791	0,64225	43 39 33,78
0,763	1,30548	0,83922	0,64284	43 43 00,05
0,764	1,30632	0,84052	0,64343	43 46 26,31
0,765	1,30716	0,84183	0,64401	43 49 52,58
0,766	1,30801	0,84314	0,64460	43 53 18,84
0,767	1,30885	0,84445	0,64518	43 56 45,11
0,768	1,30970	0,84576	0,64576	44 00 11,37
0,769	1,31054	0,84707	0,64635	44 03 37,64
0,770	1,31139	0,84838	0,64693	44 07 03,90
0,771	1,31224	0,84969	0,64751	44 10 30,17
0,772	1,31309	0,85100	0,64809	44 13 56,43
0,773	1,31394	0,85231	0,64867	44 17 22,70
0,774	1,31479	0,85363	0,64925	44 20 48,96
0,775	1,31565	0,85494	0,64983	44 24 15,22
0,776	1,31650	0,85626	0,65040	44 27 41,49
0,777	1,31736	0,85758	0,65098	44 31 07,75
0,778	1,31822	0,85889	0,65156	44 34 34,02
0,779	1,31908	0,86021	0,65213	44 38 00,28
0,780	1,31994	0,86153	0,65271	44 41 26,55
0,781	1,32080	0,86285	0,65328	44 44 52,81
0,782	1,32166	0,86417	0,65385	44 48 19,08
0,783	1,32253	0,86550	0,65443	44 51 45,34
0,784	1,32340	0,86682	0,65500	44 55 11,61
0,785	1,32426	0,86814	0,65557	44 58 37,87
$^1/_4\pi$=0,785···	1,32461	0,86867	0,65579	45
0,786	1,32513	0,86947	0,65614	45 02 04,14
0,787	1,32600	0,87079	0,65621	45 05 30,40
0,788	1,32687	0,87212	0,65777	45 08 56,67
0,789	1,32775	0,87345	0,65784	45 12 22,93
0,790	1,32862	0,87478	0,65841	45 15 49,20
0,791	1,32950	0,87610	0,65898	45 19 15,46
0,792	1,33037	0,87743	0,65954	45 22 41,73
0,793	1,33125	0,87877	0,66011	45 26 07,99
0,794	1,33213	0,88010	0,66067	45 29 34,26
0,795	1,33301	0,88143	0,66123	45 33 00,52
0,796	1,33389	0,88276	0,66179	45 36 26,79
0,797	1,33478	0,88410	0,66236	45 39 53,05
0,798	1,33566	0,88543	0,66292	45 43 19,32
0,799	1,33655	0,88677	0,66348	45 46 45,58

x	cos x	sin x	tg x	e^x	e^{-x}
0,800	0,69671	0,71736	1,02964	2,225 541	0,449 3290
0,801	0,69599	0,71805	1,03170	2,227 768	0,448 8799
0,802	0,69527	0,71875	1,03377	2,229 996	0,448 4312
0,803	0,69455	0,71944	1,03584	2,232 228	0,447 9830
0,804	0,69383	0,72014	1,03791	2,234 461	0,447 5352
0,805	0,69311	0,72083	1,03999	2,236 696	0,447 0879
0,806	0,69239	0,72152	1,04208	2,238 934	0,446 6411
0,807	0,69167	0,72222	1,04416	2,241 174	0,446 1946
0,808	0,69095	0,72291	1,04626	2,243 417	0,445 7487
0,809	0,69022	0,72360	1,04835	2,245 661	0,445 3031
0,810	0,68950	0,72429	1,05046	2,247 908	0,444 8581
0,811	0,68877	0,72498	1,05256	2,250 157	0,444 5134
0,812	0,68805	0,72566	1,05467	2,252 408	0,443 9692
0,813	0,68732	0,72635	1,05679	2,254 662	0,443 5255
0,814	0,68660	0,72704	1,05890	2,256 918	0,443 0822
0,815	0,68587	0,72773	1,06103	2,259 176	0,442 6393
0,816	0,68514	0,72841	1,06316	2,261 436	0,442 1969
0,817	0,68441	0,72910	1,06529	2,263 699	0,441 7549
0,818	0,68368	0,72978	1,06743	2,265 963	0,441 3134
0,819	0,68295	0,73046	1,06957	2,268 230	0,440 8723
0,820	0,68222	0,73115	1,07171	2,270 500	0,440 4317
0,821	0,68149	0,73183	1,07386	2,272 771	0,439 9914
0,822	0,68076	0,73251	1,07602	2,275 045	0,439 5517
0,823	0,68002	0,73319	1,07818	2,277 322	0,439 1123
0,824	0,67929	0,73387	1,08035	2,279 600	0,438 6734
0,825	0,67856	0,73455	1,08251	2,281 881	0,438 2350
0,826	0,67782	0,73523	1,08469	2,284 164	0,437 7970
0,827	0,67709	0,73590	1,08687	2,286 449	0,437 3594
0,828	0,67635	0,73658	1,08905	2,288 737	0,436 9223
0,829	0,67561	0,73726	1,09124	2,291 027	0,436 4856
0,830	0,67488	0,73793	1,09343	2,293 319	0,436 0493
0,831	0,67414	0,73861	1,09563	2,295 613	0,435 6135
0,832	0,67340	0,73928	1,09783	2,297 910	0,435 1781
0,833	0,67266	0,73995	1,10004	2,300 209	0,434 7431
0,834	0,67192	0,74062	1,10225	2,302 510	0,434 3086
0,835	0,67118	0,74130	1,10447	2,304 814	0,433 8745
0,836	0,67044	0,74197	1,10669	2,307 120	0,433 4408
0,837	0,66969	0,74264	1,10892	2,309 428	0,433 0076
0,838	0,66895	0,74331	1,11115	2,311 739	0,432 5748
0,839	0,66821	0,74398	1,11339	2,314 052	0,432 1424
0,840	0,66746	0,74464	1,11563	2,316 367	0,431 7105
0,841	0,66672	0,74531	1,11788	2,318 685	0,431 2790
0,842	0,66597	0,74598	1,12013	2,321 004	0,430 8480
0,843	0,66523	0,74664	1,12239	2,323 527	0,430 4173
0,844	0,66448	0,74731	1,12465	2,325 651	0,429 9871
0,845	0,66373	0,74797	1,12692	2,327 978	0,429 5574
0,846	0,66298	0,74863	1,12919	2,330 307	0,429 1280
0,847	0,66223	0,74930	1,13147	2,332 638	0,428 6991
0,848	0,66148	0,74996	1,13375	2,334 972	0,428 2706
0,849	0,66073	0,75062	1,13604	2,337 308	0,427 8426

x	Cos x	Sin x	Tg x	φ
0,800	1,33743	0,88811	0,66404	45° 50′ 11,84″
0,801	1,33832	0,88944	0,66460	45 53 38,11
0,802	1,33921	0,89078	0,66515	45 57 04,37
0,803	1,34011	0,89212	0,66571	46 00 30,64
0,804	1,34100	0,89346	0,66627	46 03 56,90
0,805	1,34189	0,89480	0,66682	46 07 23,17
0,806	1,34279	0,89615	0,66738	46 10 49,43
0,807	1,34368	0,89749	0,66793	46 14 15,70
0,808	1,34458	0,89883	0,66849	46 17 41,96
0,809	1,34548	0,90018	0,66904	46 21 08,23
0,810	1,34638	0,90152	0,66959	46 24 34,49
0,811	1,34729	0,90287	0,67014	46 28 00,76
0,812	1,34819	0,90422	0,67069	46 31 27,02
0,813	1,34909	0,90557	0,67124	46 34 53,29
0,814	1,35000	0,90692	0,67179	46 38 19,55
0,815	1,35091	0,90827	0,67234	46 41 45,82
0,816	1,35182	0,90962	0,67289	46 45 12,08
0,817	1,35273	0,91097	0,67343	46 48 38,35
0,818	1,35364	0,91232	0,67398	46 52 04,61
0,819	1,35455	0,91368	0,67453	46 55 30,88
0,820	1,35547	0,91503	0,67507	46 58 57,14
0,821	1,35638	0,91639	0,67561	47 02 23,41
0,822	1,35730	0,91775	0,67616	47 05 49,67
0,823	1,35822	0,91910	0,67670	47 09 15,94
0,824	1,35914	0,92046	0,67724	47 12 42,20
0,825	1,36006	0,92182	0,67778	47 16 08,47
0,826	1,36098	0,92318	0,67832	47 19 34,73
0,827	1,36190	0,92454	0,67886	47 23 00,99
0,828	1,36283	0,92591	0,67940	47 26 27,26
0,829	1,36376	0,92727	0,67994	47 29 53,52
0,830	1,36468	0,92863	0,68048	47 33 19,79
0,831	1,36561	0,93000	0,68101	47 36 46,05
0,832	1,36654	0,93137	0,68155	47 40 12,32
0,833	1,36748	0,93273	0,68208	47 43 38,58
0,834	1,36841	0,93410	0,68262	47 47 04,85
0,835	1,36934	0,93547	0,68315	47 50 31,11
0,836	1,37028	0,93684	0,68368	47 53 57,38
0,837	1,37122	0,93821	0,68422	47 57 23,64
0,838	1,37216	0,93958	0,68475	48 00 49,91
0,839	1,37310	0,94095	0,68528	48 04 16,17
0,840	1,37404	0,94233	0,68581	48 07 42,44
0,841	1,37498	0,94370	0,68634	48 11 08,70
0,842	1,37593	0,94508	0,68687	48 14 34,97
0,843	1,37687	0,94645	0,68739	48 18 01,23
0,844	1,37782	0,94783	0,68792	48 21 27,50
0,845	1,37877	0,94921	0,68845	48 24 53,76
0,846	1,37972	0,95059	0,68897	48 28 20,03
0,847	1,38067	0,95197	0,68950	48 31 46,29
0,848	1,38162	0,95335	0,69002	48 35 12,56
0,849	1,38258	0,95473	0,69055	48 38 38,82

x	$\cos x$	$\sin x$	$\operatorname{tg} x$	e^x	e^{-x}
0,850	0,65998	0,75128	1,13833	2,339 647	0,427 4149
0,851	0,65923	0,75194	1,14063	2,341 988	0,426 9877
0,852	0,65848	0,75260	1,14293	2,344 331	0,426 5610
0,853	0,65773	0,75326	1,14524	2,346 676	0,426 1346
0,854	0,65697	0,75391	1,14756	2,349 024	0,425 7087
0,855	0,65622	0,75457	1,14988	2,351 374	0,425 2832
0,856	0,65546	0,75523	1,15220	2,353 727	0,424 8581
0,857	0,65471	0,75588	1,15453	2,356 082	0,424 4335
0,858	0,65395	0,75654	1,15687	2,358 439	0,424 0093
0,859	0,65320	0,75719	1,15921	2,360 799	0,423 5855
0,860	0,65244	0,75784	1,16156	2,363 161	0,423 1621
0,861	0,65168	0,75849	1,16391	2,365 525	0,422 7391
0,862	0,65092	0,75915	1,16627	2,367 892	0,422 3166
0,863	0,65016	0,75980	1,16863	2,370 261	0,421 8945
0,864	0,64940	0,76045	1,17100	2,372 632	0,421 4728
0,865	0,64864	0,76110	1,17337	2,375 006	0,421 0516
0,866	0,64788	0,76174	1,17575	2,377 382	0,420 6307
0,867	0,64712	0,76239	1,17814	2,379 761	0,420 2103
0,868	0,64635	0,76304	1,18053	2,382 142	0,419 7903
0,869	0,64559	0,76368	1,18292	2,384 525	0,419 3707
0,870	0,64483	0,76433	1,18532	2,386 911	0,418 9515
0,871	0,64406	0,76497	1,18773	2,389 299	0,418 5328
0,872	0,64330	0,76562	1,19015	2,391 689	0,418 1145
0,873	0,64253	0,76626	1,19257	2,394 082	0,417 6966
0,874	0,64176	0,76690	1,19499	2,396 478	0,417 2791
0,875	0,64100	0,76754	1,19742	2,398 875	0,416 8620
0,876	0,64023	0,76818	1,19986	2,401 275	0,416 4454
0,877	0,63946	0,76882	1,20230	2,403 678	0,416 0291
0,878	0,63869	0,76946	1,20475	2,406 083	0,415 6133
0,879	0,63792	0,77010	1,20720	2,408 490	0,415 1979
0,880	0,63715	0,77074	1,20966	2,410 900	0,414 7829
0,881	0,63638	0,77138	1,21213	2,413 312	0,414 3683
0,882	0,63561	0,77201	1,21460	2,415 726	0,413 9542
0,883	0,63484	0,77265	1,21708	2,418 143	0,413 5404
0,884	0,63406	0,77328	1,21957	2,420 563	0,413 1271
0,885	0,63329	0,77391	1,22206	2,422 984	0,412 7142
0,886	0,63252	0,77455	1,22455	2,425 409	0,412 3017
0,887	0,63174	0,77518	1,22705	2,427 835	0,411 8896
0,888	0,63096	0,77581	1,22956	2,430 264	0,411 4779
0,889	0,63019	0,77644	1,23208	2,432 696	0,411 0666
0,890	0,62941	0,77707	1,23460	2,435 130	0,410 6558
0,891	0,62863	0,77770	1,23713	2,437 566	0,410 2453
0,892	0,62786	0,77833	1,23966	2,440 005	0,409 8353
0,893	0,62708	0,77896	1,24220	2,442 446	0,409 4256
0,894	0,62630	0,77958	1,24475	2,444 890	0,409 0164
0,895	0,62552	0,78021	1,24730	2,447 336	0,408 6076
0,896	0,62474	0,78083	1,24986	2,449 784	0,408 1992
0,897	0,62396	0,78146	1,25242	2,452 235	0,407 7912
0,898	0,62318	0,78208	1,25500	2,454 689	0,407 3836
0,899	0,62239	0,78270	1,25757	2,457 145	0,406 9764

x	Cof x	Sin x	Tg x	φ
0,850	1,38353	0,95612	0,69107	48° 42′ 05,09″
0,851	1,38449	0,95750	0,69159	48 45 31,35
0,852	1,38545	0,95888	0,69211	48 48 57,61
0,853	1,38641	0,96027	0,69263	48 52 23,88
0,854	1,38737	0,96166	0,69315	48 55 50,14
0,855	1,38833	0,96305	0,69367	48 59 16,41
0,856	1,38929	0,96443	0,69419	49 02 42,67
0,857	1,39026	0,96582	0,69471	49 06 08,94
0,858	1,39122	0,96721	0,69523	49 09 35,20
0,859	1,39219	0,96861	0,69574	49 13 01,47
0,860	1,39316	0,97000	0,69626	49 16 27,73
0,861	1,39413	0,97139	0,69677	49 19 54,00
0,862	1,39510	0,97279	0,69729	49 23 20,26
0,863	1,39608	0,97418	0,69780	49 26 46,53
0,864	1,39705	0,97558	0,69831	49 30 12,79
0,865	1,39803	0,97698	0,69882	49 33 3[illegible],06
0,866	1,39901	0,97838	0,69934	49 37 05,32
0,867	1,39999	0,97978	0,69985	49 40 31,59
0,868	1,40097	0,98118	0,70036	49 43 57,85
0,869	1,40195	0,98258	0,70087	49 47 24,12
0,870	1,40293	0,98398	0,70137	49 50 50,38
0,871	1,40392	0,98538	0,70188	49 54 16,65
0,872	1,40490	0,98679	0,70239	49 57 42,91
0,873	1,40589	0,98819	0,70290	50 01 09,18
0,874	1,40688	0,98960	0,70340	50 04 35,44
0,875	1,40787	0,99101	0,70391	50 08 01,71
0,876	1,40886	0,99241	0,70441	50 11 27,97
0,877	1,40985	0,99382	0,70491	50 14 54,24
0,878	1,41085	0,99423	0,70542	50 18 20,50
0,879	1,41184	0,99665	0,70592	50 21 46,76
0,880	1,41284	0,99806	0,70642	50 25 13,03
0,881	1,41384	0,99947	0,70692	50 28 39,29
0,882	1,41484	1,00089	0,70742	50 32 05,56
0,883	1,41584	1,00230	0,70792	50 35 31,82
0,884	1,41684	1,00372	0,70842	50 38 58,09
0,885	1,41785	1,00514	0,70892	50 42 24,35
0,886	1,41886	1,00655	0,70941	50 45 50,62
0,887	1,41986	1,00797	0,70991	50 49 16,88
0,888	1,42087	1,00939	0,71040	50 52 43,15
0,889	1,42188	1,01081	0,71090	50 56 09,41
0,890	1,42289	1,01224	0,71139	50 59 35,68
0,891	1,42391	1,01366	0,71189	51 03 01,94
0,892	1,42492	1,01508	0,71238	51 06 28,21
0,893	1,42594	1,01651	0,71287	51 09 54,47
0,894	1,42695	1,01794	0,71336	51 13 20,74
0,895	1,42797	1,01936	0,71385	51 16 47,00
0,896	1,42899	1,02079	0,71434	51 20 13,27
0,897	1,43001	1,02222	0,71483	51 23 39,53
0,898	1,43104	1,02365	0,71532	51 27 05,80
0,899	1,43206	1,02508	0,71581	51 30 32,06

x	$\cos x$	$\sin x$	$\operatorname{tg} x$	e^x	e^{-x}
0,900	0,62161	0,78333	1,26016	2,459 603	0,406 5697
0,901	0,62083	0,78395	1,26275	2,462 064	0,406 1633
0,902	0,62004	0,78457	1,26535	2,464 527	0,405 7573
0,903	0,61926	0,78519	1,26795	2,466 993	0,405 3518
0,904	0,61847	0,78581	1,27056	2,469 461	0,404 9466
0,905	0,61769	0,78643	1,27318	2,471 932	0,404 5419
0,906	0,61690	0,78704	1,27580	2,474 405	0,404 1375
0,907	0,61611	0,78766	1,27844	2,476 881	0,403 7336
0,908	0,61532	0,78827	1,28107	2,479 359	0,403 3301
0,909	0,61453	0,78889	1,28372	2,481 839	0,402 9269
0,910	0,61375	0,78950	1,28637	2,484 323	0,402 5242
0,911	0,61296	0,79012	1,28903	2,486 808	0,402 1219
0,912	0,61217	0,79073	1,29169	2,489 296	0,401 7200
0,913	0,61137	0,79134	1,29436	2,491 787	0,401 3185
0,914	0,61058	0,79195	1,29704	2,494 280	0,400 9173
0,915	0,60979	0,79256	1,29973	2,496 775	0,400 5166
0,916	0,60900	0,79317	1,30242	2,499 273	0,400 1163
0,917	0,60820	0,79378	1,30512	2,501 774	0,399 7164
0,918	0,60741	0,79439	1,30783	2,504 277	0,399 3169
0,919	0,60662	0,79500	1,31054	2,506 782	0,398 9178
0,920	0,60582	0,79560	1,31326	2,509 290	0,398 5190
0,921	0,60502	0,79621	1,31599	2,511 801	0,398 1207
0,922	0,60423	0,79681	1,31873	2,514 314	0.397 7228
0,923	0,60343	0,79742	1,32147	2,516 830	0,397 3253
0,924	0,60263	0,79802	1,32422	2,519 348	0,396 9281
0,925	0,60183	0,79862	1,32698	2,521 868	0,396 5314
0,926	0,60104	0,79922	1,32974	2,524 391	0,396 1351
0,927	0,60024	0,79982	1,33251	2,526 917	0,395 7391
0,928	0,59944	0,80042	1,33529	2,529 445	0,395 3436
0,929	0,59864	0,80102	1,33808	2,531 976	0,394 9485
0,930	0,59783	0,80162	1,34087	2,534 509	0,394 5537
0,931	0,59703	0,80222	1,34368	2,537 045	0,394 1594
0,932	0,59623	0,80281	1,34648	2,539 583	0,393 7654
0,933	0,59543	0,80341	1,34930	2,542 124	0,393 3718
0,934	0,59462	0,80400	1,35213	2,544 668	0,392 9786
0,935	0,59382	0,80460	1,35496	2,547 213	0,392 5859
0,936	0,59301	0,80519	1,35780	2,549 762	0,392 1935
0,937	0,59221	0,80579	1,36065	2,552 313	0,391 8015
0,938	0,59140	0,80638	1,36350	2,554 867	0,391 4099
0,939	0,59060	0,80697	1,36636	2,557 423	0,391 0187
0,940	0,58979	0,80756	1,36923	2,559 981	0,390 6278
0,941	0,58898	0,80815	1,37211	2,562 543	0,390 2374
0,942	0,58817	0,80874	1,37500	2,565 107	0,389 8474
0,943	0,58736	0,80932	1,37789	2,567 673	0,389 4577
0,944	0,58655	0,80991	1,38080	2,570 242	0,389 0684
0,945	0,58574	0,81050	1,38371	2,572 813	0,388 6796
0,946	0,58493	0,81108	1,38663	2,575 387	0,388 2911
0,947	0,58412	0,81167	1,38955	2,577 964	0,387 9030
0,948	0,58331	0,81225	1,39249	2,580 543	0,387 5153
0,949	0,58250	0,81283	1,39543	2,583 125	0,387 1280

x	Cof x	Sin x	Tg x	φ
0,900	1,43309	1,02652	0,71630	51° 33′ 58,33″
0,901	1,43411	1,02795	0,71678	51 37 24,59
0,902	1,43514	1,02938	0,71727	51 40 50,86
0,903	1,43617	1,03082	0,71776	51 44 17,12
0,904	1,43720	1,03226	0,71824	51 47 43,38
0,905	1,43824	1,03370	0,71872	51 51 09,65
0,906	1,43927	1,03513	0,71921	51 54 35,91
0,907	1,44031	1,03657	0,71969	51 58 02,18
0,908	1,44134	1,03801	0,72017	52 01 28,44
0,909	1,44238	1,03946	0,72065	52 04 54,71
0,910	1,44342	1,04090	0,72113	52 08 20,97
0,911	1,44446	1,04234	0,72161	52 11 47,24
0,912	1,44551	1,04379	0,72209	52 15 13,50
0,913	1,44655	1,04523	0,72257	52 18 39,77
0,914	1,44760	1,04668	0,72305	52 22 06,03
0,915	1,44865	1,04813	0,72352	52 25 32,30
0,916	1,44969	1,04958	0,72400	52 28 58,56
0,917	1,45075	1,05103	0,72448	52 32 24,83
0,918	1,45180	1,05248	0,72495	52 35 51,09
0,919	1,45285	1,05393	0,72542	52 39 17,36
0,920	1,45390	1,05539	0,72590	52 42 43,62
0,921	1,45496	1,05684	0,72637	52 46 09,89
0,922	1,45602	1,05830	0,72684	52 49 36,15
0,923	1,45708	1,05975	0,72731	52 53 02,42
0,924	1,45814	1,06121	0,72778	52 56 28,68
0,925	1,45920	1,06267	0,72825	52 59 54,95
0,926	1,46026	1,06413	0,72872	53 03 21,21
0,927	1,46133	1,06559	0,72919	53 06 47,48
0,928	1,46239	1,06705	0,72966	53 10 13,74
0,929	1,46346	1,06851	0,73013	53 13 40,01
0,930	1,46453	1,06998	0,73059	53 17 06,27
0,931	1,46560	1,07144	0,73106	53 20 32,53
0,932	1,46667	1,07291	0,73153	53 23 58,80
0,933	1,46775	1,07438	0,73199	53 27 25,06
0,934	1,46882	1,07584	0,73245	53 30 51,33
0,935	1,46990	1,07731	0,73292	53 34 17,59
0,936	1 47098	1,07878	0,73338	53 37 43,86
0,937	1,47206	1,08026	0,73384	53 41 10,12
0,938	1,47314	1,08173	0,73430	53 44 36,39
0,939	1,47422	1,08320	0,73476	53 48 02,65
0,940	1,47530	1,08468	0,73522	53 51 28,92
0,941	1,47639	1,08615	0,73568	53 54 55,18
0,942	1,47748	1,08763	0,73614	53 58 21,45
0,943	1,47857	1,08911	0,73660	54 01 47,71
0,944	1,47966	1,09059	0,73705	54 05 13,98
0,945	1,48075	1,09207	0,73751	54 08 40,24
0,946	1,48184	1,09355	0,73797	54 12 06,51
0,947	1,48293	1,09503	0,73842	54 15 32,77
0,948	1,48403	1,09651	0,73888	54 18 59,04
0,949	1,48513	1,09800	0,73933	54 22 25,30

x	$\cos x$	$\sin x$	$\operatorname{tg} x$	e^x	e^{-x}
0,950	0,58168	0,81342	1,39838	2,585 710	0,386 7410
0,951	0,58087	0,81400	1,40134	2,588 297	0,386 3545
0,952	0,58006	0,81458	1,40431	2,590 886	0,385 9683
0,953	0,57924	0,81516	1,40729	2,593 478	0,385 5825
0,954	0,57842	0,81574	1,41027	2,596 073	0,385 1971
0,955	0,57761	0,81631	1,41326	2,598 671	0,384 8121
0,956	0,57679	0,81689	1,41627	2,601 271	0,384 4275
0,957	0,57597	0,81747	1,41928	2,603 873	0,384 0433
0,958	0,57516	0,81804	1,42229	2,606 478	0,383 6594
0,959	0,57434	0,81862	1,42532	2,609 086	0,383 2760
0,960	0,57352	0,81919	1,42836	2,611 696	0,382 8929
0,961	0,57270	0,81976	1,43140	2,614 309	0,382 5102
0,962	0,57188	0,82034	1,43446	2,616 925	0,382 1279
0,963	0,57106	0,82091	1,43752	2,619 543	0,381 7459
0,964	0,57024	0,82148	1,44059	2,622 164	0,381 3644
0,965	0,56942	0,82205	1,44367	2,624 788	0,380 9832
0,966	0,56859	0,82262	1,44676	2,627 414	0,380 6024
0,967	0,56777	0,82319	1,44985	2,630 042	0,380 2220
0,968	0,56695	0,82375	1,45296	2,632 674	0,379 8420
0,969	0,56612	0,82432	1,45607	2,635 308	0,379 4623
0,970	0,56530	0,82489	1,45920	2,637 944	0,379 0830
0,971	0,56447	0,82545	1,46234	2,640 584	0,378 7041
0,972	0,56365	0,82601	1,46548	2,643 226	0,378 3256
0,973	0,56282	0,82658	1,46863	2,645 870	0,377 9475
0,974	0,56200	0,82714	1,47179	2,648 517	0,377 5697
0,975	0,56117	0,82770	1,47496	2,651 167	0,377 1924
0,976	0,56034	0,82826	1,47814	2,653 820	0,376 8153
0,977	0,55951	0,82882	1,48133	2,656 475	0,376 4387
0,978	0,55868	0,82938	1,48453	2,659 133	0,376 0625
0,979	0,55785	0,82994	1,48774	2,661 793	0,375 6866
0,980	0,55702	0,83050	1,49096	2,664 456	0,375 3111
0,981	0,55619	0,83105	1,49419	2,667 122	0,374 9360
0,982	0,55536	0,83161	1,49743	2,669 790	0,374 5612
0,983	0,55453	0,83216	1,50067	2,672 462	0,374 1869
0,984	0,55370	0,83272	1,50393	2,675 135	0,373 8129
0,985	0,55286	0,83327	1,50719	2,677 812	0,373 4392
0,986	0,55203	0,83382	1,51047	2,680 491	0,373 0660
0,987	0,55120	0,83438	1,51376	2,683 173	0,372 6931
0,988	0,55036	0,83493	1,51705	2,685 857	0,372 3206
0,989	0,54953	0,83548	1,52036	2,688 545	0,371 9485
0,990	0,54869	0,83603	1,52368	2,691 234	0,371 5767
0,991	0,54785	0,83657	1,52700	2,693 927	0,371 2053
0,992	0,54702	0,83712	1,53034	2,696 622	0,370 8343
0,993	0,54618	0,83767	1,53369	2,699 320	0,370 4636
0,994	0,54534	0,83821	1,53704	2,702 021	0,370 0934
0,995	0,54450	0,83876	1,54041	2,704 724	0,369 7234
0,996	0,54366	0,83930	1,54379	2,707 430	0,369 3539
0,997	0,54282	0,83985	1,54718	2,710 139	0,368 9847
0,998	0,54198	0,84039	1,55058	2,712 851	0,368 6159
0,999	0,54114	0,84093	1,55399	2,715 565	0,368 2475

x	Cof x	Sin x	Tg x	φ
0,950	1,48623	1,09948	0,73978	54° 25′ 51,57″
0,951	1,48733	1,10097	0,74024	54 29 17,83
0,952	1,48843	1,10246	0,74069	54 32 44,10
0,953	1,48953	1,10395	0,74114	54 36 10,36
0,954	1,49064	1,10544	0,74159	54 39 36,63
0,955	1,49174	1,10693	0,74204	54 43 02,89
0,956	1,49285	1,10842	0,74249	54 46 29,15
0,957	1,49396	1,10991	0,74294	54 49 55,42
0,958	1,49507	1,11141	0,74338	54 53 21,68
0,959	1,49618	1,11291	0,74383	54 56 47,95
0,960	1,49729	1,11440	0,74428	55 00 14,21
0,961	1,49841	1,11590	0,74472	55 03 40,48
0,962	1,49953	1,11740	0,74517	55 07 06,74
0,963	1,50064	1,11890	0,74561	55 10 33,01
0,964	1,50176	1,12040	0,74606	55 13 59,27
0,965	1,50289	1,12190	0,74650	55 17 25,54
0,966	1,50401	1,12341	0,74694	55 20 51,80
0,967	1,50513	1,12491	0,74738	55 24 18,07
0,968	1,50626	1,12642	0,74782	55 27 44,33
0,969	1,50739	1,12792	0,74826	55 31 10,60
0,970	1,50851	1,12943	0,74870	55 34 36,86
0,971	1,50964	1,13094	0,74914	55 38 03,13
0,972	1,51078	1,13245	0,74958	55 41 29,39
0,973	1,51191	1,13396	0,75002	55 44 55,66
0,974	1,51304	1,13547	0,75046	55 48 21,92
0,975	1,51418	1,13699	0,75089	55 51 48,19
0,976	1,51532	1,13850	0,75133	55 55 14,45
0,977	1,51646	1,14002	0,75176	55 58 40,72
0,978	1,51760	1,14154	0,75220	56 02 06,98
0,979	1,51874	1,14305	0,75263	56 05 33,25
0,980	1,51988	1,14457	0,75307	56 08 59,51
0,981	1,52103	1,14609	0,75350	56 12 25,77
0,982	1,52218	1,14761	0,75393	56 15 52,04
0,983	1,52332	1,14914	0,75436	56 19 18,30
0,984	1,52447	1,15066	0,75479	56 22 44,57
0,985	1,52563	1,15219	0,75522	56 26 10,83
0,986	1,52678	1,15371	0,75565	56 29 37,10
0,987	1,52793	1,15524	0,75608	56 33 03,36
0,988	1,52909	1,15677	0,75651	56 36 29,63
0,989	1,53025	1,15830	0,75694	56 39 55,89
0,990	1,53141	1,15983	0,75736	56 43 22,16
0,991	1,53257	1,16136	0,75779	56 46 48,42
0,992	1,53373	1,16289	0,75821	56 50 14,69
0,993	1,53489	1,16443	0,75864	56 53 40,95
0,994	1,53606	1,16596	0,75906	56 57 07,22
0,995	1,53722	1,16750	0,75949	57 00 33,48
0,996	1,53839	1,16904	0,75991	57 03 59,75
0,997	1,53956	1,17058	0,76033	57 07 26,01
0,998	1,54073	1,17212	0,76075	57 10 52,28
0,999	1,54191	1,17366	0,76117	57 14 18,54

x	$\cos x$	$\sin x$	$\operatorname{tg} x$	e^x	e^{-x}
1,000	0,54030	0,84147	1,55741	2,718 282	0,367 8794
1,001	0,53946	0,84201	1,56084	2,721 001	0,367 5117
1,002	0,53862	0,84255	1,56428	2,723 724	0,367 1444
1,003	0,53778	0,84309	1,56773	2,726 449	0,366 7775
1,004	0,53693	0,84363	1,57120	2,729 177	0,366 4109
1,005	0,53609	0,84416	1,57467	2,731 907	0,366 0446
1,006	0,53524	0,84470	1,57815	2,734 641	0,365 6788
1,007	0,53440	0,84523	1,58165	2,737 377	0,365 3133
1,008	0,53355	0,84577	1,58516	2,740 115	0,364 9481
1,009	0,53271	0,84630	1,58867	2,742 857	0,364 5834
1,010	0,53186	0,84683	1,59221	2,745 601	0,364 2190
1,011	0,53101	0,84736	1,59575	2,748 348	0,363 8549
1,012	0,53017	0,84789	1,59930	2,751 098	0,363 4913
1,013	0,52932	0,84842	1,60286	2,753 850	0,363 1280
1,014	0,52847	0,84895	1,60644	2,756 605	0,362 7650
1,015	0,52762	0,84948	1,61002	2,759 363	0,362 4024
1,016	0,52677	0,85001	1,61362	2,762 124	0,362 0402
1,017	0,52592	0,85053	1,61723	2,764 888	0,361 6783
1,018	0,52507	0,85106	1,62085	2,767 654	0,361 3169
1,019	0,52422	0,85158	1,62449	2,770 423	0,360 9557
1,020	0,52337	0,85211	1,62813	2,773 195	0,360 5949
1,021	0,52251	0,85263	1,63179	2,775 969	0,360 2345
1,022	0,52166	0,85315	1,63546	2,778 747	0,359 8745
1,023	0,52081	0,85367	1,63914	2,781 527	0,359 5148
1,024	0,51995	0,85419	1,64283	2,784 310	0,359 1554
1,025	0,51910	0,85471	1,64653	2,787 095	0,358 7965
1,026	0,51824	0,85523	1,65025	2,789 884	0,358 4378
1,027	0,51739	0,85575	1,65398	2,792 675	0,358 0796
1,028	0,51653	0,85627	1,65772	2,795 469	0,357 7217
1,029	0,51568	0,85678	1,66148	2,798 266	0,357 3641
1,030	0,51482	0,85730	1,66524	2,801 066	0,357 0070
1,031	0,51396	0,85781	1,66902	2,803 868	0,356 6501
1,032	0,51310	0,85833	1,67282	2,806 674	0,356 2937
1,033	0,51224	0,85884	1,67662	2,809 482	0,355 9375
1,034	0,51139	0,85935	1,68044	2,812 293	0,355 5818
1,035	0,51053	0,85986	1,68427	2,815 106	0,355 2264
1,036	0,50967	0,86037	1,68811	2,817 923	0,354 8713
1,037	0,50881	0,86088	1,69197	2,820 742	0,354 5166
1,038	0,50794	0,86139	1,69584	2,823 564	0,354 1623
1,039	0,50708	0,86190	1,69972	2,826 389	0,353 8083
1,040	0,50622	0,86240	1,70361	2,829 217	0,353 4547
1,041	0,50536	0,86291	1,70752	2,832 048	0,353 1014
1,042	0,50449	0,86341	1,71145	2,834 881	0,352 7485
1,043	0,50363	0,86392	1,71538	2,837 717	0,352 3959
1,044	0,50277	0,86442	1,71933	2,840 557	0,352 0437
1,045	0,50190	0,86492	1,72329	2,843 399	0,351 6918
1,046	0,50104	0,86543	1,72727	2,846 243	0,351 3403
1,047	0,50017	0,86593	1,73126	2,849 091	0,350 9891
1,048	0,49930	0,86643	1,73527	2,851 942	0,350 6383
1,049	0,49844	0,86693	1,73928	2,854 795	0,350 2879

x	Coſ x	Sin x	Tg x	φ
1,000	1,54308	1,17520	0,76159	57° 17′ 44,81″
1,001	1,54426	1,17674	0,76201	57 21 11,07
1,002	1,54543	1,17829	0,76243	57 24 37,34
1,003	1,54661	1,17984	0,76285	57 28 03,60
1,004	1,54779	1,18138	0,76327	57 31 29,87
1,005	1,54898	1,18293	0,76369	57 34 56,13
1,006	1,55016	1,18448	0,76410	57 38 22,40
1,007	1,55134	1,18603	0,76452	57 41 48,66
1,008	1,55253	1,18758	0,76493	57 45 14,92
1,009	1,55372	1,18914	0,76535	57 48 41,19
1,010	1,55491	1,19069	0,76576	57 52 07,45
1,011	1,55610	1,19225	0,76618	57 55 33,72
1,012	1,55729	1,19380	0,76659	57 58 59,98
1,013	1,55849	1,19536	0,76700	58 02 26,25
1,014	1,55969	1,19692	0,76741	58 05 52,51
1,015	1,56088	1,19848	0,76782	58 09 18,78
1,016	1,56208	1,20004	0,76823	58 12 45,04
1,017	1,56328	1,20160	0,76864	58 16 11,31
1,018	1,56449	1,20317	0,76905	58 19 37,57
1,019	1,56569	1,20473	0,76946	58 23 03,84
1,020	1,56689	1,20630	0,76987	58 26 30,10
1,021	1,56810	1,20787	0,77027	58 29 56,37
1,022	1,56931	1,20944	0,77068	58 33 22,63
1,023	1,57052	1,21101	0,77109	58 36 48,90
1,024	1,57173	1,21258	0,77149	58 40 15,16
1,025	1,57295	1,21415	0,77190	58 43 41,43
1,026	1,57416	1,21572	0,77230	58 47 07,69
1,027	1,57538	1,21730	0,77270	58 50 33,96
1,028	1,57660	1,21887	0,77310	58 54 00,22
1,029	1,57782	1,22045	0,77351	58 57 26,49
1,030	1,57904	1,22203	0,77391	59 00 52,75
1,031	1,58026	1,22361	0,77431	59 04 19,02
1,032	1,58148	1,22519	0,77471	59 07 45,28
1,033	1,58271	1,22677	0 77511	59 11 11,54
1,034	1,58394	1,22836	0,77551	59 14 37,81
1,035	1,58517	1,22994	0,77591	59 18 04,07
1,036	1,58640	1,23153	0,77630	59 21 30,34
1,037	1,58763	1,23311	0,77670	59 24 56,60
1,038	1,58886	1,23470	0,77710	59 28 22,87
1,039	1,59010	1,23629	0,77749	59 31 49,13
1,040	1,59134	1,23788	0,77789	59 35 15,40
1,041	1,59257	1,23947	0,7/828	59 38 41,66
1,042	1,59381	1,24107	0,77868	59 42 07,93
1,043	1,59506	1,24266	0,77907	59 45 34,19
1,044	1,59630	1,24426	0,77946	59 49 00,46
1,045	1,59755	1,24585	0,77985	59 52 26,72
1,046	1,59879	1,24745	0,78025	59 55 52,99
1,047	1,60004	1,24905	0,78064	59 59 19,25
1,048	1,60129	1,25065	0,78103	60 02 45,52
1,049	1,60254	1,25225	0,78142	60 06 11,78

x	$\cos x$	$\sin x$	$\operatorname{tg} x$	e^x	e^{-x}
1,050	0,49757	0,86742	1,74332	2,857 651	0,349 9377
1,051	0,49670	0,86792	1,74736	2,860 510	0,349 5880
1,052	0,49584	0,86842	1,75142	2,863 372	0,349 2386
1,053	0,49497	0,86891	1,75550	2,866 237	0,348 8895
1,054	0,49410	0,86941	1,75959	2,869 105	0,348 5408
1,055	0,49323	0,86990	1,76369	2,871 975	0,348 1924
1,056	0,49236	0,87039	1,76781	2,874 849	0,347 8444
1,057	0,49149	0,87088	1,77194	2,877 725	0,347 4967
1,058	0,49062	0,87138	1,77609	2,880 604	0,347 1494
1,059	0,48974	0,87187	1,78025	2,883 486	0,346 8024
1,060	0,48887	0,87236	1,78442	2,886 371	0,346 4558
1,061	0,48800	0,87284	1,78862	2,889 259	0,346 1095
1,062	0,48713	0,87333	1,79282	2,892 150	0,345 7636
1,063	0,48625	0,87382	1,79705	2,895 043	0,345 4180
1,064	0,48538	0,87430	1,80128	2,897 940	0,345 0728
1,065	0,48450	0,87479	1,80553	2,900 839	0,344 7279
1,066	0,48363	0,87527	1,80980	2,903 741	0,344 3833
1,067	0,48275	0,87576	1,81409	2,906 646	0,344 0391
1,068	0,48188	0,87624	1,81838	2,909 555	0,343 6952
1,069	0,48100	0,87672	1,82270	2,912 466	0,343 3517
1,070	0,48012	0,87720	1,82703	2,915 379	0,343 0085
1,071	0,47925	0,87768	1,83137	2,918 296	0,342 6657
1,072	0,47837	0,87816	1,83574	2,921 216	0,342 3232
1,073	0,47749	0,87864	1,84011	2,924 139	0,341 9810
1,074	0,47661	0,87911	1,84451	2,927 064	0,341 6392
1,075	0,47573	0,87959	1,84892	2,929 993	0,341 2978
1,076	0,47485	0,88007	1,85335	2,932 924	0,340 9566
1,077	0,47397	0,88054	1,85779	2,935 859	0,340 6158
1,078	0,47309	0,88101	1,86225	2,938 796	0,340 2754
1,079	0,47221	0,88149	1,86672	2,941 736	0,339 9353
1,080	0,47133	0,88196	1,87122	2,944 680	0,339 5955
1,081	0,47045	0,88243	1,87573	2,947 626	0,339 2561
1,082	0,46956	0,88290	1,88025	2,950 575	0,338 9170
1,083	0,46868	0,88337	1,88480	2,953 527	0,338 5783
1,084	0,46780	0,88384	1,88936	2,956 482	0,338 2399
1,085	0,46691	0,88430	1,89394	2,959 440	0,337 9018
1,086	0,46603	0,88477	1,89853	2,962 401	0,337 5641
1,087	0,46514	0,88524	1,90315	2,965 365	0,337 2267
1,088	0,46426	0,88570	1,90778	2,968 331	0,336 8896
1,089	0,46337	0,88616	1,91243	2,971 301	0,336 5529
1,090	0,46249	0,88663	1,91709	2,974 274	0,336 2165
1,091	0,46160	0,88709	1,92178	2,977 250	0,335 8804
1,092	0,46071	0,88755	1,92648	2,980 229	0,335 5447
1,093	0,45982	0,88801	1,93120	2,983 210	0,335 2094
1,094	0,45894	0,88847	1,93594	2,986 195	0,334 8743
1,095	0,45805	0,88893	1,94069	2,989 183	0,334 5396
1,096	0,45716	0,88939	1,94547	2,992 173	0,334 2052
1,097	0,45627	0,88984	1,95026	2,995 167	0,333 8712
1,098	0,45538	0,89030	1,95508	2,998 164	0,333 5375
1,099	0,45449	0,89075	1,95991	3,001 163	0,333 2041

x	Cof x	Sin x	Tg x	φ
1,050	1,60379	1,25386	0,78181	60 09′ 38,05″
1,051	1,60505	1,25546	0,78219	60 13 04,31
1,052	1,60631	1,25707	0,78258	60 16 30,58
1,053	1,60756	1,25867	0,78297	60 19 56,84
1,054	1,60882	1,26028	0,78336	60 23 23,11
1,055	1,61008	1,26189	0,78374	60 26 49,37
1,056	1,61135	1,26350	0,78413	60 30 15,64
1,057	1,61261	1,26511	0,78451	60 33 41,90
1,058	1,61388	1,26673	0,78490	60 37 08,17
1,059	1,61514	1,26834	0,78528	60 40 34,43
1,060	1,61641	1,26996	0,78566	60 44 00,69
1,061	1,61768	1,27157	0,78605	60 47 26,96
1,062	1,61896	1,27319	0,78643	60 50 53,22
1,063	1,62023	1,27481	0,78681	60 54 19,49
1,064	1,62151	1,27643	0,78719	60 57 45,75
1,065	1,62278	1,27806	0,78757	61 01 12,02
1,066	1,62406	1,27968	0,78795	61 04 38,28
1,067	1,62534	1,28130	0,78833	61 08 04,55
1,068	1,62662	1,28293	0,78871	61 11 30,81
1,069	1,62791	1,28456	0,78908	61 14 57,08
1,070	1,62919	1,28619	0,78946	61 18 23,34
1,071	1,63048	1,28782	0,78984	61 21 49,61
1,072	1,63177	1,28945	0,79021	61 25 15,87
1,073	1,63306	1,29108	0,79059	61 28 42,14
1,074	1,63435	1,29271	0,79096	61 32 08,40
1,075	1,63565	1,29435	0,79134	61 35 34,67
1,076	1,63694	1,29598	0,79171	61 39 00,93
1,077	1,63824	1,29762	0,79208	61 42 27,20
1,078	1,63954	1,29926	0,79246	61 45 53,46
1,079	1,64084	1,30090	0,79283	61 49 19,73
1,080	1,64214	1,30254	0,79320	61 52 45,99
1,081	1,64344	1,30418	0,79357	61 56 12,26
1,082	1,64475	1,30583	0,79394	61 59 38,52
1,083	1,64605	1,30747	0,79431	62 03 04,79
1,084	1,64736	1,30912	0,79468	62 06 31,05
1,085	1,64867	1,31077	0,79505	62 09 57,31
1,086	1,64998	1,31242	0,79541	62 13 23,58
1,087	1,65130	1,31407	0,79578	62 16 49,84
1,088	1,65261	1,31572	0,79615	62 20 16,11
1,089	1,65393	1,31737	0,79651	62 23 42,37
1,090	1,65525	1,31903	0,79688	62 27 08,64
1,091	1,65657	1,32068	0,79724	62 30 34,90
1,092	1,65789	1,32234	0,79761	62 34 01,17
1,093	1,65921	1,32400	0,79797	62 37 27,43
1,094	1,66053	1,32566	0,79833	62 40 53,70
1,095	1,66186	1,32732	0,79870	62 44 19,96
1,096	1,66319	1,32898	0,79906	62 47 46,23
1,097	1,66452	1,33065	0,79942	62 51 12,49
1,098	1,66585	1,33231	0,79978	62 54 38,76
1,099	1,66718	1,33398	0,80014	62 58 05,02

x	$\cos x$	$\sin x$	$\operatorname{tg} x$	e^{x}	e^{-x}
1,100	0,45360	0,89121	1,96476	3,004 166	0,332 8711
1,101	0,45270	0,89166	1,96963	3,007 172	0,332 5384
1,102	0,45181	0,89211	1,97452	3,010 180	0,332 2060
1,103	0,45092	0,89256	1,97943	3,013 192	0,331 8740
1,104	0,45003	0,89301	1,98436	3,016 207	0,331 5423
1,105	0,44913	0,89346	1,98930	3,019 224	0,331 2109
1,106	0,44824	0,89391	1,99427	3,022 245	0,330 8798
1,107	0,44735	0,89436	1,99926	3,025 269	0,330 5491
1,108	0,44645	0,89481	2,00426	3,028 296	0,330 2187
1,109	0,44556	0,89525	2,00929	3,031 326	0,329 8887
1,110	0,44466	0,89570	2,01434	3,034 358	0,329 5590
1,111	0,44377	0,89614	2,01941	3,037 394	0,329 2296
1,112	0,44287	0,89659	2,02449	3,040 433	0,328 9005
1,113	0,44197	0,89703	2,02960	3,043 475	0,328 5718
1,114	0,44108	0,89747	2,03473	3,046 520	0,328 2434
1,115	0,44018	0,89791	2,03988	3,049 568	0,327 9153
1,116	0,43928	0,89835	2,04506	3,052 619	0,327 5875
1,117	0,43838	0,89879	2,05025	3,055 673	0,327 2601
1,118	0,43748	0,89923	2,05546	3,058 731	0,326 9330
1,119	0,43658	0,89966	2,06070	3,061 791	0,326 6062
1,120	0,43568	0,90010	2,06596	3,064 854	0,326 2798
1,121	0,43478	0,90054	2,07123	3,067 921	0,325 9537
1,122	0,43388	0,90097	2,07654	3,070 990	0,325 6279
1,123	0,43298	0,90140	2,08186	3,074 063	0,325 3024
1,124	0,43208	0,90184	2,08720	3,077 138	0,324 9773
1,125	0,43118	0,90227	2,09257	3,080 217	0,324 6525
1,126	0,43027	0,90270	2,09796	3,083 299	0,324 3280
1,127	0,42937	0,90313	2,10337	3,086 383	0,324 0038
1,128	0,42847	0,90356	2,10881	3,089 471	0,323 6800
1,129	0,42756	0,90398	2,11427	3,092 562	0,323 3565
1,130	0,42666	0,90441	2,11975	3,095 657	0,323 0333
1,131	0,42576	0,90484	2,12526	3,098 754	0,322 7104
1,132	0,42485	0,90526	2,13078	3,101 854	0,322 3878
1,133	0,42394	0,90569	2,13634	3,104 957	0,322 0656
1,134	0,42304	0,90611	2,14191	3,108 064	0,321 7437
1,135	0,42213	0,90653	2,14751	3,111 174	0,321 4221
1,136	0,42123	0,90696	2,15314	3,114 286	0,321 1009
1,137	0,42032	0,90738	2,15878	3,117 402	0,320 7799
1,138	0,41941	0,90780	2,16446	3,120 521	0,320 4593
1,139	0,41850	0,90822	2,17015	3,123 643	0,320 1390
1,140	0,41759	0,90863	2,17588	3,126 768	0,319 8190
1,141	0,41669	0,90905	2,18162	3,129 897	0,319 4994
1,142	0,41578	0,90947	2,18739	3,133 028	0,319 1800
1,143	0,41487	0,90988	2,19319	3,136 163	0,318 8610
1,144	0,41396	0,91030	2,19901	3,139 300	0,318 5423
1,145	0,41305	0,91071	2,20486	3,142 441	0,318 2239
1,146	0,41214	0,91112	2,21074	3,145 585	0,317 9059
1,147	0,41122	0,91153	2,21664	3,148 733	0,317 5881
1,148	0,41031	0,91195	2,22256	3,151 883	0,317 2707
1,149	0,40940	0,91235	2,22852	3,155 036	0,316 9536

x	Cof x	Sin x	Tg x	φ
1,100	1,66852	1,33565	0,80050	63° 01′ 31,29″
1,101	1,66986	1,33732	0,80086	63 04 57,55
1,102	1,67119	1,33899	0,80122	63 08 23,82
1,103	1,67253	1,34066	0,80157	63 11 50,08
1,104	1,67387	1,34233	0,80193	63 15 16,35
1,105	1,67522	1,34401	0,80229	63 18 42,61
1,106	1,67656	1,34568	0,80264	63 22 08,88
1,107	1,67791	1,34736	0,80300	63 25 35,14
1,108	1,67926	1,34904	0,80335	63 29 01,41
1,109	1,68061	1,35072	0,80371	63 32 27,67
1,110	1,68196	1,35240	0,80406	63 35 53,93
1,111	1,68331	1,35408	0,80442	63 39 20,20
1,112	1,68467	1,35577	0,80477	63 42 46,46
1,113	1,68602	1,35745	0,80512	63 46 12,73
1,114	1,68738	1,35914	0,80547	63 49 38,99
1,115	1,68874	1,36083	0,80582	63 53 05,26
1,116	1,69010	1,36252	0,80617	63 56 31,52
1,117	1,69147	1,36421	0,80652	63 59 57,79
1,118	1,69283	1,36590	0,80687	64 03 24,05
1,119	1,69420	1,36759	0,80722	64 06 50,32
1,120	1,69557	1,36929	0,80757	64 10 16,58
1,121	1,69694	1,37098	0,80792	64 13 42,85
1,122	1,69831	1,37268	0,80826	64 17 09,11
1,123	1,69968	1,37438	0,80861	64 20 35,38
1,124	1,70106	1,37608	0,80896	64 24 01,64
1,125	1,70243	1,37778	0,80930	64 27 27,91
1,126	1,70381	1,37949	0,80965	64 30 54,17
1,127	1,70519	1,38119	0,80999	64 34 20,44
1,128	1,70658	1,38290	0,81033	64 37 46,70
1,129	1,70796	1,38460	0,81068	64 41 12,97
1,130	1,70934	1,38631	0,81102	64 44 39,23
1,131	1,71073	1,38802	0,81136	64 48 05,50
1,132	1,71212	1,38873	0,81170	64 51 31,76
1,133	1,71351	1,39145	0,81204	64 54 58,03
1,134	1,71490	1,39316	0,81238	64 58 24,29
1,135	1,71630	1,39488	0,81272	65 01 50,56
1,136	1,71769	1,39659	0,81306	65 05 16,82
1,137	1,71909	1,39831	0,81340	65 08 43,08
1,138	1,72049	1,40003	0,81374	65 12 09,35
1,139	1,72189	1,40175	0,81408	65 15 35,61
1,140	1,72329	1,40347	0,81441	65 19 01,88
1,141	1,72470	1,40520	0,81475	65 22 28,14
1,142	1,72610	1,40692	0,81509	65 25 54,41
1,143	1,72751	1,40865	0,81542	65 29 20,67
1,144	1,72892	1,41038	0,81576	65 32 46,94
1,145	1,73033	1,41211	0,81609	65 36 13,20
1,146	1,73175	1,41384	0,81642	65 39 39,47
1,147	1,73316	1,41557	0,81676	65 43 05,73
1,148	1,73458	1,41731	0,81709	65 46 32,00
1,149	1,73599	1,41904	0,81742	65 49 58,26

x	$\cos x$	$\sin x$	$\operatorname{tg} x$	e^x	e^{-x}
1,150	0,40849	0,91276	2,23450	3,158 193	0,316 6368
1,151	0,40757	0,91317	2,24050	3,161 353	0,316 3203
1,152	0,40666	0,91358	2,24654	3,164 516	0,316 0041
1,153	0,40575	0,91399	2,25260	3,167 682	0,315 6883
1,154	0,40483	0,91439	2,25869	3,170 851	0,315 3728
1,155	0,40392	0,91479	2,26480	3,174 023	0,315 0575
1,156	0,40300	0,91520	2,27094	3,177 199	0,314 7426
1,157	0,40209	0,91560	2,27712	3,180 378	0,314 4281
1,158	0,40117	0,91600	2,28331	3,183 560	0,314 1138
1,159	0,40026	0,91640	2,28954	3,186 745	0,313 7998
1,160	0,39934	0,91680	2,29580	3,189 933	0,313 4862
1,161	0,39842	0,91720	2,30208	3,193 125	0,313 1729
1,162	0,39751	0,91760	2,30840	3,196 320	0,312 8598
1,163	0,39659	0,91800	2,31474	3,199 517	0,312 5471
1,164	0,39567	0,91839	2,32111	3,202 719	0,312 2347
1,165	0,39475	0,91879	2,32752	3,205 923	0,311 9227
1,166	0,39383	0,91918	2,33395	3,209 130	0,311 6109
1,167	0,39291	0,91958	2,34041	3,212 341	0,311 2994
1,168	0,39199	0,91997	2,34690	3,215 555	0,310 9883
1,169	0,39107	0,92036	2,35343	3,218 772	0,310 6775
1,170	0,39015	0,92075	2,35998	3,221 993	0,310 3669
1,171	0,38923	0,92114	2,36657	3,225 216	0,310 0567
1,172	0,38831	0,92153	2,37318	3,228 443	0,309 7468
1,173	0,38739	0,92192	2,37983	3,231 673	0,309 4372
1,174	0,38647	0,92230	2,38651	3,234 906	0,309 1280
1,175	0,38554	0,92269	2,39322	3,238 143	0,308 8190
1,176	0,38462	0,92307	2,39996	3,241 383	0,308 5103
1,177	0,38370	0,92346	2,40674	3,244 626	0,308 2020
1,178	0,38277	0,92384	2,41355	3,247 872	0,307 8939
1,179	0,38185	0,92422	2,42039	3,251 121	0,307 5862
1,180	0,38092	0,92461	2,42727	3,254 374	0,307 2787
1,181	0,38000	0,92499	2,43417	3,257 630	0,306 9716
1,182	0,37907	0,92537	2,44112	3,260 889	0,306 6648
1,183	0,37815	0,92574	2,44809	3,264 152	0,306 3583
1,184	0,37722	0,92612	2,45510	3,267 418	0,306 0521
1,185	0,37630	0,92650	2,46215	3,270 687	0,305 7462
1,186	0,37537	0,92687	2,46923	3,273 959	0,305 4406
1,187	0,37444	0,92725	2,47634	3,277 235	0,305 1353
1,188	0,37352	0,92762	2,48349	3,280 514	0,304 8303
1,189	0,37259	0,92800	2,49068	3,283 796	0,304 5256
1,190	0,37166	0,92837	2,49790	3,287 081	0,304 2213
1,191	0,37073	0,92874	2,50516	3,290 370	0,303 9172
1,192	0,36980	0,92911	2,51245	3,293 662	0,303 6134
1,193	0,36887	0,92948	2,51978	3,296 957	0,303 3100
1,194	0,36794	0,92985	2,52715	3,300 256	0,303 0068
1,195	0,36701	0,93022	2,53455	3,303 558	0,302 7040
1,196	0,36608	0,93058	2,54200	3,306 863	0,302 4014
1,197	0,36515	0,93095	2,54948	3,310 172	0,302 0992
1,198	0,36422	0,93131	2,55700	3,313 483	0,301 7972
1,199	0,36329	0,93168	2,56456	3,316 798	0,301 4956

x	Cos x	Sin x	Tg x	φ
1,150	1,73741	1,42078	0,81775	65° 53′ 24,53″
1,151	1,73884	1,42252	0,81809	65 56 50,79
1,152	1,74026	1,42426	0,81842	66 00 17,06
1,153	1,74168	1,42600	0,81875	66 03 43,32
1,154	1,74311	1,42774	0,81907	66 07 09,59
1,155	1,74454	1,42948	0,81940	66 10 35,85
1,156	1,74597	1,43123	0,81973	66 14 02,12
1,157	1,74740	1,43297	0,82006	66 17 28,38
1,158	1,74884	1,43472	0,82039	66 20 54,65
1,159	1,75027	1,43647	0,82071	66 24 20,91
1,160	1,75171	1,43822	0,82104	66 27 47,18
1,161	1,75315	1,43998	0,82137	66 31 13,44
1,162	1,75459	1,44173	0,82169	66 34 39,70
1,163	1,75603	1,44349	0,82202	66 38 05,97
1,164	1,75748	1,44524	0,82234	66 41 32,23
1,165	1,75892	1,44700	0,82266	66 44 58,50
1,166	1,76037	1,44876	0,82299	66 48 24,76
1,167	1,76182	1,45052	0,82331	66 51 51,03
1,168	1,76327	1,45228	0,82363	66 55 17,29
1,169	1,76472	1,45405	0,82395	66 58 43,56
1,170	1,76618	1,45581	0,82427	67 02 09,82
1,171	1,76764	1,45758	0,82459	67 05 36,09
1,172	1,76909	1,45935	0,82491	67 09 02,35
1,173	1,77056	1,46112	0,82523	67 12 28,62
1,174	1,77202	1,46289	0,82555	67 15 54,88
1,175	1,77348	1,46466	0,82587	67 19 21,15
1,176	1,77495	1,46644	0,82619	67 22 47,41
1,177	1,77641	1,46821	0,82650	67 26 13,68
1,178	1,77788	1,46999	0,82682	67 29 39,94
1,179	1,77935	1,47177	0,82714	67 33 06,21
1,180	1,78083	1,47355	0,82745	67 36 32,47
1,181	1,78230	1,47533	0,82777	67 39 58,74
1,182	1,78378	1,47711	0,82808	67 43 25,00
1,183	1,78526	1,47890	0,82840	67 46 51,27
1,184	1,78673	1,48068	0,82871	67 50 17,53
1,185	1,78822	1,48247	0,82902	67 53 43,80
1,186	1,78970	1,48426	0,82933	67 57 10,06
1,187	1,79119	1,48605	0,82965	68 00 36,33
1,188	1,79267	1,48784	0,82996	68 04 02,59
1,189	1,79416	1,48964	0,83027	68 07 28,85
1,190	1,79565	1,49143	0,83058	68 10 55,12
1,191	1,79714	1,49323	0,83089	68 14 21,38
1,192	1,79864	1,49502	0,83120	68 17 47,65
1,193	1,80013	1,49682	0,83151	68 21 13,91
1,194	1,80163	1,49862	0,83182	68 24 40,18
1,195	1,80313	1,50043	0,83212	68 28 06,44
1,196	1,80463	1,50223	0,83243	68 31 32,71
1,197	1,80614	1,50404	0,83274	68 34 58,97
1,198	1,80764	1,50584	0,83304	68 38 25,24
1,199	1,80915	1,50765	0,83335	68 41 51,50

x	$\cos x$	$\sin x$	$\operatorname{tg} x$	e^x	e^{-x}
1,200	0,36236	0,93204	2,57215	3,320 117	0,301 1942
1,201	0,36143	0,93240	2,57979	3,323 439	0,300 8932
1,202	0,36049	0,93276	2,58746	3,326 764	0,300 5924
1,203	0,35956	0,93312	2,59518	3,330 092	0,300 2920
1,204	0,35863	0,93348	2,60293	3,333 424	0,299 9918
1,205	0,35769	0,93384	2,61073	3,336 759	0,299 6920
1,206	0,35676	0,93420	2,61856	3,340 098	0,299 3925
1,207	0,35582	0,93455	2,62644	3,343 439	0,299 0932
1,208	0,35489	0,93491	2,63436	3,346 784	0,298 7943
1,209	0,35395	0,93526	2,64232	3,350 133	0,298 4956
1,210	0,35302	0,93562	2,65033	3,353 485	0,298 1973
1,211	0,35208	0,93597	2,65837	3,356 840	0,297 8992
1,212	0,35115	0,93632	2,66646	3,360 198	0,297 6015
1,213	0,35021	0,93667	2,67459	3,363 560	0,297 3040
1,214	0,34927	0,93702	2,68277	3,366 925	0,297 0069
1,215	0,34834	0,93737	2,69099	3,370 294	0,296 7100
1,216	0,34740	0,93772	2,69925	3,373 666	0,296 4135
1,217	0,34646	0,93806	2,70756	3,377 041	0,296 1772
1,218	0,34552	0,93841	2,71591	3,380 420	0,295 8212
1,219	0,34458	0,93876	2,72431	3,383 802	0,295 5255
1,220	0,34365	0,93910	2,73275	3,387 188	0,295 2302
1,221	0,34271	0,93944	2,74125	3,390 577	0,294 9351
1,222	0,34177	0,93978	2,74978	3,393 969	0,294 6403
1,223	0,34083	0,94013	2,75837	3,397 365	0,294 3458
1,224	0,33989	0,94047	2,76700	3,400 764	0,294 0516
1,225	0,33895	0,94081	2,77568	3,404 166	0,293 7577
1,226	0,33800	0,94114	2,78441	3,407 572	0,293 4641
1,227	0,33706	0,94148	2,79319	3,410 981	0,293 1708
1,228	0,33612	0,94182	2,80201	3,414 394	0,292 8777
1,229	0,33518	0,94215	2,81088	3,417 810	0,292 5850
1,230	0,33424	0,94249	2,81982	3,421 230	0,292 2926
1,231	0,33330	0,94282	2,82879	3,424 652	0,292 0004
1,232	0,33235	0,94316	2,83782	3,428 079	0,291 7086
1,233	0,33141	0,94349	2,84690	3,431 509	0,291 4170
1,234	0,33047	0,94382	2,85603	3,434 942	0,291 1257
1,235	0,32952	0,94415	2,86521	3,438 379	0,290 8348
1,236	0,32858	0,94448	2,87445	3,441 819	0,290 5441
1,237	0,32763	0,94481	2,88374	3,445 262	0,290 2537
1,238	0,32669	0,94513	2,89308	3,448 709	0,289 9636
1,239	0,32574	0,94546	2,90248	3,452 160	0,289 6737
1,240	0,32480	0,94578	2,91193	3,455 613	0,289 3842
1,241	0,32385	0,94611	2,92144	3,459 071	0,289 0950
1,242	0,32290	0,94643	2,93100	3,462 532	0,288 8060
1,243	0,32196	0,94675	2,94062	3,465 996	0,288 5174
1,244	0,32101	0,94708	2,95029	3,469 464	0,288 2290
1,245	0,32006	0,94740	2,96003	3,472 935	0,287 9409
1,246	0,31912	0,94772	2,96982	3,476 409	0,287 6531
1,247	0,31817	0,94803	2,97967	3,479 888	0,287 3656
1,248	0,31722	0,94835	2,98958	3,483 369	0,287 0784
1,249	0,31627	0,94867	2,99954	3,486 854	0,286 7914

x	Cof x	Sin x	Tg x	φ
1,200	1,81066	1,50946	0,83365	68° 45′ 17,77″
1,201	1,81217	1,51127	0,83396	68 48 44,03
1,202	1,81368	1,51309	0,83426	68 52 10,30
1,203	1,81519	1,51490	0,83457	68 55 36,56
1,204	1,81671	1,51672	0,83487	68 59 02,83
1,205	1,81823	1,51853	0,83517	69 02 29,09
1,206	1,81974	1,52035	0,83548	69 05 55,36
1,207	1,82127	1,52217	0,83578	69 09 21,62
1,208	1,82279	1,52400	0,83608	69 12 47,89
1,209	1,82431	1,52582	0,83638	69 16 14,15
1,210	1,82584	1,52764	0,83668	69 19 40,42
1,211	1,82737	1,52947	0,83698	69 23 06,68
1,212	1,82890	1,53130	0,83728	69 26 32,95
1,213	1,83043	1,53313	0,83758	69 29 59,21
1,214	1,83197	1,53496	0,83788	69 33 25,47
1,215	1,83350	1,53679	0,83817	69 36 51,74
1,216	1,83504	1,53863	0,83847	69 40 18,00
1,217	1,83658	1,54046	0,83877	69 43 44,27
1,218	1,83812	1,54230	0,83906	69 47 10,53
1,219	1,83966	1,54414	0,83936	69 50 36,80
1,220	1,84121	1,54598	0,83965	69 54 03,06
1,221	1,84276	1,54782	0,83995	69 57 29,33
1,222	1,84430	1,54966	0,84024	70 00 55,59
1,223	1,84586	1,55151	0,84054	70 04 21,86
1,224	1,84741	1,55336	0,84083	70 07 48,12
1,225	1,84896	1,55520	0,84112	70 11 14,39
1,226	1,85052	1,55705	0,84142	70 14 40,65
1,227	1,85208	1,55891	0,84171	70 18 06,92
1,228	1,85364	1,56076	0,84200	70 21 33,18
1,229	1,85520	1,56261	0,84229	70 24 59,14
1,230	1,85676	1,56447	0,84258	70 28 25,71
1,231	1,85833	1,56633	0,84287	70 31 51,98
1,232	1,85989	1,56819	0,84316	70 35 18,24
1,233	1,86146	1,57005	0,84345	70 38 44,51
1,234	1,86303	1,57191	0,84374	70 42 10,77
1,235	1,86461	1,57377	0,84402	70 45 37,04
1,236	1,86618	1,57564	0,84431	70 49 03,30
1,237	1,86776	1,57750	0,84460	70 52 29,57
1,238	1,86934	1,57937	0,84488	70 55 55,83
1,239	1,87092	1,58124	0,84517	70 59 22,09
1,240	1,87250	1,58311	0,84546	71 02 48,36
1,241	1,87408	1,58499	0,84574	71 06 14,62
1,242	1,87567	1,58686	0,84602	71 09 40,89
1,243	1,87726	1,58874	0,84631	71 13 07,15
1,244	1,87885	1,59062	0,84659	71 16 33,42
1,245	1,88044	1,59250	0,84688	71 19 59,68
1,246	1,88203	1,59438	0,84716	71 23 25,95
1,247	1,88363	1,59626	0,84744	71 26 52,21
1,248	1,88522	1,59815	0,84772	71 30 18,48
1,249	1,88682	1,60003	0,84800	71 33 44,74

x	$\cos x$	$\sin x$	$\operatorname{tg} x$	e^x	e^{-x}
1,250	0,31532	0,94898	3,00957	3,490 343	0,286 5048
1,251	0,31437	0,94930	3,01966	3,493 835	0,286 2184
1,252	0,31342	0,94961	3,02981	3,497 331	0,285 9324
1,253	0,31247	0,94993	3,04002	3,500 830	0,285 6466
1,254	0,31152	0,95024	3,05029	3,504 332	0,285 3611
1,255	0,31057	0,95055	3,06063	3,507 838	0,285 0758
1,256	0,30962	0,95086	3,07103	3,511 348	0,284 7909
1,257	0,30867	0,95117	3,08149	3,514 861	0,284 5063
1,258	0,30772	0,95148	3,09202	3,518 378	0,284 2219
1,259	0,30677	0,95178	3,10261	3,521 898	0,283 9378
1,260	0,30582	0,95209	3,11327	3,525 421	0,283 6540
1,261	0,30486	0,95240	3,12399	3,528 949	0,283 3705
1,262	0,30391	0,95270	3,13479	3,532 479	0,283 0873
1,263	0,30296	0,95300	3,14565	3,536 014	0,282 8043
1,264	0,30201	0,95331	3,15658	3,539 551	0,282 5217
1,265	0,30105	0,95361	3,16758	3,543 093	0,282 2393
1,266	0,30010	0,95391	3,17865	3,546 638	0,281 9572
1,267	0,29914	0,95421	3,18979	3,550 186	0,281 6754
1,268	0,29819	0,95451	3,20100	3,553 738	0,281 3938
1,269	0,29724	0,95480	3,21228	3,557 293	0,281 1126
1,270	0,29628	0,95510	3,22363	3,560 853	0,280 8316
1,271	0,29533	0,95540	3,23506	3,564 415	0,280 5509
1,272	0,29437	0,95569	3,24656	3,567 981	0,280 2705
1,273	0,29341	0,95599	3,25818	3,571 551	0,279 9904
1,274	0,29246	0,95628	3,26980	3,575 124	0,279 7105
1,275	0,29150	0,95657	3,28153	3,578 701	0,279 4310
1,276	0,29054	0,95686	3,29333	3,582 282	0,279 1517
1,277	0,28959	0,95715	3,30522	3,585 866	0,278 8727
1,278	0,28863	0,95744	3,31718	3,589 454	0,278 5939
1,279	0,28767	0,95773	3,32923	3,593 045	0,278 3155
1,280	0,28672	0,95802	3,34135	3,596 640	0,278 0373
1,281	0,28576	0,95830	3,35356	3,600 238	0,277 7594
1,282	0,28480	0,95859	3,36584	3,603 840	0,277 4818
1,283	0,28384	0,95887	3,37821	3,607 446	0,277 2044
1,284	0,28288	0,95916	3,39067	3,611 055	0,276 9274
1,285	0,28192	0,95944	3,40321	3,614 668	0,276 6506
1,286	0,28096	0,95972	3,41583	3,618 284	0,276 3741
1,287	0,28000	0,96000	3,42854	3,621 905	0,276 0978
1,288	0,27904	0,96028	3,44134	3,625 528	0,275 8219
1,289	0,27808	0,96056	3,45423	3,629 156	0,275 5462
1,290	0,27712	0,96084	3,46721	3,632 787	0,275 2708
1,291	0,27616	0,96111	3,48027	3,636 421	0,274 9956
1,292	0,27520	0,96139	3,49343	3,640 059	0,274 7208
1,293	0,27424	0,96166	3,50668	3,643 701	0,274 4462
1,294	0,27328	0,96194	3,52003	3,647 347	0,274 1719
1,295	0,27231	0,96221	3,53346	3,650 996	0,273 8979
1,296	0,27135	0,96248	3,54700	3,654 649	0,273 6241
1,297	0,27039	0,96275	3,56063	3,658 305	0,273 3506
1,298	0,26943	0,96302	3,57435	3,661 965	0,273 0774
1,299	0,26846	0,96329	3,58816	3,665 629	0,272 8045

x	Cof x	Sin x	Tg x	φ
1,250	1,88842	1,60192	0,84828	71° 37′ 11,01″
1,251	1,89003	1,60381	0,84856	71 40 37,27
1,252	1,89163	1,60570	0,84884	71 44 03,54
1,253	1,89324	1,60759	0,84912	71 47 29,80
1,254	1,89485	1,60949	0,84940	71 50 56,07
1,255	1,89646	1,61138	0,84968	71 54 22,33
1,256	1,89807	1,61328	0,84996	71 57 48,60
1,257	1,89968	1,61518	0,85023	72 01 14,86
1,258	1,90130	1,61708	0,85051	72 04 41,13
1,259	1,90292	1,61898	0,85079	72 08 07,39
1,260	1,90454	1,62088	0,85106	72 11 33,66
1,261	1,90616	1,62279	0,85134	72 14 59,92
1,262	1,90778	1,62470	0,85161	72 18 26,19
1,263	1,90941	1,62661	0,85189	72 21 52,45
1,264	1,91104	1,62851	0,85216	72 25 18,72
1,265	1,91267	1,63043	0,85244	72 28 44,98
1,266	1,91430	1,63234	0,85271	72 32 11,24
1,267	1,91593	1,63426	0,85298	72 35 37,51
1,268	1,91757	1,63617	0,85325	72 39 03,77
1,269	1,91920	1,63809	0,85353	72 42 30,04
1,270	1,92084	1,64001	0,85380	72 45 56,30
1,271	1,92248	1,64193	0,85407	72 49 22,57
1,272	1,92413	1,64386	0,85434	72 52 48,83
1,273	1,92577	1,64578	0,85461	72 56 15,10
1,274	1,92742	1,64771	0,85488	72 59 41,36
1,275	1,92907	1,64964	0,85515	73 03 07,63
1,276	1,93072	1,65157	0,85542	73 06 33,89
1,277	1,93237	1,65350	0,85568	73 10 00,16
1,278	1,93402	1,65543	0,85595	73 13 26,42
1,279	1,93568	1,65736	0,85622	73 16 52,69
1,280	1,93734	1,65930	0,85648	73 20 18,95
1,281	1,93900	1,66124	0,85675	73 23 45,22
1,282	1,94066	1,66318	0,85702	73 27 11,48
1,283	1,94233	1,66512	0,85728	73 30 37,75
1,284	1,94399	1,66706	0,85755	73 34 04,01
1,285	1,94566	1,66901	0,85781	73 37 30,28
1,286	1,94733	1,67096	0,85808	73 40 56,54
1,287	1,94900	1,67290	0,85834	73 44 22,81
1,288	1,95068	1,67485	0,85860	73 47 49,07
1,289	1,95235	1,67680	0,85886	73 51 15,34
1,290	1,95403	1,67876	0,85913	73 54 41,60
1,291	1,95571	1,68071	0,85939	73 58 07,86
1,292	1,95739	1,68267	0,85965	74 01 34,13
1,293	1,95907	1,68463	0,85991	74 05 00,39
1,294	1,96076	1,68659	0,86017	74 08 26,66
1,295	1,96245	1,68855	0,86043	74 11 52,92
1,296	1,96414	1,69051	0,86069	74 15 19,19
1,297	1,96583	1,69248	0,86095	74 18 45,45
1,298	1,96752	1,69444	0,86121	74 22 11,72
1,299	1,96922	1,69641	0,86147	74 25 37,98

x	$\cos x$	$\sin x$	$\operatorname{tg} x$	e^x	e^{-x}
1,300	0,26750	0,96356	3,60210	3,669 297	0,272 5318
1,301	0,26654	0,96383	3,61613	3,672 968	0,272 2594
1,302	0,26557	0,96409	3,63026	3,676 643	0,271 9873
1,303	0,26461	0,96436	3,64449	3,680 321	0,271 7154
1,304	0,26364	0,96462	3,65882	3,684 003	0,271 4438
1,305	0,26268	0,96488	3,67326	3,687 689	0,271 1725
1,306	0,26171	0,96515	3,68781	3,691 379	0,270 9015
1,307	0,26075	0,96541	3,70246	3,695 072	0,270 6307
1,308	0,25978	0,96567	3,71722	3,698 769	0,270 3602
1,309	0,25882	0,96593	3,73210	3,702 469	0,270 0900
1,310	0,25785	0,96618	3,74708	3,706 174	0,269 8201
1,311	0,25688	0,96644	3,76218	3,709 882	0,269 5504
1,312	0,25592	0,96670	3,77737	3,713 593	0,269 2810
1,313	0,25495	0,96695	3,79272	3,717 309	0,269 0118
1,314	0,25398	0,96721	3,80816	3,721 028	0,268 7429
1,315	0,25302	0,96746	3,82372	3,724 751	0,268 4743
1,316	0,25205	0,96771	3,83940	3,728 478	0,268 2060
1,317	0,25108	0,96797	3,85520	3,732 208	0,267 9379
1,318	0,25011	0,96822	3,87113	3,735 942	0,267 6701
1,319	0,24914	0,96847	3,88718	3,739 680	0,267 4026
1,320	0,24818	0,96872	3,90335	3,743 421	0,267 1353
1,321	0,24721	0,96896	3,91965	3,747 167	0,266 8683
1,322	0,24624	0,96921	3,93608	3,750 916	0,266 6016
1,323	0,24527	0,96946	3,95263	3,754 669	0,266 3351
1,324	0,24430	0,96970	3,96932	3,758 425	0,266 0689
1,325	0,24333	0,96994	3,98615	3,762 185	0,265 8030
1,326	0,24236	0,97019	4,00310	3,765 949	0,265 5373
1,327	0,24139	0,97043	4,02020	3,769 717	0,265 2719
1,328	0,24042	0,97067	4,03743	3,773 489	0,265 0067
1,329	0,23945	0,97091	4,05480	3,777 264	0,264 7419
1,330	0,23848	0,97115	4,07231	3,781 043	0,264 4773
1,331	0,23750	0,97139	4,08997	3,784 826	0,264 2129
1,332	0,23653	0,97162	4,10777	3,788 613	0,263 9488
1,333	0,23556	0,97186	4,12572	3,792 404	0,263 6850
1,334	0,23459	0,97209	4,14381	3,796 198	0,263 4215
1,335	0,23362	0,97233	4,16206	3,799 996	0,263 1582
1,336	0,23264	0,97256	4,18046	3,803 798	0,262 8951
1,337	0,23167	0,97279	4,19901	3,807 604	0,262 6324
1,338	0,23070	0,97303	4,21772	3,811 413	0,262 3699
1,339	0,22973	0,97326	4,23659	3,815 226	0,262 1076
1,340	0,22875	0,97348	4,25562	3,819 044	0,261 8457
1,341	0,22778	0,97371	4,27481	3,822 864	0,261 5840
1,342	0,22681	0,97394	4,29417	3,826 689	0,261 3225
1,343	0,22583	0,97417	4,31369	3,830 518	0,261 0613
1,344	0,22486	0,97439	4,33338	3,834 350	0,260 8004
1,345	0,22388	0,97462	4,35325	3,838 187	0,260 5397
1,346	0,22291	0,97484	4,37328	3,842 027	0,260 2793
1,347	0,22193	0,97506	4,39350	3,845 871	0,260 0191
1,348	0,22096	0,97528	4,41389	3,849 718	0,259 7593
1,349	0,21998	0,97550	4,43447	3,853 570	0,259 4996

x	Cos x	Sin x	Tg x	φ
1,300	1,97091	1,69838	0,86172	74° 29′ 04,25″
1,301	1,97261	1,70035	0,86198	74 32 30,51
1,302	1,97431	1,70233	0,86224	74 35 56,78
1,303	1,97602	1,70430	0,86249	74 39 23,04
1,304	1,97772	1,70628	0,86275	74 42 49,31
1,305	1,97943	1,70826	0,86300	74 46 15,57
1,306	1,98114	1,71024	0,86326	74 49 41,84
1,307	1,98285	1,71222	0,86351	74 53 08,10
1,308	1,98456	1,71420	0,86377	74 56 34,37
1,309	1,98628	1,71619	0,86402	75 00 00,63
1,310	1,98800	1,71818	0,86428	75 03 26,90
1,311	1,98972	1,72017	0,86453	75 06 53,16
1,312	1,99144	1,72216	0,86478	75 10 19,43
1,313	1,99316	1,72415	0,86503	75 13 45,69
1,314	1,99489	1,72614	0,86528	75 17 11,96
1,315	1,99661	1,72814	0,86554	75 20 38,22
1,316	1,99834	1,73014	0,86579	75 24 04,49
1,317	2,00007	1,73214	0,86604	75 27 30,75
1,318	2,00181	1,73414	0,86629	75 30 57,01
1,319	2,00354	1,73614	0,86653	75 34 23,28
1,320	2,00528	1,73814	0,86678	75 37 49,54
1,321	2,00702	1,74015	0,86703	75 41 15,81
1,322	2,00876	1,74216	0,86728	75 44 42,07
1,323	2,01050	1,74417	0,86753	75 48 08,34
1,324	2,01225	1,74618	0,86778	75 51 34,60
1,325	2,01399	1,74819	0,86802	75 55 00,87
1,326	2,01574	1,75021	0,86827	75 58 27,13
1,327	2,01749	1,75222	0,86851	76 01 53,40
1,328	2,01925	1,75424	0,86876	76 05 19,66
1,329	2,02100	1,75626	0,86900	76 08 45,93
1,330	2,02276	1,75828	0,86925	76 12 12,19
1,331	2,02452	1,76031	0,86949	76 15 38,46
1,332	2,02628	1,76233	0,86974	76 19 04,72
1,333	2,02804	1,76436	0,86998	76 22 30,99
1,334	2,02981	1,76639	0,87022	76 25 57,25
1,335	2,03158	1,76842	0,87047	76 29 23,52
1,336	2,03335	1,77045	0,87071	76 32 49,78
1,337	2,03512	1,77249	0,87095	76 36 16,05
1,338	2,03689	1,77452	0,87119	76 39 42,31
1,339	2,03867	1,77656	0,87143	76 43 08,58
1,340	2,04044	1,77860	0,87167	76 46 34,84
1,341	2,04222	1,78064	0,87191	76 50 01,11
1,342	2,04401	1,78268	0,87215	76 53 27,37
1,343	2,04579	1,78473	0,87239	76 56 53,63
1,344	2,04758	1,78677	0,87263	77 00 19,90
1,345	2,04936	1,78882	0,87287	77 03 46,16
1,346	2,05115	1,79087	0,87311	77 07 12,43
1,347	2,05294	1,79293	0,87334	77 10 38,69
1,348	2,05474	1,79498	0,87358	77 14 04,96
1,349	2,05653	1,79704	0,87382	77 17 31,22

x	$\cos x$	$\sin x$	$\operatorname{tg} x$	e^x	e^{-x}
1,350	0,21901	0,97572	4,45522	3,857 426	0,259 2403
1,351	0,21803	0,97594	4,47617	3,861 285	0,258 9811
1,352	0,21705	0,97616	4,49730	3,865 148	0,258 7223
1,353	0,21608	0,97638	4,51862	3,869 015	0,258 4637
1,354	0,21510	0,97659	4,54013	3,872 886	0,258 2054
1,355	0,21413	0,97681	4,56184	3,876 761	0,257 9473
1,356	0,21315	0,97702	4,58376	3,880 640	0,257 6895
1,357	0,21217	0,97723	4,60587	3,884 522	0,257 4319
1,358	0,21119	0,97744	4,62818	3,888 409	0,257 1746
1,359	0,21022	0,97765	4,65070	3,892 299	0,256 9176
1,360	0,20924	0,97786	4,67344	3,896 193	0,256 6608
1,361	0,20826	0,97807	4,69639	3,900 091	0,256 4042
1,362	0,20728	0,97828	4,71956	3,903 993	0,256 1480
1,363	0,20630	0,97849	4,74294	3,907 899	0,255 8919
1,364	0,20533	0,97869	4,76655	3,911 809	0,255 6362
1,365	0,20435	0,97890	4,79038	3,915 723	0,255 3807
1,366	0,20337	0,97910	4,81444	3,919 641	0,255 1254
1,367	0,20239	0,97931	4,83874	3,923 562	0,254 8704
1,368	0,20141	0,97951	4,86327	3,927 488	0,254 6157
1,369	0,20043	0,97971	4,88804	3,931 417	0,254 3612
1,370	0,19945	0,97991	4,91306	3,935 351	0,254 1070
1,371	0,19847	0,98011	4,93832	3,939 288	0,253 8530
1,372	0,19749	0,98031	4,96384	3,943 229	0,253 5993
1,373	0,19651	0,98050	4,98960	3,947 174	0,253 3458
1,374	0,19553	0,98070	5,01563	3,951 124	0,253 0926
1,375	0,19455	0,98089	5,04192	3,955 077	0,252 8396
1,376	0,19357	0,98109	5,06847	3,959 034	0,252 5869
1,377	0,19259	0,98128	5,09530	3,962 995	0,252 3344
1,378	0,19160	0,98147	5,12240	3,966 960	0,252 0822
1,379	0,19062	0,98166	5,14978	3,970 929	0,251 8303
1,380	0,18964	0,98185	5,17744	3,974 902	0,251 5786
1,381	0,18866	0,98204	5,20539	3,978 879	0,251 3271
1,382	0,18768	0,98223	5,23363	3,982 859	0,251 0759
1,383	0,18669	0,98242	5,26217	3,986 844	0,250 8249
1,384	0,18571	0,98260	5,29102	3,990 833	0,250 5742
1,385	0,18473	0,98279	5,32017	3,994 826	0,250 3238
1,386	0,18375	0,98297	5,34963	3,998 823	0,250 0736
1,387	0,18276	0,98316	5,37940	4,002 824	0,249 8237
1,388	0,18178	0,98334	5,40950	4,006 828	0,249 5740
1,389	0,18080	0,98352	5,43993	4 010 837	0,249 3245
1,390	0,17981	0,98370	5,47069	4,014 850	0,249 0753
1,391	0,17883	0,98388	5,50179	4,018 867	0,248 8264
1,392	0,17785	0,98406	5,53323	4,022 888	0,248 5777
1,393	0,17686	0,98424	5,56503	4,026 913	0,248 3292
1,394	0,17588	0,98441	5,59717	4,030 942	0,248 0810
1,395	0,17489	0,98459	5,62968	4,034 975	0,247 8330
1,396	0,17391	0,98476	5,66258	4,039 012	0,247 5853
1,397	0,17292	0,98494	5,69582	4,043 053	0,247 3379
1,398	0,17194	0,98511	5,72945	4,047 098	0,247 0907
1,399	0,17095	0,98528	5,76347	4,051 147	0,246 8437

x	Cof x	Sin x	Tg x	φ
1,350	2,05833	1,79909	0,87405	77° 20′ 57,49″
1,351	2,06013	1,80115	0,87429	77 24 23,75
1,352	2,06194	1,80321	0,87452	77 27 50,02
1,353	2,06374	1,80528	0,87476	77 31 16,28
1,354	2,06555	1,80734	0,87499	77 34 42,55
1,355	2,06735	1,80941	0,87523	77 38 08,81
1,356	2,06916	1,81148	0,87546	77 41 35,08
1,357	2,07098	1,81355	0,87570	77 45 01,34
1,358	2,07279	1,81562	0,87593	77 48 27,61
1,359	2,07461	1,81769	0,87616	77 51 53,87
1,360	2,07643	1,81977	0,87639	77 55 20,14
1,361	2,07825	1,82184	0,87662	77 58 46,40
1,362	2,08007	1,82392	0,87686	78 02 12,67
1,363	2,08190	1,82600	0,87709	78 05 38,93
1,364	2,08372	1,82809	0,87732	78 09 05,20
1,365	2,08555	1,83017	0,87755	78 12 31,46
1,366	2,08738	1,83226	0,87778	78 15 57,73
1,367	2,08922	1,83435	0,87801	78 19 23,99
1,368	2,09105	1,83644	0,87824	78 22 50,25
1,369	2,09289	1,83853	0,87846	78 26 16,52
1,370	2,09473	1,84062	0,87869	78 29 42,78
1,371	2,09657	1,84272	0,87892	78 33 09,05
1,372	2,09841	1,84482	0,87915	78 36 35,31
1,373	2,10026	1,84691	0,87937	78 40 01,58
1,374	2,10211	1,84902	0,87960	78 43 27,84
1,375	2,10396	1,85112	0,87983	78 46 54,11
1,376	2,10581	1,85322	0,88005	78 50 20,37
1,377	2,10766	1,85533	0,88028	78 53 46,64
1,378	2,10952	1,85744	0,88050	78 57 12,90
1,379	2,11138	1,85955	0,88073	79 00 39,17
1,380	2,11324	1,86166	0,88095	79 04 05,43
1,381	2,11510	1,86378	0,88117	79 07 31,70
1,382	2,11697	1,86589	0,88140	79 10 57,96
1,383	2,11883	1,86801	0,88162	79 14 24,23
1,384	2,12070	1,87013	0,88184	79 17 50,49
1,385	2,12257	1,87225	0,88207	79 21 16,76
1,386	2,12445	1,87437	0,88229	79 24 43,02
1,387	2,12632	1,87650	0,88251	79 28 09,29
1,388	2,12820	1,87863	0,88273	79 31 35,55
1,389	2,13008	1,88076	0,88295	79 35 01,82
1,390	2,13196	1,88289	0,88317	79 38 28,08
1,391	2,13385	1,88502	0,88339	79 41 54,35
1,392	2,13573	1,88716	0,88361	79 45 20,61
1,393	2,13762	1,88929	0,88383	79 48 46,88
1,394	2,13951	1,89143	0,88405	79 52 13,14
1,395	2,14140	1,89357	0,88427	79 55 39,40
1,396	2,14330	1,89571	0,88448	79 59 05,67
1,397	2,14520	1,89786	0,88470	80 02 31,93
1,398	2,14709	1,90000	0,88492	80 05 58,20
1,399	2,14900	1,90215	0,88513	80 09 24,46

x	$\cos x$	$\sin x$	$\operatorname{tg} x$	e^x	e^{-x}
1,400	0,16997	0,98545	5,79789	4,055 200	0,246 5970
1,401	0,16898	0,98562	5,83270	4,059 257	0,246 3505
1,402	0,16800	0,98579	5,86793	4,063 318	0,246 1043
1,403	0,16701	0,98596	5,90357	4,067 384	0,245 8583
1,404	0,16602	0,98612	5,93964	4,071 453	0,245 6125
1,405	0,16504	0,98629	5,97613	4,075 527	0,245 3671
1,406	0,16405	0,98645	6,01307	4,079 604	0,245 1218
1,407	0,16306	0,98662	6,05045	4,083 686	0,244 8768
1,408	0,16208	0,98678	6,08829	4,087 772	0,244 6321
1,409	0,16109	0,98694	6,12659	4,091 861	0,244 3875
1,410	0,16010	0,98710	6,16536	4,095 955	0,244 1433
1,411	0,15912	0,98726	6,20461	4,100 053	0,243 8993
1,412	0,15813	0,98742	6,24436	4,104 156	0,243 6555
1,413	0,15714	0,98758	6,28460	4,108 262	0,243 4125
1,414	0,15615	0,98773	6,32535	4,112 372	0,243 1687
1,415	0,15517	0,98789	6,36663	4,116 486	0,242 9256
1,416	0,15418	0,98804	6,40842	4,120 605	0,242 6828
1,417	0,15319	0,98820	6,45076	4,124 728	0,242 4402
1,418	0,15220	0,98835	6,49365	4,128 854	0,242 1979
1,419	0,15121	0,98850	6,53710	4,132 985	0,241 9559
1,420	0,15023	0,98865	6,58112	4,137 120	0,241 7140
1,421	0,14924	0,98880	6,62573	4,141 260	0,241 4724
1,422	0,14825	0,98895	6,67093	4,145 403	0,241 2311
1,423	0,14726	0,98910	6,71673	4,149 550	0,240 9900
1,424	0,14627	0,98924	6,76316	4,153 702	0,240 7491
1,425	0,14528	0,98939	6,81022	4,157 858	0,240 5085
1,426	0,14429	0,98954	6,85792	4,162 018	0,240 2681
1,427	0,14330	0,98968	6,90629	4,166 182	0,240 0279
1,428	0,14231	0,98982	6,95532	4,170 350	0,239 7880
1,429	0,14132	0,98996	7,00505	4,174 523	0,239 5484
1,430	0,14033	0,99010	7,05547	4,178 699	0,239 3089
1,431	0,13934	0,99024	7,10661	4,182 880	0,239 0697
1,432	0,13835	0,99038	7,15848	4,187 065	0,238 8308
1,433	0,13736	0,99052	7,21110	4,191 254	0,238 5921
1,434	0,13637	0,99066	7,26449	4,195 447	0,238 3536
1,435	0,13538	0,99079	7,31865	4,199 645	0,238 1154
1,436	0,13439	0,99093	7,37362	4,203 847	0,237 8774
1,437	0,13340	0,99106	7,42940	4,208 053	0,237 6396
1,438	0,13241	0,99120	7,48602	4,212 263	0,237 4021
1,439	0,13142	0,99133	7,54349	4,216 477	0,237 1648
1,440	0,13042	0,99146	7,60183	4,220 696	0,236 9278
1,441	0,12943	0,99159	7,66107	4,224 919	0,236 6909
1,442	0,12844	0,99172	7,72122	4,229 146	0,236 4544
1,443	0,12745	0,99185	7,78232	4,233 377	0,236 2180
1,444	0,12646	0,99197	7,84436	4,237 612	0,235 9819
1,445	0,12546	0,99210	7,90739	4,241 852	0,235 7461
1,446	0,12447	0,99222	7,97142	4,246 096	0,235 5104
1,447	0,12348	0,99235	8,03649	4,250 344	0,235 2751
1,448	0,12249	0,99247	8,10260	4,254 597	0,235 0399
1,449	0,12150	0,99259	8,16980	4,258 854	0,234 8050

x	Cos x	Sin x	Tg x	φ
1,400	2,15090	1,90430	0,88535	80° 12′ 50,73″
1,401	2,15280	1,90645	0,88557	80 16 16,99
1,402	2,15471	1,90861	0,88578	80 19 43,26
1,403	2,15662	1,91076	0,88600	80 23 09,52
1,404	2,15853	1,91292	0,88621	80 26 35,79
1,405	2,16045	1,91508	0,88643	80 30 02,05
1,406	2,16236	1,91724	0,88664	80 33 28,32
1,407	2,16428	1,91940	0,88686	80 36 54,58
1,408	2,16620	1,92157	0,88707	80 40 20,85
1,409	2,16812	1,92374	0,88728	80 43 47,11
1,410	2,17005	1,92591	0,88749	80 47 13,38
1,411	2,17198	1,92808	0,88771	80 50 39,64
1,412	2,17391	1,93025	0,88792	80 54 05,91
1,413	2,17584	1,93242	0,88813	80 57 32,17
1,414	2,17777	1,93460	0,88834	81 00 58,44
1,415	2.17971	1,93678	0,88855	81 04 24,70
1,416	2,18164	1,93896	0,88876	81 07 50,97
1,417	2,18358	1,94114	0,88897	81 11 17,23
1,418	2,18553	1,94333	0,88918	81 14 43,50
1,419	2,18747	1,94551	0,88939	81 18 09,76
1,420	2,18942	1,94770	0,88960	81 21 36,02
1,421	2,19137	1,94989	0,88981	81 25 02,29
1,422	2,19332	1,95209	0,89002	81 28 28,55
1,423	2,19527	1,95428	0,89022	81 31 54,82
1,424	2,19723	1,95648	0,89043	81 35 21,08
1,425	2,19918	1,95867	0,89064	81 38 47,35
1,426	2,20114	1,96087	0,89084	81 42 13,61
1,427	2,20310	1,96308	0,89105	81 45 39,88
1,428	2,20507	1,96528	0,89126	81 49 06,14
1,429	2,20704	1,96749	0,89146	81 52 32,41
1,430	2,20900	1,96970	0,89167	81 55 58,67
1,431	2,21097	1,97191	0,89187	81 59 24,94
1,432	2,21295	1,97412	0,89208	82 02 51,20
1,433	2,21492	1,97633	0,89228	82 06 17,47
1,434	2,21690	1,97855	0,89248	82 09 43,73
1,435	2,21888	1,98076	0,89269	82 13 10,00
1,436	2,22086	1,98298	0,89289	82 16 36,26
1,437	2,22285	1,98521	0,89309	82 20 02,53
1,438	2,22483	1,98743	0,89329	82 23 28,79
1,439	2,22682	1,98966	0,89350	82 26 55,06
1,440	2,22881	1,99188	0,89370	82 30 21,32
1,441	2,23080	1,99411	0,89390	82 33 47,59
1,442	2,23280	1,99635	0,89410	82 37 13,85
1,443	2,23480	1,99858	0,89430	82 40 40,12
1,444	2,23680	2,00082	0,89450	82 44 06,38
1,445	2,23880	2,00305	0,89470	82 47 32,65
1,446	2,24080	2,00529	0,89490	82 50 58,91
1,447	2,24281	2,00753	0,89510	82 54 25,17
1,448	2,24482	2,00978	0,89530	82 57 51,44
1,449	2,24683	2,01202	0,89550	83 01 17,70

x	$\cos x$	$\sin x$	$\operatorname{tg} x$	e^x	e^{-x}
1,450	0,12050	0,99271	8,23810	4,263 115	0,234 5703
1,451	0,11951	0,99283	8,30754	4,267 380	0,234 3358
1,452	0,11852	0,99295	8,37815	4,271 649	0,234 1016
1,453	0,11752	0,99307	8,44993	4,275 923	0,233 8676
1,454	0,11653	0,99319	8,52296	4,280 201	0,233 6339
1,455	0,11554	0,99330	8,59722	4,284 483	0,233 4004
1,456	0,11454	0,99342	8,67279	4,288 770	0,233 1671
1,457	0,11355	0,99353	8,74967	4,293 061	0,232 9340
1,458	0,11256	0,99365	8,82792	4,297 356	0,232 7012
1,459	0,11156	0,99376	8,90755	4,301 656	0,232 4686
1,460	0,11057	0,99387	8,98861	4,305 960	0,232 2363
1,461	0,10958	0,99398	9,07116	4,310 268	0,232 0042
1,462	0,10858	0,99409	9,15519	4,314 580	0,231 7723
1,463	0,10759	0,99420	9,24081	4,318 897	0,231 5406
1,464	0,10659	0,99430	9,32800	4,323 218	0,231 3092
1,465	0,10560	0,99441	9,41685	4,327 543	0,231 0780
1,466	0,10460	0,99451	9,50738	4,331 873	0,230 8470
1,467	0,10361	0,99462	9,59964	4,336 207	0,230 6163
1,468	0,10262	0,99472	9,69370	4,340 545	0,230 3858
1,469	0,10162	0,99482	9,78959	4,344 888	0,230 1555
1,470	0,10063	0,99492	9,88737	4,349 235	0,229 9255
1,471	0,09963	0,99502	9,98712	4,353 587	0,229 6957
1,472	0,09864	0,99512	10,08888	4,357 942	0,229 4661
1,473	0,09764	0,99522	10,19271	4,362 302	0,229 2367
1,474	0,09665	0,99532	10,29869	4,366 667	0,229 0076
1,475	0,09565	0,99542	10,40621	4,371 036	0,228 7787
1,476	0,09465	0,99551	10,51731	4,375 409	0,228 5501
1,477	0,09366	0,99560	10,63011	4,379 787	0,228 3216
1,478	0,09266	0,99570	10,74534	4,384 169	0,228 0934
1,479	0,09167	0,99579	10,86307	4,388 555	0,227 8654
1,480	0,09067	0,99588	10,98338	4,392 946	0,227 6377
1,481	0,08968	0,99597	11,10636	4,397 341	0,227 4102
1,482	0,08868	0,99606	11,23211	4,401 740	0,227 1829
1,483	0,08768	0,99615	11,36074	4,406 144	0,226 9558
1,484	0,08669	0,99624	11,49228	4,410 553	0,226 7290
1,485	0,08569	0,99632	11,62690	4,414 965	0,226 5023
1,486	0,08469	0,99641	11,76469	4,419 383	0,226 2760
1,487	0,08370	0,99649	11,90575	4,423 804	0,226 0498
1,488	0,08270	0,99657	12,05022	4,428 230	0,225 8239
1,489	0,08171	0,99666	12,19821	4,432 661	0,225 5981
1,490	0,08071	0,99674	12,34986	4,437 096	0,225 3727
1,491	0,07971	0,99682	12,50529	4,441 535	0,225 1474
1,492	0,07871	0,99690	12,66467	4,445 979	0,224 9224
1,493	0,07772	0,99698	12,82813	4,450 427	0,224 6976
1,494	0,07672	0,99705	12,99591	4,454 879	0,224 4730
1,495	0,07572	0,99713	13,16798	4,459 337	0,224 2486
1,496	0,07473	0,99720	13,34470	4,463 798	0,224 0245
1,497	0,07373	0,99728	13,52620	4,468 264	0,223 8006
1,498	0,07273	0,99735	13,71268	4,472 735	0,223 5769
1,499	0,07173	0,99742	13,90435	4,477 210	0,223 3534

x	Cos x	Sin x	Tg x	φ
1,450	2,24884	2,01427	0,89569	83° 04′ 43,97″
1,451	2,25086	2 01652	0,89589	83 08 10,23
1,452	2,25288	2,01877	0,89609	83 11 36,50
1,453	2,25490	2,02103	0,89628	83 15 02,76
1,454	2,25692	2,02328	0,89648	83 18 29,03
1,455	2,25894	2,02554	0,89668	83 21 55,29
1,456	2,26097	2,02780	0,89687	83 25 21,56
1,457	2,26300	2,03006	0,89707	83 28 47,82
1,458	2,26503	2,03233	0,89726	83 32 14,09
1,459	2,26706	2,03459	0,89746	83 35 40,35
1,460	2,26910	2,03686	0,89765	83 39 06,62
1,461	2,27114	2,03913	0,89785	83 42 32,88
1,462	2,27318	2,04140	0,89804	83 45 59,15
1,463	2,27522	2,04368	0,89823	83 49 25,41
1,464	2,27726	2,04595	0,89843	83 52 51,68
1,465	2,27931	2,04823	0,89862	83 56 17,94
1,466	2,28136	2,05051	0,89881	83 59 44,21
1,467	2,28341	2,05280	0,89900	84 03 10,47
1,468	2,28547	2,05508	0,89920	84 06 36,74
1,469	2,28752	2,05737	0,89939	84 10 03,00
1,470	2,28958	2,05965	0,89958	84 13 29,27
1,471	2,29164	2,06195	0,89977	84 16 55,53
1,472	2,29370	2,06424	0,89996	84 20 21,79
1,473	2,29577	2,06653	0,90015	84 23 48,06
1,474	2,29784	2,06883	0,90034	84 27 14,32
1,475	2,29991	2,07113	0,90053	84 30 40,59
1,476	2,30198	2,07343	0,90072	84 34 06,85
1,477	2,30405	2,07573	0,90090	84 37 33,12
1,478	2,30613	2,07804	0,90109	84 40 59,38
1,479	2,30821	2,08034	0,90128	84 44 25,65
1,480	2,31029	2,08265	0,90147	84 47 51,91
1,481	2,31238	2,08497	0,90166	84 51 18,18
1,482	2,31446	2,08728	0,90184	84 54 44,44
1,483	2,31655	2,08959	0,90203	84 58 10,71
1,484	2,31864	2,09191	0,90221	85 01 36,97
1,485	2,32073	2,09423	0,90240	85 05 03,24
1,486	2,32283	2,09655	0,90259	85 08 29,50
1,487	2,32493	2,09888	0,90277	85 11 55,77
1,488	2,32703	2,10120	0,90296	85 15 22,03
1,489	2,32913	2,10353	0,90314	85 18 48 30
1,490	2,33123	2,10586	0,90332	85 22 14,56
1,491	2,33334	2,10819	0,90351	85 25 40,83
1,492	2,33545	2,11053	0,90369	85 29 07,09
1,493	2,33756	2,11286	0,90388	85 32 33,36
1,494	2,33968	2,11520	0,90406	85 35 59,62
1,495	2,34179	2,11754	0,90424	85 39 25,89
1,496	2,34391	2,11989	0,90442	85 42 52,15
1,497	2,34603	2,12223	0,90460	85 46 48,41
1,498	2,34816	2,12458	0,90479	85 49 44,68
1,499	2,35028	2,12693	0,90497	85 53 10,94

x	$\cos x$	$\sin x$	$\operatorname{tg} x$	e^x	e^{-x}
1,500	0,07074	0,99749	14,10142	4,481 689	0,223 1302
1,501	0,06974	0,99757	14,30417	4,486 173	0,222 9071
1,502	0,06874	0,99763	14,51272	4,490 661	0,222 6843
1,503	0,06774	0,99770	14,72753	4,495 154	0,222 4618
1,504	0,06675	0,99777	14,94861	4,499 652	0,222 2394
1,505	0,06575	0,99784	15,17648	4,504 154	0,222 0173
1,506	0,06475	0,99790	15,41137	4,508 660	0,221 7954
1,507	0,06375	0,99797	15,65361	4,513 171	0,221 5737
1,508	0,06276	0,99803	15,90348	4,517 686	0,221 3522
1,509	0,06176	0,99809	16,16159	4,522 206	0,221 1310
1,510	0,06076	0,99815	16,42809	4,526 731	0,220 9100
1,511	0,05976	0,99821	16,70350	4,531 260	0,220 6892
1,512	0,05876	0,99827	16,98827	4,535 793	0,220 4686
1,513	0,05776	0,99833	17,28287	4,540 331	0,220 2482
1,514	0,05677	0,99839	17,58784	4,544 874	0,220 0281
1,515	0,05577	0,99844	17,90372	4,549 421	0,219 8082
1,516	0,05477	0,99850	18,23113	4,553 973	0,219 5885
1,517	0,05377	0,99855	18,57070	4,558 529	0,219 3690
1,518	0,05277	0,99861	18,92311	4,563 090	0,219 1497
1,519	0,05177	0,99866	19,28912	4,567 655	0,218 9307
1,520	0,05077	0,99871	19,66966	4,572 225	0,218 7119
1,521	0,04978	0,99876	20,06520	4,576 800	0,218 4933
1,522	0,04878	0,99881	20,47708	4,581 379	0,218 2749
1,523	0,04778	0,99886	20,90617	4,585 962	0,218 0567
1,524	0,04678	0,99891	21,35360	4,590 551	0,217 8388
1,525	0,04578	0,99895	21,82054	4,595 144	0,217 6211
1,526	0,04478	0,99900	22,30833	4,599 741	0,217 4035
1,527	0,04378	0,99904	22,81837	4,604 343	0,217 1862
1,528	0,04278	0,99908	23,35223	4,608 950	0,216 9692
1,529	0,04178	0,99913	23,91161	4,613 561	0,216 7523
1,530	0,04079	0,99917	24,49841	4,618 177	0,216 5357
1,531	0,03979	0,99921	25,11468	4,622 797	0,216 3192
1,532	0,03879	0,99925	25,76264	4,627 422	0,216 1030
1,533	0,03779	0,99929	26,44500	4,632 052	0,215 8870
1,534	0,03679	0,99932	27,16311	4,636 687	0,215 6713
1,535	0,03579	0,99936	27,92389	4,641 326	0,215 4557
1,536	0,03479	0,99939	28,72707	4,645 969	0,215 2403
1,537	0,03379	0,99943	29,57775	4,650 617	0,215 0252
1,538	0,03279	0,99946	30,48029	4,655 270	0,214 8103
1,539	0,03179	0,99949	31,43957	4,659 928	0,214 5956
1,540	0,03079	0,99953	32,46114	4,664 590	0,214 3811
1,541	0,02979	0,99956	33,55125	4,669 257	0,214 1668
1,542	0,02879	0,99959	34,71705	4,673 929	0,213 9528
1,543	0,02779	0,99961	35,96671	4,678 605	0,213 7389
1,544	0,02679	0,99964	37,30962	4,683 286	0,213 5253
1,545	0,02579	0,99967	38,75661	4,687 972	0,213 3119
1,546	0,02479	0,99969	40,32029	4,692 662	0,213 0987
1,547	0,02379	0,99972	42,01536	4,697 357	0,212 8857
1,548	0,02279	0,99974	43,85912	4,702 057	0,212 6729
1,549	0,02179	0,99976	45,87203	4,706 761	0,212 4603

x	Cos x	Sin x	Tg x	φ
1,500	2,35241	2,12928	0,90515	85° 56′ 37,21″
1,501	2,35454	2,13163	0,90533	86 00 03,47
1,502	2,35667	2,13399	0,90551	86 03 29,74
1,503	2,35881	2,13635	0,90569	86 06 56,00
1,504	2,36095	2,13871	0,90587	86 10 22,27
1,505	2,36309	2,14107	0,90605	86 13 48,53
1,506	2,36523	2,14343	0,90623	86 17 14,80
1,507	2,36737	2,14580	0,90641	86 20 41,06
1,508	2,36952	2,14817	0,90658	86 24 07,33
1,509	2,37167	2,15054	0,90676	86 27 33,59
1,510	2,37382	2,15291	0,90694	86 30 59,86
1,511	2,37597	2,15529	0,90712	86 34 26,12
1,512	2,37813	2,15766	0,90729	86 37 52,39
1,513	2,38029	2,16004	0,90747	86 41 18,65
1,514	2,38245	2,16242	0,90765	86 44 44,92
1,515	2,38461	2,16481	0,90782	86 48 11,18
1,516	2,38678	2,16719	0,90800	86 51 37,45
1,517	2,38895	2,16958	0,90817	86 55 03,71
1,518	2,39112	2,17197	0,90835	86 58 29,98
1,519	2,39329	2,17436	0,90852	87 01 56,24
1,520	2,39547	2,17676	0,90870	87 05 22,51
1,521	2,39765	2,17915	0,90887	87 08 48,77
1,522	2,39983	2,18155	0,90905	87 12 15,04
1,523	2,40201	2,18395	0,90922	87 15 41,30
1,524	2,40419	2,18636	0,90939	87 19 07,56
1,525	2,40638	2,18876	0,90957	87 22 33,83
1,526	2,40857	2,19117	0,90974	87 26 00,09
1,527	2,41076	2,19358	0,90991	87 29 26,36
1,528	2,41296	2,19599	0,91008	87 32 52,62
1,529	2,41516	2,19840	0,91025	87 36 18,89
1,530	2,41736	2,20082	0,91042	87 39 45,15
1,531	2,41956	2,20324	0,91060	87 43 11,42
1,532	2,42176	2,20566	0,91077	87 46 37,68
1,533	2,42397	2,20808	0,91094	87 50 03,95
1,534	2,42618	2,21051	0,91111	87 53 30,21
1,535	2,42839	2,21293	0,91128	87 56 56,48
1,536	2,43060	2,21536	0,91145	88 00 22,74
1,537	2,43282	2,21780	0,91161	88 03 49,01
1,538	2,43504	2,22023	0,91178	88 07 15,27
1,539	2,43726	2,22267	0,91195	88 10 41,54
1,540	2,43949	2,22510	0,91212	88 14 07,80
1,541	2,44171	2,22755	0,91229	88 17 34,07
1,542	2,44394	2,22999	0,91246	88 21 00,33
1,543	2,44617	2,23243	0,91262	88 24 26,60
1,544	2,44841	2,23488	0,91279	88 27 52,86
1,545	2,45064	2,23733	0,91296	88 31 19,13
1,546	2,45288	2,23978	0,91312	88 34 45,39
1,547	2,45512	2,24224	0,91329	88 38 11,66
1,548	2,45736	2,24469	0,91345	88 41 37,92
1,549	2,45961	2,24715	0,91362	88 45 04,18

x	$\cos x$	$\sin x$	$\operatorname{tg} x$	e^x	e^{-x}
1,550	0,02079	0,99978	48,07849	4,711 470	0,212 2480
1,551	0,01980	0,99980	50,50783	4,716 184	0,212 0358
1,552	0,01880	0,99982	53,19562	4,720 903	0,211 8239
1,553	0,01780	0,99984	56,18544	4,725 626	0,211 6122
1,554	0,01680	0,99986	59,53123	4,730 354	0,211 4007
1,555	0,01580	0,99988	63,30059	4,735 087	0,211 1894
1,556	0,01480	0,99989	67,57941	4,739 824	0,210 9783
1,557	0,01380	0,99990	72,47847	4,744 566	0,210 7674
1,558	0,01280	0,99992	78,14316	4,749 313	0,210 5568
1,559	0,01180	0,99993	84,76822	4,754 065	0,210 3463
1,560	0,01080	0,99994	92,62050	4,758 821	0,210 1361
1,561	0,00980	0,99995	102,07581	4,763 582	0,209 9260
1,562	0,00880	0,99996	113,68088	4,768 348	0,209 7162
1,563	0,00780	0,99997	128,26293	4,773 119	0,209 5066
1,564	0,00680	0,99998	147,13604	4,777 895	0,209 2972
1,565	0,00580	0,99998	172,52112	4,782 675	0,209 0880
1,566	0,00480	0,99999	208,49129	4,787 460	0,208 8790
1,567	0,00380	0,99999	263,41126	4,792 250	0,208 6703
1,568	0,00280	1,00000	357,61106	4,797 045	0,208 4617
1,569	0,00180	1,00000	556,69098	4,801 844	0,208 2533
1,570	0,00080	1,00000	1255,76559	4,806 648	0,208 0452
$^1/_2\pi = 1,570\cdots$	0	1	$\pm\infty$	4,810 488	0,207 8791
1,571	−0,00020	1,00000	−4909,82596	4,811 457	0,207 8372
1,572	−0,00120	1,00000	−830,78988	4,816 271	0,207 6295
1,573	−0,00220	1,00000	−453,78706	4,821 090	0,207 4220
1,574	−0,00320	0,99999	−312,14063	4,825 913	0,207 2147
1,575	−0,00420	0,99999	−237,88579	4,830 742	0,207 0076
1,576	−0,00520	0,99999	−192,17022	4,835 575	0,206 8006
1,577	−0,00620	0,99998	−161,19274	4,840 413	0,206 5940
1,578	−0,00720	0,99997	−138,81566	4,845 256	0,206 3875
1,579	−0,00820	0,99997	−121,89388	4,850 103	0,206 1812
1,580	−0,00920	0,99996	−108,64924	4,854 956	0,205 9751
1,581	−0,01020	0,99995	−98,00059	4,859 813	0,205 7692
1,582	−0,01120	0,99994	−89,25272	4,864 675	0,205 5636
1,583	−0,01220	0,99993	−81,93847	4,869 543	0,205 3581
1,584	−0,01320	0,99991	−75,73210	4,874 415	0,205 1528
1,585	−0,01420	0,99990	−70,39993	4,879 291	0,204 9478
1,586	−0,01520	0,99988	−65,76870	4,884 173	0,204 7429
1,587	−0,01620	0,99987	−61,70901	4,889 060	0,204 5383
1,588	−0,01720	0,99985	−58,12142	4,893 951	0,204 3339
1,589	−0,01820	0,99983	−54,92791	4,898 848	0,204 1296
1,590	−0,01920	0,99982	−52,06698	4,903 749	0,203 9256
1,591	−0,02020	0,99980	−49,48922	4,908 655	0,203 7218
1,592	−0,02120	0,99978	−47,15457	4,913 566	0,203 5182
1,593	−0,02220	0,99975	−45,03020	4,918 482	0,203 3148
1,594	−0,02320	0,99973	−43,08891	4,923 403	0,203 1115
1,595	−0,02420	0,99971	−41,30798	4,928 329	0,202 9085
1,596	−0,02520	0,99968	−39,66836	4,933 260	0,202 7057
1,597	−0,02620	0,99966	−38,15385	4,938 196	0,202 5031
1,598	−0,02720	0,99963	−36,75068	4,943 136	0,202 3007
1,599	−0,02820	0,99960	−35,44697	4,948 082	0,202 0985

x	Cos x	Sin x	Tg x	φ
1,550	2,46186	2,24961	0,91379	88° 48′ 30,45″
1,551	2,46411	2,25207	0,91395	88 51 56,71
1,552	2,46636	2,25454	0,91411	88 55 22,98
1,553	2,46862	2,25701	0,91428	88 58 49,24
1,554	2,47088	2,25948	0,91444	89 02 15,51
1,555	2,47314	2,26195	0,91461	89 05 41,77
1,556	2,47540	2,26442	0,91477	89 09 08,04
1,557	2,47767	2,26690	0,91493	89 12 34,30
1,558	2,47993	2,26938	0,91510	89 16 00,57
1,559	2,48221	2,27186	0,91526	89 19 26,83
1,560	2,48448	2,27434	0,91542	89 22 53,10
1,561	2,48675	2,27683	0,91558	89 26 19,36
1,562	2,48903	2,27932	0,91574	89 29 45,63
1,563	2,49131	2,28181	0,91591	89 33 11,89
1,564	2,49360	2,28430	0,91607	89 36 38,16
1,565	2,49588	2,28679	0,91623	89 40 04,42
1,566	2,49817	2,28929	0,91639	89 43 30,69
1,567	2,50046	2,29179	0,91655	89 46 56,95
1,568	2,50275	2,29429	0,91671	89 50 23,22
1,569	2,50505	2,29680	0,91687	89 53 49,48
1,570	2,50735	2,29930	0,91703	89 57 15,75
$\frac{1}{2}\pi$ = 1,570…	2,50918	2,30130	0,91717	90
1,571	2,50965	2,30181	0,91718	90 00 42,01
1,572	2,51195	2,30432	0,91734	90 04 08,28
1,573	2,51426	2,30683	0,91750	90 07 34,54
1,574	2,51656	2,30935	0,91766	90 11 00,81
1,575	2,51887	2,31187	0,91782	90 14 27,07
1,576	2,52119	2,31439	0,91797	90 17 53,33
1,577	2,52350	2,31691	0,91813	90 21 19,60
1,578	2,52582	2,31943	0,91829	90 24 45,86
1,579	2,52814	2,32196	0,91845	90 28 12,13
1,580	2,53047	2,32449	0,91860	90 31 38,39
1,581	2,53279	2,32702	0,91876	90 35 04,66
1,582	2,53512	2,32956	0,91891	90 38 30,92
1,583	2,53745	2,33209	0,91907	90 41 57,19
1,584	2,53978	2,33463	0,91922	90 45 23,45
1,585	2,54212	2,33717	0,91938	90 48 49,72
1,586	2,54446	2,33972	0,91953	90 52 15,98
1,587	2,54680	2,34226	0,91969	90 55 42,25
1,588	2,54914	2,34481	0,91984	90 59 08,51
1,589	2,55149	2,34736	0,92000	91 02 34,78
1,590	2,55384	2,34991	0,92015	91 06 01,04
1,591	2,55619	2,35247	0,92030	91 09 27,31
1,592	2,55854	2,35502	0,92046	91 12 53,57
1,593	2,56090	2,35758	0,92061	91 16 19,84
1,594	2,56326	2,36015	0,92076	91 19 46,10
1,595	2,56562	2,36271	0,92091	91 23 12,37
1,596	2,56798	2,36528	0,92106	91 26 38,63
1,597	2,57035	2,36785	0,92122	91 30 04,90
1,598	2,57272	2,37042	0,92137	91 33 31,16
1,599	2,57509	2,37299	0,92152	91 36 57,43

x	$\cos x$	$\sin x$	$\operatorname{tg} x$	e^x	e^{-x}
1,600	−0,02920	0,99957	−34,23254	4,953 032	0,201 8965
1,601	−0,03020	0,99954	−33,09849	4,957 988	0,201 6947
1,602	−0,03120	0,99951	−32,03711	4,962 948	0,201 4931
1,603	−0,03220	0,99948	−31,04163	4,967 914	0,201 2917
1,604	−0,03320	0,99945	−30,10609	4,972 884	0,201 0905
1,605	−0,03420	0,99942	−29,22523	4,977 860	0,200 8896
1,606	−0,03520	0,99938	−28,39440	4,982 840	0,200 6888
1,607	−0,03620	0,99934	−27,60945	4,987 825	0,200 4882
1,608	−0,03720	0,99931	−26,86667	4,992 816	0,200 2878
1,609	−0,03819	0,99927	−26,16276	4,997 811	0,200 0876
1,610	−0,03919	0,99923	−25,49476	5,002 811	0,199 8876
1,611	−0,04019	0,99919	−24,85995	5,007 817	0,199 6878
1,612	−0,04119	0,99915	−24,25595	5,012 827	0,199 4882
1,613	−0,04219	0,99911	−23,68055	5,017 842	0,199 2888
1,614	−0,04319	0,99907	−23,13178	5,022 863	0,199 0897
1,615	−0,04419	0,99902	−22,60782	5,027 888	0,198 8907
1,616	−0,04518	0,99898	−22,10702	5,032 918	0,198 6919
1,617	−0,04618	0,99893	−21,62790	5,037 954	0,198 4933
1,618	−0,04718	0,99889	−21,16906	5,042 994	0,198 2949
1,619	−0,04818	0,99884	−20,72924	5,048 040	0,198 0967
1,620	−0,04918	0,99879	−20,30728	5,053 090	0,197 8987
1,621	−0,05018	0,99874	−19,90212	5,058 146	0,197 7009
1,622	−0,05119	0,99869	−19,51278	5,063 207	0,197 5033
1,623	−0,05218	0,99864	−19,13467	5,068 272	0,197 3059
1,624	−0,05318	0,99859	−18,77795	5,073 343	0,197 1087
1,625	−0,05418	0,99853	−18,43087	5,078 419	0,196 9117
1,626	−0,05518	0,99848	−18,09654	5,083 500	0,196 7149
1,627	−0,05617	0,99842	−17,77369	5,088 586	0,196 5182
1,628	−0,05717	0,99836	−17,46232	5,093 677	0,196 3218
1,629	−0,05817	0,99831	−17,16164	5,098 773	0,196 1256
1,630	−0,05917	0,99825	−16,87110	5,103 875	0,195 9296
1,631	−0,06017	0,99819	−16,59021	5,108 981	0,195 7337
1,632	−0,06117	0,99813	−16,31848	5,114 093	0,195 5381
1,633	−0,06216	0,99807	−16,05547	5,119 209	0,195 3427
1,634	−0,06316	0,99800	−15,80079	5,124 331	0,195 1474
1,635	−0,06416	0,99794	−15,55402	5,129 458	0,194 9524
1,636	−0,06516	0,99788	−15,31482	5,134 590	0,194 7575
1,637	−0,06616	0,99781	−15,08281	5,139 727	0,194 5629
1,638	−0,06715	0,99774	−14,85773	5,144 869	0,194 3684
1,639	−0,06815	0,99768	−14,63923	5,150 017	0,194 1741
1,640	−0,06915	0,99761	−14,42706	5,155 170	0,193 9800
1,641	−0,07015	0,99754	−14,22086	5,160 327	0,193 7862
1,642	−0,07114	0,99746	−14,02048	5,165 490	0,193 5925
1,643	−0,07214	0,99739	−13,82564	5,170 658	0,193 3990
1,644	−0,07314	0,99732	−13,63613	5,175 831	0,193 2057
1,645	−0,07414	0,99725	−13,45168	5,181 010	0,193 0126
1,646	−0,07513	0,99717	−13,27218	5,186 194	0,192 8196
1,647	−0,07613	0,99710	−13,09732	5,191 382	0,192 6269
1,648	−0,07713	0,99702	−12,92702	5,196 576	0,192 4344
1,649	−0,07812	0,99694	−12,76104	5,201 775	0,192 2421

x	Cos x	Sin x	Tg x	φ
1,600	2,57746	2,37557	0,92167	91° 40′ 23,69″
1,601	2,57984	2,37815	0,92182	91 43 49,95
1,602	2,58222	2,38073	0,92197	91 47 16,22
1,603	2,58460	2,38331	0,92212	91 50 42,48
1,604	2,58699	2,38590	0,92227	91 54 08,75
1,605	2,58937	2,38849	0,92242	91 57 35,01
1,606	2,59176	2,39108	0,92257	92 01 01,28
1,607	2,59416	2,39367	0,92272	92 04 27,54
1,608	2,59655	2,39626	0,92286	92 07 53,81
1,609	2,59895	2,39886	0,92301	92 11 20,07
1,610	2,60135	2,40146	0,92316	92 14 46,34
1,611	2,60375	2,40406	0,92331	92 18 12,60
1,612	2,60616	2,40667	0,92346	92 21 38,87
1,613	2,60857	2,40928	0,92360	92 25 05,13
1,614	2,61098	2,41189	0,92375	92 28 31,40
1,615	2,61339	2,41450	0,92390	92 31 57,66
1,616	2,61581	2,41711	0,92404	92 35 23,93
1,617	2,61822	2,41973	0,92419	92 38 50,19
1,618	2,62064	2,42235	0,92433	92 42 16,46
1,619	2,62307	2,42497	0,92448	92 45 42,72
1,620	2,62549	2,42760	0,92462	92 49 08,99
1,621	2,62792	2,43022	0,92477	92 52 35,25
1,622	2,63035	2,43285	0,92491	92 56 01,52
1,623	2,63279	2,43548	0,92506	92 59 27,78
1,624	2,63522	2,43812	0,92520	93 02 54,04
1,625	2,63767	2,44075	0,92535	93 06 20,31
1,626	2,64011	2,44339	0,92549	93 09 46,58
1,627	2,64255	2,44603	0,92563	93 13 12,84
1,628	2,64500	2,44868	0,92578	93 16 39,10
1,629	2,64745	2,45132	0,92592	93 20 05,37
1,630	2,64990	2,45397	0,92606	93 23 31,63
1,631	2,65236	2,45662	0,92620	93 26 57,90
1,632	2,65482	2,45928	0,92635	93 30 24,16
1,633	2,65728	2,46193	0,92649	93 33 50,43
1,634	2,65974	2,46459	0,92663	93 37 16,69
1,635	2,66221	2,46725	0,92677	93 40 42,96
1,636	2,66467	2,46992	0,92691	93 44 09,22
1,637	2,66715	2,47258	0,92705	93 47 35,49
1,638	2,66962	2,47525	0,92719	93 51 01,75
1,639	2,67210	2,47792	0,92733	93 54 28,02
1,640	2,67457	2,48059	0,92747	93 57 54,28
1,641	2,67706	2,48327	0,92761	94 01 20,55
1,642	2,67954	2,48595	0,92775	94 04 46,81
1,643	2,68203	2,48863	0,92789	94 08 13,08
1,644	2,68452	2,49131	0,92803	94 11 39,34
1,645	2,68701	2,49400	0,92817	94 15 05,61
1,646	2,68951	2,49669	0,92831	94 18 31,87
1,647	2,69200	2,49938	0,92844	94 21 58,14
1,648	2,69451	2,50207	0,92858	94 25 24,40
1,649	2,69701	2,50477	0,92872	94 28 50,67

x	$\cos x$	$\sin x$	$\mathrm{tg}\, x$	e^x	e^{-x}
1,650	−0,07912	0,99687	−12,59926	5,206 980	0,192 0499
1,651	−0,08012	0,99678	−12,44150	5,212 189	0,191 8580
1,652	−0,08111	0,99670	−12,28764	5,217 404	0,191 6662
1,653	−0,08211	0,99662	−12,13750	5,222 624	0,191 4746
1,654	−0,08311	0,99654	−11,99095	5,227 849	0,191 2832
1,655	−0,08410	0,99646	−11,84790	5,233 080	0,191 0921
1,656	−0,08510	0,99637	−11,70815	5,238 316	0,190 9011
1,657	−0,08610	0,99629	−11,57168	5,243 557	0,190 7103
1,658	−0,08709	0,99620	−11,43834	5,248 803	0,190 5196
1,659	−0,08809	0,99611	−11,30799	5,254 054	0,190 3292
1,660	−0,08909	0,99602	−11,18054	5,259 311	0,190 1390
1,661	−0,09008	0,99593	−11,05594	5,264 573	0,189 9498
1,662	−0,09108	0,99584	−10,93405	5,269 840	0,189 7591
1,663	−0,09207	0,99575	−10,81380	5,275 112	0,189 5694
1,664	−0,09307	0,99566	−10,69810	5,280 390	0,189 3799
1,665	−0,09406	0,99557	−10,58388	5,285 673	0,189 1907
1,666	−0,09506	0,99547	−10,47204	5,290 962	0,189 0016
1,667	−0,09606	0,99538	−10,36253	5,296 255	0,188 8127
1,668	−0,09705	0,99528	−10,25526	5,301 554	0,188 6239
1,669	−0,09805	0,99518	−10,15017	5,306 858	0,188 4354
1,670	−0,09904	0,99508	−10,04719	5,312 168	0,188 2471
1,671	−0,10004	0,99498	−9,94626	5,317 483	0,188 0589
1,672	−0,10103	0,99488	−9,84732	5,322 803	0,187 8709
1,673	−0,10203	0,99478	−9,75029	5,328 128	0,187 6832
1,674	−0,10302	0,99468	−9,65515	5,333 459	0,187 4956
1,675	−0,10402	0,99458	−9,56183	5,338 795	0,187 3082
1,676	−0,10501	0,99447	−9,47028	5,344 137	0,187 1210
1,677	−0,10600	0,99437	−9,38045	5,349 483	0,186 9339
1,678	−0,10700	0,99426	−9,29228	5,354 836	0,186 7471
1,679	−0,10799	0,99415	−9,20573	5,360 193	0,186 5604
1,680	−0,10899	0,99404	−9,12077	5,365 556	0,186 3740
1,681	−0,10998	0,99393	−9,03734	5,370 924	0,186 1877
1,682	−0,11097	0,99382	−8,95541	5,376 298	0,186 0016
1,683	−0,11197	0,99371	−8,87493	5,381 677	0,185 8157
1,684	−0,11296	0,99360	−8,79587	5,387 061	0,185 6300
1,685	−0,11396	0,99349	−8,71819	5,392 451	0,185 4444
1,686	−0,11495	0,99337	−8,64184	5,397 846	0,185 2591
1,687	−0,11594	0,99326	−8,56680	5,403 247	0,185 0739
1,688	−0,11694	0,99314	−8,49305	5,408 653	0,184 8889
1,689	−0,11793	0,99302	−8,42053	5,414 064	0,184 7041
1,690	−0,11892	0,99290	−8,34923	5,419 481	0,184 5195
1,691	−0,11991	0,99278	−8,27911	5,424 903	0,184 3351
1,692	−0,12091	0,99266	−8,21013	5,430 331	0,184 1509
1,693	−0,12190	0,99254	−8,14228	5,435 764	0,183 9668
1,694	−0,12289	0,99242	−8,07553	5,441 202	0,183 7829
1,695	−0,12388	0,99230	−8,00985	5,446 646	0,183 5992
1,696	−0,12488	0,99217	−7,94522	5,452 095	0,183 4157
1,697	−0,12587	0,99205	−7,88159	5,457 550	0,183 2324
1,698	−0,12686	0,99192	−7,81896	5,463 010	0,183 0493
1,699	−0,12785	0,99179	−7,75731	5,468 476	0,182 8663

x	Cof x	Sin x	Tg x	φ
1,650	2,69951	2,50746	0,92886	94° 32′ 16,93″
1,651	2,70202	2,51017	0,92899	94 36 43,20
1,652	2,70454	2,51287	0,92913	94 39 09,46
1,653	2,70705	2,51557	0,92927	94 42 35,72
1,654	2,70957	2,51828	0,92940	94 46 01,99
1,655	2,71209	2,52099	0,92954	94 49 28,25
1,656	2,71461	2,52371	0,92968	94 52 54,52
1,657	2,71713	2,52642	0,92981	94 56 20,78
1,658	2,71966	2,52914	0,92995	94 59 47,05
1,659	2,72219	2,53186	0,93008	95 03 13,31
1,660	2,72472	2,53459	0,93022	95 06 39,58
1,661	2,72726	2,53731	0,93035	95 10 05,84
1,662	2,72980	2,54004	0,93049	95 13 32,11
1,663	2,73234	2,54277	0,93062	95 16 58,37
1,664	2,73489	2,54551	0,93075	95 20 24,64
1,665	2,73743	2,54824	0,93089	95 23 50,90
1,666	2,73998	2,55098	0,93102	95 27 17,17
1,667	2,74253	2,55372	0,93115	95 30 43,43
1,668	2,74509	2,55647	0,93129	95 34 09,70
1,669	2,74765	2,55921	0,93142	95 37 35,96
1,670	2,75021	2,56196	0,93155	95 41 02,23
1,671	2,75277	2,56471	0,93168	95 44 28,49
1,672	2,75534	2,56747	0,93182	95 47 54,76
1,673	2,75791	2,57022	0,93195	95 51 21,02
1,674	2,76048	2,57298	0,93208	95 54 47,29
1,675	2,76305	2,57574	0,93221	95 58 13,55
1,676	2,76563	2,57851	0,93234	96 01 39,82
1,677	2,76821	2,58127	0,93247	96 05 06,08
1,678	2,77079	2,58404	0,93260	96 08 32,34
1,679	2,77338	2,58682	0,93273	96 11 58,61
1,680	2,77596	2,58959	0,93286	96 15 24,87
1,681	2,77856	2,59237	0,93299	96 18 51,14
1,682	2,78115	2,59515	0,93312	96 22 17,40
1,683	2,78375	2,59793	0,93325	96 25 43,67
1,684	2,78635	2,60072	0,93338	96 29 09,93
1,685	2,78895	2,60350	0,93351	96 32 36,20
1,686	2,79155	2,60629	0,93364	96 36 02,46
1,687	2,79416	2,60909	0,93376	96 39 28,73
1,688	2,79677	2,61188	0,93389	96 42 54,99
1,689	2,79938	2,61468	0,93402	96 46 21,26
1,690	2,80200	2,61748	0,93415	96 49 47,52
1,691	2,80462	2,62028	0,93427	96 53 13,79
1,692	2,80724	2,62309	0,93440	96 56 40,05
1,693	2,80987	2,62590	0,93453	97 00 06,32
1,694	2,81249	2,62871	0,93465	97 03 32,58
1,695	2,81512	2,63152	0,93478	97 06 58,85
1,696	2,81776	2,63434	0,93491	97 10 25,11
1,697	2,82039	2,63716	0,93503	97 13 51,38
1,698	2,82303	2,63998	0,93516	97 17 17,64
1,699	2,82567	2,64280	0,93528	97 20 43,91

x	cos x	sin x	tg x	e^x	e^{-x}
1,700	−0,12884	0,99166	−7,69660	5,473 947	0,182 6835
1,701	−0,12984	0,99154	−7,63682	5,479 424	0,182 5009
1,702	−0,13083	0,99141	−7,57795	5,484 906	0,182 3185
1,703	−0,13182	0,99127	−7,51997	5,490 394	0,182 1363
1,704	−0,13281	0,99114	−7,46285	5,495 887	0,181 9542
1,705	−0,13380	0,99101	−7,40657	5,501 386	0,181 7724
1,706	−0,13479	0,99087	−7,35113	5,506 890	0,181 5907
1,707	−0,13578	0,99074	−7,29649	5,512 399	0,181 4092
1,708	−0,13677	0,99060	−7,24264	5,517 915	0,181 2279
1,709	−0,13776	0,99047	−7,18957	5,523 435	0,181 0467
1,710	−0,13875	0,99033	−7,13726	5,528 961	0,180 8658
1,711	−0,13974	0,99019	−7,08568	5,534 493	0,180 6850
1,712	−0,14073	0,99005	−7,03484	5,540 030	0,180 5044
1,713	−0,14172	0,98991	−6,98469	5,545 573	0,180 3240
1,714	−0,14271	0,98976	−6,93526	5,551 122	0,180 1438
1,715	−0,14370	0,98962	−6,88650	5,556 676	0,179 9637
1,716	−0,14469	0,98947	−6,83839	5,562 235	0,179 7838
1,717	−0,14568	0,98933	−6,79097	5,567 800	0,179 6042
1,718	−0,14667	0,98919	−6,74418	5,573 371	0,179 4246
1,719	−0,14766	0,98904	−6,69800	5,578 947	0,179 2453
1,720	−0,14865	0,98889	−6,65243	5,584 528	0,179 0661
1,721	−0,14964	0,98874	−6,60748	5,590 116	0,178 8872
1,722	−0,15063	0,98859	−6,56312	5,595 709	0,178 7084
1,723	−0,15162	0,98844	−6,51933	5,601 307	0,178 5298
1,724	−0,15261	0,98829	−6,47611	5,606 911	0,178 3513
1,725	−0,15359	0,98814	−6,43346	5,612 521	0,178 1731
1,726	−0,15458	0,98798	−6,39133	5,618 136	0,177 9950
1,727	−0,15557	0,98783	−6,34975	5,623 757	0,177 8171
1,728	−0,15656	0,98767	−6,30869	5,629 384	0,177 6393
1,729	−0,15754	0,98751	−6,26814	5,635 016	0,177 4618
1,730	−0,15853	0,98735	−6,22811	5,640 654	0,177 2844
1,731	−0,15952	0,98719	−6,18860	5,646 297	0,177 1072
1,732	−0,16051	0,98703	−6,14950	5,651 947	0,176 9302
1,733	−0,16149	0,98687	−6,11092	5,657 601	0,176 7534
1,734	−0,16248	0,98671	−6,07296	5,663 262	0,176 5767
1,735	−0,16347	0,98655	−6,03516	5,668 928	0,176 4002
1,736	−0,16445	0,98638	−5,99799	5,674 600	0,176 2239
1,737	−0,16544	0,98622	−5,96121	5,680 277	0,176 0478
1,738	−0,16643	0,98605	−5,92489	5,685 960	0,175 8718
1,739	−0,16741	0,98589	−5,88900	5,691 649	0,175 6960
1,740	−0,16840	0,98572	−5,85342	5,697 343	0,175 5204
1,741	−0,16938	0,98555	−5,81847	5,703 044	0,175 3450
1,742	−0,17037	0,98538	−5,78382	5,708 750	0,175 1697
1,743	−0,17135	0,98521	−5,74956	5,714 461	0,174 9946
1,744	−0,17234	0,98504	−5,71571	5,720 178	0,174 8197
1,745	−0,17332	0,98486	−5,68222	5,725 901	0,174 6450
1,746	−0,17431	0,98469	−5,64912	5,731 630	0,174 4704
1,747	−0,17529	0,98452	−5,61639	5,737 365	0,174 2960
1,748	−0,17628	0,98434	−5,58403	5,743 105	0,174 1218
1,749	−0,17726	0,98416	−5,55203	5,748 851	0,173 9478

x	Cos x	Sin x	Tg x	φ
1,700	2,82832	2,64563	0,93541	97° 24′ 10,17″
1,701	2,83096	2,64846	0,93553	97 27 36,44
1,702	2,83361	2,65129	0,93566	97 31 02,70
1,703	2,83627	2,65413	0,93578	97 34 28,97
1,704	2,83892	2,65697	0,93591	97 37 55,23
1,705	2,84158	2,65981	0,93603	97 41 21,49
1,706	2,84424	2,66265	0,93615	97 44 47,76
1,707	2,84690	2,66550	0,93628	97 48 14,02
1,708	2,84957	2,66834	0,93640	97 51 40,29
1,709	2,85224	2,67119	0,93652	97 55 06,55
1,710	2,85491	2,67405	0,93665	97 58 32,82
1,711	2,85759	2,67690	0,93677	98 01 59,08
1,712	2,86027	2,67976	0,93689	98 05 25,35
1,713	2,86295	2,68262	0,93701	98 08 51,61
1,714	2,86563	2,68549	0,93714	98 12 17,88
1,715	2,86832	2,68836	0,93726	98 15 44,14
1,716	2,87101	2,69123	0,93738	98 19 10,41
1,717	2,87370	2,69410	0,93750	98 22 36,67
1,718	2,87640	2,69697	0,93762	98 26 02,94
1,719	2,87910	2,69985	0,93774	98 29 29,20
1,720	2,88180	2,70273	0,93786	98 32 55,47
1,721	2,88450	2,70561	0,93798	98 36 21,73
1,722	2,88721	2,70850	0,93810	98 39 48,00
1,723	2,88992	2,71139	0,93822	98 43 14,26
1,724	2,89263	2,71428	0,93834	98 46 40,53
1,725	2,89535	2,71717	0,93846	98 50 06,79
1,726	2,89807	2,72007	0,93858	98 53 33,06
1,727	2,90079	2,72297	0,93870	98 56 59,32
1,728	2,90351	2,72587	0,93882	99 00 25,59
1,729	2,90624	2,72878	0,93894	99 03 51,85
1,730	2,90897	2,73168	0,93906	99 07 18,11
1,731	2,91170	2,73460	0,93917	99 10 44,38
1,732	2,91444	2,73751	0,93929	99 14 10,64
1,733	2,91718	2,74042	0,93941	99 17 36,91
1,734	2,91992	2,74334	0,93953	99 21 03,17
1,735	2,92266	2,74626	0,93964	99 24 29,44
1,736	2,92541	2,74919	0,93976	99 27 55,70
1,737	2,92816	2,75211	0,93988	99 31 21,97
1,738	2,93092	2,75504	0,93999	99 34 48,23
1,739	2,93367	2,75798	0,94011	99 38 14,50
1,740	2,93643	2,76091	0,94023	99 41 40,76
1,741	2,93919	2,76385	0,94034	99 45 07,03
1,742	2,94196	2,76679	0,94046	99 48 33,29
1,743	2,94473	2,76973	0,94057	99 51 59,56
1,744	2,94750	2,77268	0,94069	99 55 25,82
1,745	2,95027	2,77563	0,94080	99 58 52,09
1,746	2,95305	2,77858	0,94092	100 02 18,35
1,747	2,95583	2,78153	0,94103	100 05 44,62
1,748	2,95861	2,78449	0,94115	100 09 10,88
1,749	2,96140	2,78745	0,94126	100 12 37,15

x	$\cos x$	$\sin x$	$\operatorname{tg} x$	e^x	e^{-x}
1,750	−0,17825	0,98399	−5,52038	5,754 603	0,173 7739
1,751	−0,17923	0,98381	−5,48877	5,760 360	0,173 6003
1,752	−0,18021	0,98363	−5,45812	5,766 123	0,173 4267
1,753	−0,18120	0,98345	−5,42749	5,771 892	0,173 2534
1,754	−0,18218	0,98327	−5,39720	5,777 667	0,173 0802
1,755	−0,18316	0,98308	−5,36723	5,783 448	0,172 9072
1,756	−0,18415	0,98290	−5,33758	5,789 234	0,172 7344
1,757	−0,18513	0,98271	−5,30825	5,795 026	0,172 5618
1,758	−0,18611	0,98253	−5,27923	5,800 824	0,172 3893
1,759	−0,18709	0,98234	−5,25051	5,806 628	0,172 2170
1,760	−0,18808	0,98215	−5,22209	5,812 437	0,172 0449
1,761	−0,18906	0,98197	−5,19397	5,818 253	0,171 8729
1,762	−0,19004	0,98178	−5,16614	5,824 074	0,171 7011
1,763	−0,19102	0,98159	−5,13859	5,829 901	0,171 5295
1,764	−0,19200	0,98139	−5,11131	5,835 734	0,171 3581
1,765	−0,19299	0,98120	−5,08434	5,841 572	0,171 1868
1,766	−0,19397	0,98101	−5,05762	5,847 417	0,171 0157
1,767	−0,19495	0,98081	−5,03118	5,853 267	0,170 8448
1,768	−0,19593	0,98062	−5,00500	5,859 123	0,170 6740
1,769	−0,19691	0,98042	−4,97907	5,864 985	0,170 5034
1,770	−0,19789	0,98022	−4,95341	5,870 853	0,170 3330
1,771	−0,19887	0,98003	−4,92800	5,876 727	0,170 1627
1,772	−0,19985	0,97983	−4,90284	5,882 607	0,169 9927
1,773	−0,20083	0,97963	−4,87795	5,888 492	0,169 8228
1,774	−0,20181	0,97943	−4,85325	5,894 384	0,169 6530
1,775	−0,20279	0,97922	−4,82381	5,900 281	0,169 4834
1,776	−0,20377	0,97902	−4,80461	5,906 184	0,169 3141
1,777	−0,20475	0,97882	−4,77723	5,912 094	0,169 1448
1,778	−0,20572	0,97861	−4,75697	5,918 009	0,168 9758
1,779	−0,20670	0,97839	−4,73334	5,923 930	0,168 8069
1,780	−0,20768	0,97820	−4,71009	5,929 856	0,168 6381
1,781	−0,20866	0,97799	−4,68702	5,935 789	0,168 4696
1,782	−0,20964	0,97778	−4,66415	5,941 728	0,168 3012
1,783	−0,21061	0,97757	−4,64151	5,947 673	0,168 1330
1,784	−0,21159	0,97736	−4,61907	5,953 623	0,167 9649
1,785	−0,21257	0,97715	−4,59683	5,959 580	0,167 7971
1,786	−0,21355	0,97693	−4,57480	5,965 543	0,167 6293
1,787	−0,21452	0,97672	−4,55298	5,971 511	0,167 4618
1,788	−0,21550	0,97650	−4,53134	5,977 486	0,167 2944
1,789	−0,21648	0,97629	−4,50991	5,983 466	0,167 1272
1,790	−0,21745	0,97607	−4,48866	5,989 452	0,166 9602
1,791	−0,21843	0,97585	−4,46760	5,995 445	0,166 7933
1,792	−0,21940	0,97563	−4,44675	6,001 443	0,166 6266
1,793	−0,22038	0,97541	−4,42606	6,007 448	0,166 4600
1,794	−0,22135	0,97519	−4,40556	6,013 458	0,166 2937
1,795	−0,22233	0,97497	−4,38524	6,019 475	0,166 1275
1,796	−0,22330	0,97475	−4,36510	6,025 497	0,165 9614
1,797	−0,22428	0,97452	−4,34513	6,031 526	0,165 7955
1,798	−0,22525	0,97430	−4,32534	6,037 560	0,165 6298
1,799	−0,22623	0,97407	−4,30572	6,043 601	0,165 4643

x	Cos x	Sin x	Tg x	φ
1,750	2,96419	2,79041	0,94138	100° 16′ 03,41″
1,751	2,96698	2,79338	0,94149	100 19 29,68
1,752	2,96978	2,79635	0,94160	100 22 55,94
1,753	2,97257	2,79932	0,94172	100 26 22,21
1,754	2,97537	2,80229	0,94183	100 29 48,47
1,755	2,97818	2,80527	0,94194	100 33 14,73
1,756	2,98098	2,80825	0,94205	100 36 41,00
1,757	2,98379	2,81123	0,94217	100 40 07,26
1,758	2,98661	2,81422	0,94228	100 43 33,53
1,759	2,98942	2,81721	0,94239	100 46 59,79
1,760	2,99224	2,82020	0,94250	100 50 26,06
1,761	2,99506	2,82319	0,94261	100 53 52,32
1,762	2,99789	2,82619	0,94273	100 57 18,59
1,763	3,00072	2,82919	0,94284	101 00 44,85
1,764	3,00355	2,83219	0,94295	101 04 11,12
1,765	3,00638	2,83519	0,94306	101 07 37,38
1,766	3,00922	2,83820	0,94317	101 11 03,65
1,767	3,01206	2,84121	0,94328	101 14 29,91
1,768	3,01490	2,84422	0,94339	101 17 56,18
1,769	3,01774	2,84724	0,94350	101 21 22,44
1,770	3,02059	2,85026	0,94361	101 24 48,71
1,771	3,02344	2,85328	0,94372	101 28 14,97
1,772	3,02630	2,85631	0,94383	101 31 41,24
1,773	3,02916	2,85933	0,94394	101 35 07,50
1,774	3,03202	2,86237	0,94405	101 38 33,77
1,775	3,03488	2,86540	0,94416	101 42 00,03
1,776	3,03775	2,86844	0,94426	101 45 26,30
1,777	3,04062	2,87147	0,94437	101 48 52,56
1,778	3,04349	2,87452	0,94448	101 52 18,83
1,779	3,04637	2,87756	0,94459	101 55 45,09
1 780	3,04925	2,88061	0,94470	101 59 11,36
1,781	3,05213	2,88366	0,94480	102 02 37,62
1,782	3,05501	2,88671	0,94491	102 06 03,88
1,783	3,05790	2,88977	0,94502	102 09 30,15
1,784	3,06079	2,89283	0,94513	102 12 56,41
1,785	3,06369	2,89589	0,94523	102 16 22,68
1,786	3,06659	2,89896	0,94534	102 19 48,94
1,787	3,06949	2,90202	0,94544	102 23 15,21
1,788	3,07239	2,90510	0,94555	102 26 41,47
1,789	3,07530	2,90817	0,94565	102 30 07,74
1,790	3,07821	2,91125	0,94576	102 33 34,00
1,791	3,08112	2,91433	0,94587	102 37 00,27
1,792	3,08403	2,91741	0,94597	102 40 26,53
1,793	3,08695	2,92049	0,94608	102 43 52,80
1,794	3,08988	2,92358	0,94618	102 47 19,06
1,795	3,09280	2,92667	0,94629	102 50 45,33
1,796	3,09573	2,92977	0,94639	102 54 11,59
1,797	3,09866	2,93287	0,94649	102 57 37,86
1,798	3,10160	2,93597	0,94660	103 01 04,12
1,799	3,10453	2,93907	0,94670	103 04 30,39

x	$\cos x$	$\sin x$	$\operatorname{tg} x$	e^x	e^{-x}
1,800	−0,22720	0,97385	−4,28626	6,049 647	0,165 2989
1,801	−0,22817	0,97362	−4,26699	6,055 700	0,165 1337
1,802	−0,22915	0,97339	−4,24785	6,061 759	0,164 9686
1,803	−0,23012	0,97316	−4,22888	6,067 824	0,164 8037
1,804	−0,23110	0,97293	−4,21008	6,073 895	0,164 6390
1,805	−0,23207	0,97270	−4,19143	6,079 971	0,164 4745
1,806	−0,23304	0,97247	−4,17294	6,086 054	0,164 3101
1,807	−0,23401	0,97223	−4,15461	6,092 144	0,164 1458
1,808	−0,23499	0,97200	−4,13642	6,098 239	0,163 9818
1,809	−0,23596	0,97176	−4,11838	6,104 340	0,163 8179
1,810	−0,23693	0,97153	−4,10050	6,110 447	0,163 6541
1,811	−0,23790	0,97128	−4,08274	6,116 561	0,163 4906
1,812	−0,23887	0,97105	−4,06521	6,122 681	0,163 3272
1,813	−0,23984	0,97081	−4,04771	6,128 806	0,163 1639
1,814	−0,24081	0,97057	−4,03039	6,134 938	0,163 0008
1,815	−0,24178	0,97033	−4,01322	6,141 076	0,162 8379
1,816	−0,24275	0,97009	−3,99618	6,147 220	0,162 6752
1,817	−0,24372	0,96984	−3,97928	6,153 371	0,162 5126
1,818	−0,24469	0,96960	−3,96251	6,159 527	0,162 3501
1,819	−0,24566	0,95936	−3,94587	6,165 690	0,162 1879
1,820	−0,24663	0,96911	−3,92937	6,171 858	0,162 0258
1,821	−0,24760	0,96886	−3,91299	6,178 033	0,161 8638
1,822	−0,24857	0,96861	−3,89674	6,184 215	0,161 7020
1,823	−0,24954	0,96836	−3,88062	6,190 402	0,161 5404
1,824	−0,25051	0,96811	−3,86463	6,196 595	0,161 3789
1,825	−0,25147	0,96786	−3,84875	6,202 795	0,161 2176
1,826	−0,25244	0,96761	−3,83300	6,209 001	0,161 0565
1,827	−0,25341	0,96736	−3,81737	6,215 213	0,160 8955
1,828	−0,25438	0,96711	−3,80185	6,221 431	0,160 7347
1,829	−0,25534	0,96685	−3,78646	6,227 656	0,160 5741
1,830	−0,25631	0,96659	−3,77118	6,233 887	0,160 4136
1,831	−0,25728	0,96634	−3,75602	6,240 124	0,160 2532
1,832	−0,25824	0,96608	−3,74096	6,246 367	0,160 0931
1,833	−0,25921	0,96582	−3,72602	6,252 616	0,159 9330
1,834	−0,26018	0,96556	−3,71120	6,258 872	0,159 7732
1,835	−0,26114	0,96530	−3,69648	6,265 134	0,159 6135
1,836	−0,26211	0,96504	−3,68187	6,271 402	0,159 4540
1,837	−0,26407	0,96477	−3,66735	6,277 677	0,159 2946
1,838	−0,26404	0,96451	−3,65297	6,283 958	0,159 1354
1,839	−0,26500	0,96425	−3,63868	6,290 245	0,158 9763
1,840	−0,26596	0,96398	−3,62449	6,296 538	0,158 8174
1,841	−0,26693	0,96372	−3,61040	6,302 838	0,158 6587
1,842	−0,26789	0,96345	−3,59642	6,309 144	0,158 5001
1,843	−0,26885	0,96318	−3,58253	6,315 456	0,158 3417
1,844	−0,26982	0,96291	−3,56875	6,321 775	0,158 1834
1,845	−0,27078	0,96264	−3,55506	6,328 100	0,158 0253
1,846	−0,27174	0,96237	−3,54147	6,334 431	0,157 8674
1,847	−0,27271	0,96210	−3,52798	6,340 769	0,157 7096
1,848	−0,27367	0,96182	−3,51458	6,347 113	0,157 5520
1,849	−0,27463	0,96155	−3,50127	6,353 463	0,157 3945

x	Cos x	Sin x	Tg x	φ
1,800	3,10747	2,94217	0,94681	103° 07′ 56,65″
1,801	3,11042	2,94528	0,94691	103 11 22,92
1,802	3,11336	2,94840	0,94701	103 14 49,18
1,803	3,11631	2,95151	0,94712	103 18 15,45
1,804	3,11927	2,95463	0,94722	103 21 41,71
1,805	3,12222	2,95775	0,94732	103 25 07,98
1,806	3,12518	2,96087	0,94742	103 28 34,24
1,807	3,12814	2,96400	0,94753	103 32 00,50
1,808	3,13111	2,96713	0,94763	103 35 26,77
1,809	3,13408	2,97026	0,94773	103 38 53,03
1,810	3,13705	2,97340	0,94783	103 42 19,30
1,811	3,14003	2,97654	0,94793	103 45 45,56
1,812	3,14300	2,97968	0,94803	103 49 11,83
1,813	3,14599	2,98282	0,94814	103 52 38,09
1,814	3,14897	2,98597	0,94824	103 56 04,36
1,815	3,15196	2,98912	0,94834	103 59 30,62
1,816	3,15495	2,99227	0,94844	104 02 56,89
1,817	3,15794	2,99543	0,94854	104 06 23,15
1,818	3,16094	2,99859	0,94864	104 09 49,42
1,819	3,16394	3,00175	0,94874	104 13 15,68
1,820	3,16694	3,00492	0,94884	104 16 41,95
1,821	3,16995	3,00808	0,94894	104 20 08,21
1,822	3,17296	3,01126	0,94904	104 23 34,48
1,823	3,17597	3,01443	0,94914	104 27 00,74
1,824	3,17899	3,01761	0,94924	104 30 27,01
1,825	3,18201	3,02079	0,94933	104 33 53,27
1,826	3,18503	3,02397	0,94943	104 37 19,54
1,827	3,18805	3,02716	0,94953	104 40 45,80
1,828	3,19108	3,03035	0,94963	104 44 12,07
1,829	3,19411	3,03354	0,94973	104 47 38,33
1,830	3,19715	3,03674	0,94983	104 51 04,60
1,831	3,20019	3,03994	0,94992	104 54 30,86
1,832	3,20323	3,04314	0,95002	104 57 57,13
1,833	3,20627	3,04634	0,95012	105 01 23,39
1,834	3,20932	3,04955	0,95022	105 04 49,65
1,835	3,21237	3,05276	0,95031	105 08 15,92
1,836	3,21543	3,05597	0,95041	105 11 42,18
1,837	3,21849	3,05919	0,95051	105 15 08,44
1,838	3,22155	3,06241	0,95060	105 18 34,71
1,839	3,22461	3,06563	0,95070	105 22 00,97
1,840	3,22768	3,06886	0,95080	105 25 27,24
1,841	3,23075	3,07209	0,95089	105 28 53,51
1,842	3,23382	3,07532	0,95099	105 32 19,77
1,843	3,23690	3,07856	0,95108	105 35 46,04
1,844	3,23998	3,08180	0,95118	105 39 12,30
1,845	3,24306	3,08504	0,95127	105 42 38,57
1,846	3,24615	3,08828	0,95137	105 46 04,83
1,847	3,24924	3,09153	0,95146	105 49 31,10
1,848	3,25233	3,09478	0,95156	105 52 57,36
1,849	3,25543	3,09803	0,95165	105 56 23,63

x	$\cos x$	$\sin x$	$\operatorname{tg} x$	e^x	e^{-x}
1,850	−0,27559	0,96128	−3,48806	6,359 820	0,157 2372
1,851	−0,27655	0,96100	−3,47494	6,366 183	0,157 0800
1,852	−0,27751	0,96072	−3,46191	6,372 552	0,156 9230
1,853	−0,27847	0,96044	−3,44897	6,378 928	0,156 7662
1,854	−0,27943	0,96017	−3,43612	6,385 310	0,156 6095
1,855	−0,28039	0,95987	−3,42330	6,391 698	0,156 4529
1,856	−0,28135	0,95960	−3,41068	6,398 093	0,156 2966
1,857	−0,28231	0,95932	−3,39809	6,404 494	0,156 1403
1,858	−0,28327	0,95904	−3,38559	6,410 902	0,155 9843
1,859	−0,28423	0,95876	−3,37316	6,417 316	0,155 8284
1,860	−0,28519	0,95847	−3,36087	6,423 737	0,155 6726
1,861	−0,28615	0,95819	−3,34857	6,430 164	0,155 5170
1,862	−0,28711	0,95790	−3,33640	6,436 597	0,155 3616
1,863	−0,28806	0,95761	−3,32431	6,443 037	0,155 2063
1,864	−0,28902	0,95732	−3,31230	6,449 483	0,155 0512
1,865	−0,28998	0,95703	−3,30037	6,455 936	0,154 8962
1,866	−0,29093	0,95674	−3,28851	6,462 395	0,154 7414
1,867	−0,29189	0,95645	−3,27674	6,468 861	0,154 5867
1,868	−0,29285	0,95616	−3,26504	6,475 333	0,154 4322
1,869	−0,29380	0,95587	−3,25342	6,481 811	0,154 2779
1,870	−0,29476	0,95557	−3,24187	6,488 296	0,154 1237
1,871	−0,29571	0,95528	−3,23040	6,494 788	0,153 9696
1,872	−0,29667	0,95498	−3,21900	6,501 286	0,153 8157
1,873	−0,29763	0,95468	−3,20766	6,507 791	0,153 6620
1,874	−0,29858	0,95438	−3,19642	6,514 302	0,153 5084
1,875	−0,29953	0,95409	−3,18524	6,520 819	0,153 3550
1,876	−0,30049	0,95379	−3,17413	6,527 343	0,153 2017
1,877	−0,30144	0,95348	−3,16309	6,533 874	0,153 0486
1,878	−0,30239	0,95318	−3,15212	6,540 411	0,152 8956
1,879	−0,30335	0,95288	−3,14122	6,546 955	0,152 7428
1,880	−0,30430	0,95258	−3,13038	6,553 505	0,152 5901
1,881	−0,30525	0,95227	−3,11962	6,560 062	0,152 4376
1,882	−0,30620	0,95197	−3,10892	6,566 625	0,152 2852
1,883	−0,30716	0,95166	−3,09830	6,573 195	0,152 1330
1,884	−0,30811	0,95135	−3,08772	6,579 771	0,151 9810
1,885	−0,30906	0,95104	−3,07722	6,586 354	0,151 8291
1,886	−0,31001	0,95073	−3,06678	6,592 944	0,151 6773
1,887	−0,31095	0,95042	−3,05651	6,599 540	0,151 5257
1,888	−0,31191	0,95011	−3,04610	6,606 143	0,151 3743
1,889	−0,31286	0,94980	−3,03585	6,612 753	0,151 2230
1,890	−0,31381	0,94949	−3,02567	6,619 369	0,151 0718
1,891	−0,31476	0,94917	−3,01554	6,625 991	0,150 9208
1,892	−0,31571	0,94886	−3,00548	6,632 621	0,150 7700
1,893	−0,31666	0,94854	−2,99548	6,639 257	0,150 6193
1,894	−0,31761	0,94822	−2,98553	6,645 899	0,150 4687
1,895	−0,31855	0,94790	−2,97565	6,652 548	0,150 3183
1,896	−0,31950	0,94759	−2,96582	6,659 204	0,150 1681
1,897	−0,32045	0,94727	−2,95606	6,665 867	0,150 0180
1,898	−0,32140	0,94694	−2,94635	6,672 536	0,149 8681
1,899	−0,32234	0,94662	−2,93669	6,679 212	0,149 7183

x	Cos x	Sin x	Tg x	φ
1,850	3,25853	3,10129	0,95175	105° 59′ 49,89″
1,851	3,26163	3,10455	0,95184	106 03 16,16
1,852	3,26474	3,10781	0,95193	106 06 42,42
1,853	3,26785	3,11108	0,95203	106 10 08,69
1,854	3,27096	3,11435	0,95212	106 13 34,95
1,855	3,27408	3,11762	0,95221	106 17 01,22
1,856	3,27719	3,12090	0,95231	106 20 27,48
1,857	3,28032	3,12418	0,95240	106 23 53,75
1,858	3,28344	3,12746	0,95249	106 27 20,01
1,859	3,28657	3,13074	0,95259	106 30 46,28
1,860	3,28970	3,13403	0,95268	106 34 12,54
1,861	3,29284	3,13732	0,95277	106 37 38,80
1,862	3,29598	3,14062	0,95286	106 41 05,07
1,863	3,29912	3,14392	0,95296	106 44 31,33
1,864	3,30227	3,14722	0,95305	106 47 57,60
1,865	3,30542	3,15052	0,95314	106 51 23,86
1,866	3,30857	3,15383	0,95323	106 54 50,13
1,867	3,31172	3,15714	0,95332	106 58 16,39
1,868	3,31488	3,16045	0,95341	107 01 42,66
1,869	3,31804	3,16377	0,95350	107 05 08,92
1,870	3,32121	3,16709	0,95359	107 08 35,19
1,871	3,32438	3,17041	0,95368	107 12 01,45
1,872	3,32755	3,17374	0,95378	107 15 27,72
1,873	3,33073	3,17706	0,95387	107 18 53,98
1,874	3,33390	3,18040	0,95396	107 22 20,25
1,875	3,33709	3,18373	0,95405	107 25 46,51
1,876	3,34027	3,18707	0,95414	107 29 12,78
1,877	3,34346	3,19041	0,95422	107 32 39,04
1,878	3,34665	3,19376	0,95431	107 36 05,31
1,879	3,34985	3,19711	0,95440	107 39 31,57
1,880	3,35305	3,20046	0,95449	107 42 57,84
1,881	3,35625	3,20381	0,95458	107 46 24,10
1,882	3,35946	3,20717	0,95467	107 49 50,37
1,883	3,36266	3,21053	0,95476	107 53 16,63
1,884	3,36588	3,21390	0,95485	107 56 42,90
1,885	3,36909	3,21726	0,95493	108 00 09,16
1,886	3,37231	3,22063	0,95502	108 03 35,42
1,887	3,37553	3,22401	0,95511	108 07 01,69
1,888	3,37876	3,22738	0,95520	108 10 27,95
1,889	3,38199	3,23076	0,95529	108 13 54,22
1,890	3,38522	3,23415	0,95537	108 17 20,48
1,891	3,38846	3,23753	0,95546	108 20 46,75
1,892	3,39170	3,24093	0,95555	108 24 13,01
1,893	3,39494	3,24432	0,95563	108 27 39,28
1,894	3,39818	3,24772	0,95572	108 31 05,54
1,895	3,40143	3,25112	0,95581	108 34 31,81
1,896	3,40469	3,25452	0,95589	108 37 58,07
1,897	3,40794	3,25792	0,95598	108 41 24,34
1,898	3,41120	3,26133	0,95607	108 44 50,60
1,899	3,41447	3,26475	0,95615	108 48 16,87

x	cos x	sin x	tg x	e^x	e^{-x}
1,900	−0,32329	0,94630	−2,92710	6,685 894	0,149 5686
1,901	−0,32424	0,94598	−2,91756	6,692 584	0,149 4191
1,902	−0,32518	0,94565	−2,90807	6,699 280	0,149 2698
1,903	−0,32613	0,94533	−2,89864	6,705 982	0,149 1206
1,904	−0,32707	0,94500	−2,88927	6,712 692	0,148 9715
1,905	−0,32802	0,94467	−2,87995	6,719 408	0,148 8226
1,906	−0,32896	0,94433	−2,87065	6,726 130	0,148 6739
1,907	−0,32991	0,94401	−2,86146	6,732 860	0,148 5253
1,908	−0,33085	0,94368	−2,85230	6,739 596	0,148 3768
1,909	−0,33179	0,94335	−2,84093	6,746 339	0,148 2285
1,910	−0,33274	0,94302	−2,83414	6,753 089	0,148 0804
1,911	−0,33368	0,94269	−2,82513	6,759 845	0,147 9324
1,912	−0,33462	0,94235	−2,81617	6,766 608	0,147 7845
1,913	−0,33556	0,94202	−2,80727	6,773 378	0,147 6368
1,914	−0,33651	0,94168	−2,79841	6,780 155	0,147 4892
1,915	−0,33745	0,94134	−2,78961	6,786 939	0,147 3418
1,916	−0,33839	0,94101	−2,78085	6,793 729	0,147 1946
1,917	−0,33933	0,94067	−2,77214	6,800 526	0,147 0474
1,918	−0,34027	0,94032	−2,76346	6,807 330	0,146 9005
1,919	−0,34121	0,93999	−2,75487	6,814 141	0,146 7536
1,920	−0,34215	0,93965	−2,74630	6,820 958	0,146 6070
1,921	−0,34309	0,93930	−2,73778	6,827 783	0,146 4604
1,922	−0,34403	0,93896	−2,72931	6,834 614	0,146 3140
1,923	−0,34497	0,93861	−2,72088	6,841 452	0,146 1678
1,924	−0,34591	0,93827	−2,71250	6,848 297	0,146 0217
1,925	−0,34684	0,93792	−2,70417	6,855 149	0,145 8758
1,926	−0,34778	0,93758	−2,69588	6,862 007	0,145 7300
1,927	−0,34872	0,93723	−2,68763	6,868 873	0,145 5843
1,928	−0,34966	0,93688	−2,67943	6,875 745	0,145 4388
1,929	−0,35059	0,93653	−2,67127	6,882 624	0,145 2934
1,930	−0,35153	0,93618	−2,66316	6,889 510	0,145 1482
1,931	−0,35246	0,93583	−2,65510	6,896 403	0,145 0031
1,932	−0,35340	0,93547	−2,64706	6,903 303	0,144 8582
1,933	−0,35434	0,93512	−2,63907	6,910 210	0,144 7134
1,934	−0,35527	0,93476	−2,63113	6,917 123	0,144 5688
1,935	−0,35621	0,93441	−2,62323	6,924 044	0,144 4243
1,936	−0,35714	0,93405	−2,61537	6,930 972	0,144 2799
1,937	−0,35807	0,93369	−2,60755	6,937 906	0,144 1357
1,938	−0,35901	0,93333	−2,59977	6,944 847	0,143 9916
1,939	−0,35994	0,93298	−2,59203	6,951 796	0,143 8477
1,940	−0,36087	0,93261	−2,58433	6,958 751	0,143 7039
1,941	−0,36181	0,93225	−2,57667	6,965 713	0,143 5603
1,942	−0,36274	0,93189	−2,56905	6,972 682	0,143 4168
1,943	−0,36367	0,93153	−2,56147	6,979 659	0,143 2735
1,944	−0,36460	0,93116	−2,55393	6,986 642	0,143 1303
1,945	−0,36553	0,93080	−2,54643	6,993 632	0,142 9872
1,946	−0,36646	0,93043	−2,53896	7,000 629	0,142 8443
1,947	−0,36739	0,93007	−2,53153	7,007 633	0,142 7015
1,948	−0,36832	0,92970	−2,52414	7,014 644	0,142 5589
1,949	−0,36925	0,92933	−2,51679	7,021 662	0,142 4164

x	Cof x	Sin x	Tg x	φ
1,900	3,41773	3,26816	0,95624	108° 51′ 43,13″
1,901	3,42100	3,27158	0,95632	108 55 09,40
1,902	3,42427	3,27500	0,95641	108 58 35,66
1,903	3,42755	3,27843	0,95649	109 02 01,93
1,904	3,43083	3,28186	0,95658	109 05 28,19
1,905	3,43412	3,28529	0,95666	109 08 54,46
1,906	3,43740	3,28873	0,95675	109 12 20,72
1,907	3,44069	3,29217	0,95683	109 15 46,99
1,908	3,44399	3,29561	0,95692	109 19 13,25
1,909	3,44728	3,29906	0,95700	109 22 39,52
1,910	3,45058	3,30250	0,95709	109 26 05,78
1,911	3,45389	3,30596	0,95717	109 29 32,04
1,912	3,45720	3,30941	0,95725	109 32 58,31
1,913	3,46051	3,31287	0,95734	109 36 24,57
1,914	3,46382	3,31633	0,95742	109 39 50,84
1,915	3,46714	3,31980	0,95750	109 43 17,10
1,916	3,47046	3,32327	0,95759	109 46 43,37
1,917	3,47379	3,32674	0,95767	109 50 09,63
1,918	3,47712	3,33021	0,95775	109 53 35,90
1,919	3,48045	3,33369	0,95783	109 57 02,16
1,920	3,48378	3,33718	0,95792	110 00 28,43
1,921	3,48712	3,34066	0,95800	110 03 54,69
1,922	3,49046	3,34415	0,95808	110 07 20,96
1,923	3,49381	3,34764	0,95816	110 10 47,22
1,924	3,49716	3,35114	0,95825	110 14 13,49
1,925	3,50051	3,35464	0,95833	110 17 39,75
1,926	3,50387	3,35814	0,95841	110 21 06,02
1,927	3,50723	3,36164	0,95849	110 24 32,28
1,928	3,51059	3,36515	0,95857	110 27 58,55
1,929	3,51396	3,36867	0,95865	110 31 24,81
1,930	3,51733	3,37218	0,95873	110 34 51,08
1,931	3,52070	3,37570	0,95881	110 38 17,34
1,932	3,52408	3,37922	0,95890	110 41 43,61
1,933	3,52746	3,38275	0,95898	110 45 09,87
1,934	3,53085	3,38628	0,95906	110 48 36,14
1,935	3,53423	3,38981	0,95914	110 52 02,40
1,936	3,53763	3,39335	0,95922	110 55 28,66
1,937	3,54102	3,39689	0,95930	110 58 54,93
1,938	3,54442	3,40043	0,95938	111 02 21,19
1,939	3,54782	3,40397	0,95945	111 05 47,46
1,940	3,55123	3,40752	0,95953	111 09 13,72
1,941	3,55464	3,41108	0,95961	111 12 39,99
1,942	3,55805	3,41463	0,95969	111 16 06,25
1,943	3,56147	3,41819	0,95977	111 19 32,52
1,944	3,56489	3,42176	0,95985	111 22 58,78
1,945	3,56831	3,42532	0,95993	111 26 25,05
1,946	3,57174	3,42889	0,96001	111 29 51,31
1,947	3,57517	3,43247	0,96009	111 33 17,58
1,948	3,57860	3,43604	0,96016	111 36 43,84
1,949	3,58204	3,43962	0,96024	111 40 10,11

x	$\cos x$	$\sin x$	$\operatorname{tg} x$	e^x	e^{-x}
1,950	−0,37018	0,92896	−2,50948	7,028 688	0,142 2741
1,951	−0,37111	0,92859	−2,50220	7,035 720	0,142 1319
1,952	−0,37204	0,92822	−2,49495	7,042 759	0,141 9898
1,953	−0,37297	0,92785	−2,48775	7,049 805	0,141 8479
1,954	−0,37389	0,92747	−2,48058	7,056 859	0,141 7061
1,955	−0,37482	0,92710	−2,47344	7,063 919	0,141 5645
1,956	−0,37575	0,92672	−2,46634	7,070 986	0,141 4230
1,957	−0,37667	0,92635	−2,45927	7,078 061	0,141 2816
1,958	−0,37760	0,92597	−2,45224	7,085 143	0,141 1404
1,959	−0,37853	0,92559	−2,44525	7,092 231	0,140 9993
1,960	−0,37945	0,92521	−2,43828	7,099 327	0,140 8584
1,961	−0,38038	0,92483	−2,43136	7,106 430	0,140 7176
1,962	−0,38130	0,92445	−2,42446	7,113 540	0,140 5770
1,963	−0,38223	0,92407	−2,41760	7,120 657	0,140 4365
1,964	−0,38315	0,92369	−2,41077	7,127 781	0,140 2961
1,965	−0,38407	0,92330	−2,40398	7,134 913	0,140 1559
1,966	−0,38500	0,92292	−2,39721	7,142 051	0,140 0158
1,967	−0,38592	0,92253	−2,39048	7,149 197	0,139 8759
1,968	−0,38684	0,92215	−2,38378	7,156 349	0,139 7360
1,969	−0,38776	0,92176	−2,37712	7,163 509	0,139 5964
1,970	−0,38868	0,92137	−2,37048	7,170 676	0,139 4569
1,971	−0,38961	0,92098	−2,36388	7,177 851	0,139 3175
1,972	−0,39053	0,92059	−2,35731	7,185 032	0,139 1782
1,973	−0,39145	0,92020	−2,35077	7,192 221	0,139 0391
1,974	−0,39237	0,91981	−2,34426	7,199 417	0,138 9001
1,975	−0,39329	0,91942	−2,33777	7,206 620	0,138 7613
1,976	−0,39421	0,91902	−2,33132	7,213 830	0,138 6226
1,977	−0,39512	0,91863	−2,32490	7,221 047	0,138 4841
1,978	−0,39604	0,91823	−2,31851	7,228 272	0,138 3457
1,979	−0,39696	0,91784	−2,31215	7,235 504	0,138 2074
1,980	−0,39788	0,91744	−2,30582	7,242 743	0,138 0692
1,981	−0,39880	0,91704	−2,29952	7,249 989	0,137 9312
1,982	−0,39971	0,91664	−2,29325	7,257 243	0,137 7934
1,983	−0,40063	0,91624	−2,28700	7,264 504	0,137 6557
1,984	−0,40155	0,91584	−2,28079	7,271 772	0,137 5181
1,985	−0,40246	0,91544	−2,27460	7,279 047	0,137 3806
1,986	−0,40338	0,91503	−2,26844	7,286 330	0,137 2433
1,987	−0,40429	0,91463	−2,26231	7,293 620	0,137 1061
1,988	−0,40521	0,91423	−2,25620	7,300 917	0,136 9691
1,989	−0,40612	0,91382	−2,25013	7,308 222	0,136 8322
1,990	−0,40703	0,91341	−2,24408	7,315 534	0,136 6954
1,991	−0,40795	0,91301	−2,23805	7,322 853	0,136 5588
1,992	−0,40886	0,91260	−2,23206	7,330 179	0,136 4223
1,993	−0,40977	0,91219	−2,22609	7,337 513	0,136 2860
1,994	−0,41068	0,91178	−2,22015	7,344 854	0,136 1497
1,995	−0,41160	0,91137	−2,21423	7,352 203	0,136 0137
1,996	−0,41251	0,91095	−2,20834	7,359 559	0,135 8777
1,997	−0,41342	0,91054	−2,20248	7,366 922	0,135 7419
1,998	−0,41433	0,91013	−2,19664	7,374 293	0,135 6062
1,999	−0,41524	0,90971	−2,19083	7,381 671	0,135 4707

x	Cos x	Sin x	Tg x	φ
1,950	3,58548	3,44321	0,96032	111° 43′ 36,37″
1,951	3,58893	3,44679	0,96040	111 47 02,64
1,952	3,59237	3,45038	0,96047	111 50 28,90
1,953	3,59583	3,45398	0,96055	111 53 55,17
1,954	3,59928	3,45758	0,96063	111 57 21,43
1,955	3,60274	3,46118	0,96071	112 00 47,70
1,956	3,60620	3,46478	0,96078	112 04 13,96
1,957	3,60967	3,46839	0,96086	112 07 40,23
1,958	3,61314	3,47200	0,96094	112 11 06,49
1,959	3,61662	3,47562	0,96101	112 14 32,76
1,960	3,62009	3,47923	0,96109	112 17 59,02
1,961	3,62357	3,48286	0,96117	112 21 25,29
1,962	3,62706	3,48648	0,96124	112 24 51,55
1,963	3,63055	3,49011	0,96132	112 28 17,81
1,964	3,63404	3,49374	0,96139	112 31 44,08
1,965	3,63753	3,49738	0,96147	112 35 10,34
1,966	3,64103	3,50102	0,96155	112 38 36,61
1,967	3,64454	3,50466	0,96162	112 42 02,87
1,968	3,64804	3,50831	0,96170	112 45 29,14
1,969	3,65155	3,51196	0,96177	112 48 55,40
1,970	3,65507	3,51561	0,96185	112 52 21,67
1,971	3,65858	3,51927	0,96192	112 55 47,93
1,972	3,66211	3,52293	0,96199	112 59 14,20
1,973	3,66563	3,52659	0,96207	113 02 40,46
1,974	3,66916	3,53026	0,96214	113 06 06,73
1,975	3,67269	3,53393	0,96222	113 09 32,99
1,976	3,67623	3,53760	0,96229	113 12 59,26
1,977	3,67977	3,54128	0,96237	113 16 25,52
1,978	3,68331	3,54496	0,96244	113 19 51,79
1,979	3,68686	3,54865	0,96251	113 23 18,05
1,980	3,69041	3,55234	0,96259	113 26 44,32
1,981	3,69396	3,55603	0,96266	113 30 10,58
1,982	3,69752	3,55972	0,96273	113 33 36,85
1,983	3,70108	3,56342	0,96281	113 37 03,11
1,984	3,70465	3,56713	0,96288	113 40 29,38
1,985	3,70821	3,57083	0,96295	113 43 55,64
1,986	3,71179	3,57454	0,96302	113 47 21,91
1,987	3,71536	3,57826	0,96310	113 50 48,17
1,988	3,71894	3,58197	0,96317	113 54 14,43
1,989	3,72253	3,58569	0,96324	113 57 40,70
1,990	3,72611	3,58942	0,96331	114 01 06,96
1,991	3,72971	3,59315	0,96339	114 04 33,23
1,992	3,73330	3,59688	0,96346	114 07 59,49
1,993	3,73690	3,60061	0,96353	114 11 25,76
1,994	3,74050	3,60435	0,96360	114 14 52,02
1,995	3,74411	3,60809	0,96367	114 18 18,29
1,996	3,74772	3,61184	0,96374	114 21 44,55
1,997	3,75133	3,61559	0,96382	114 25 10,82
1,998	3,75495	3,61934	0,96389	114 28 37,08
1,999	3,75857	3,62310	0,96396	114 32 03,35

x	$\cos x$	$\sin x$	$\operatorname{tg} x$	e^x	e^{-x}
2,000	−0,41615	0,90930	−2,18504	7,389 056	0,135 3353
2,001	−0,41706	0,90888	−2,17928	7,396 449	0,135 2000
2,002	−0,41796	0,90846	−2,17354	7,403 849	0,135 0649
2,003	−0,41887	0,90804	−2,16783	7,411 257	0,134 9299
2,004	−0,41978	0,90763	−2,16214	7,418 672	0,134 7950
2,005	−0,42069	0,90721	−2,15648	7,426 094	0,134 6603
2,006	−0,42160	0,90678	−2,15084	7,433 524	0,134 5257
2,007	−0,42250	0,90636	−2,14523	7,440 961	0,134 3912
2,008	−0,42341	0,90594	−2,13964	7,448 406	0,134 2569
2,009	−0,42431	0,90552	−2,13407	7,455 858	0,134 1227
2,010	−0,42522	0,90509	−2,12853	7,463 317	0,133 9887
2,011	−0,42612	0,90466	−2,12301	7,470 784	0,133 8548
2,012	−0,42703	0,90424	−2,11751	7,478 259	0,133 7210
2,013	−0,42793	0,90381	−2,11204	7,485 741	0,133 5873
2,014	−0,42884	0,90338	−2,10659	7,493 230	0,133 4538
2,015	−0,42974	0,90295	−2,10117	7,500 727	0,133 3204
2,016	−0,43064	0,90252	−2,09576	7,508 232	0,133 1871
2,017	−0,43154	0,90209	−2,09038	7,515 744	0,133 0540
2,018	−0,43245	0,90166	−2,08502	7,523 263	0,132 9210
2,019	−0,43335	0,90123	−2,07969	7,530 790	0,132 7882
2,020	−0,43425	0,90079	−2,07437	7,538 325	0,132 6555
2,021	−0,43515	0,90036	−2,06908	7,545 867	0,132 5229
2,022	−0,43605	0,89992	−2,06381	7,553 417	0,132 3904
2,023	−0,43695	0,89949	−2,05856	7,560 974	0,132 2581
2,024	−0,43785	0,89905	−2,05334	7,568 539	0,132 1259
2,025	−0,43875	0,89861	−2,04813	7,576 111	0,131 9938
2,026	−0,43965	0,89817	−2,04295	7,583 691	0,131 8619
2,027	−0,44054	0,89773	−2,03778	7,591 278	0,131 7301
2,028	−0,44144	0,89729	−2,03264	7,598 873	0,131 5985
2,029	−0,44234	0,89685	−2,02752	7,606 476	0,131 4669
2,030	−0,44323	0,89641	−2,02242	7,614 086	0,131 3355
2,031	−0,44413	0,89596	−2,01734	7,621 704	0,131 2043
2,032	−0,44503	0,89552	−2,01228	7,629 330	0,131 0731
2,033	−0,44592	0,89507	−2,00724	7,636 963	0,130 9421
2,034	−0,44682	0,89463	−2,00222	7,644 604	0,130 8112
2,035	−0,44771	0,89418	−1,99722	7,652 252	0,130 6805
2,036	−0,44860	0,89373	−1,99224	7,659 908	0,130 5499
2,037	−0,44950	0,89328	−1,98728	7,667 572	0,130 4194
2,038	−0,45039	0,89283	−1,98235	7,675 243	0,130 2890
2,039	−0,45128	0,89238	−1,97743	7,682 922	0,130 1588
2,040	−0,45218	0,89193	−1,97252	7,690 609	0,130 0287
2,041	−0,45307	0,89148	−1,96764	7,698 304	0,129 8987
2,042	−0,45396	0,89102	−1,96278	7,706 006	0,129 7689
2,043	−0,45485	0,89057	−1,95794	7,713 716	0,129 6392
2,044	−0,45574	0,89011	−1,95311	7,721 433	0,129 5096
2,045	−0,45663	0,88966	−1,94830	7,729 159	0,129 3802
2,046	−0,45752	0,88920	−1,94352	7,736 892	0,129 2509
2,047	−0,45841	0,88874	−1,93875	7,744 632	0,129 1217
2,048	−0,45930	0,88828	−1,93401	7,752 381	0,128 9926
2,049	−0,46019	0,88782	−1,92927	7,760 137	0,128 8637

x	Cos x	Sin x	Tg x	φ
2,000	3,76220	3,62686	0,96403	114° 35′ 29,61″
2,001	3,76582	3,63062	0,96410	114 38 55,88
2,002	3,76946	3,63439	0,96417	114 42 22,14
2,003	3,77309	3,63816	0,96424	114 45 48,41
2,004	3,77673	3,64194	0,96431	114 49 14,67
2,005	3,78038	3,64572	0,96438	114 52 40,94
2,006	3,78402	3,64950	0,96445	114 56 07,20
2,007	3,78768	3,65328	0,96452	114 59 33,47
2,008	3,79133	3,65707	0,96459	115 02 59,73
2,009	3,79499	3,66087	0,96466	115 06 26,00
2,010	3,79865	3,66466	0,96473	115 09 52,26
2,011	3,80232	3,66846	0,96480	115 13 18,53
2,012	3,80599	3,67227	0,96487	115 16 44,79
2,013	3,80966	3,67608	0,96493	115 20 11,05
2,014	3,81334	3,67989	0,96500	115 23 37,32
2,015	3,81702	3,68370	0,96507	115 27 03,58
2,016	3,82071	3,68752	0,96514	115 30 29,85
2,017	3,82440	3,69134	0,96521	115 33 56,11
2,018	3,82809	3,69517	0,96528	115 37 22,38
2,019	3,83179	3,69900	0,96535	115 40 48,64
2,020	3,83549	3,70283	0,96541	115 44 14,91
2,021	3,83919	3,70667	0,96548	115 47 41,17
2,022	3,84290	3,71051	0,96555	115 51 07,44
2,023	3,84662	3,71436	0,96562	115 54 33,70
2,024	3,85033	3,71821	0,96568	115 57 59,97
2,025	3,85405	3,72206	0,96575	116 01 26,23
2,026	3,85778	3,72591	0,96582	116 04 52,50
2,027	3,86150	3,72977	0,96589	116 08 18,76
2,028	3,86524	3,73364	0,96595	116 11 45,03
2,029	3,86897	3,73750	0,96602	116 15 11,29
2,030	3,87271	3,74138	0,96609	116 18 37,56
2,031	3,87645	3,74525	0,96615	116 22 03,82
2,032	3,88020	3,74913	0,96622	116 25 30,09
2,033	3,88395	3,75301	0,96629	116 28 56,35
2,034	3,88771	3,75690	0,96635	116 32 22,62
2,035	3,89147	3,76079	0,96642	116 35 48,88
2,036	3,89523	3,76468	0,96648	116 39 15,15
2,037	3,89900	3,76858	0,96655	116 42 41,41
2,038	3,90277	3,77248	0,96662	116 46 07,68
2,039	3,90654	3,77638	0,96668	116 49 33,94
2,040	3,91032	3,78029	0,96675	116 53 00,20
2,041	3,91410	3,78420	0,96681	116 56 26,47
2,042	3,91789	3,78812	0,96688	116 59 52,73
2,043	3,92168	3,79204	0,96694	117 03 19,00
2,044	3,92547	3,79596	0,96701	117 06 45,26
2,045	3,92927	3,79989	0,96707	117 10 11,53
2,046	3,93307	3,80382	0,96714	117 13 37,79
2,047	3,93688	3,80776	0,96720	117 17 04,06
2,048	3,94069	3,81169	0,96727	117 20 30,32
2,049	3,94450	3,81564	0,96733	117 23 56,59

x	cos x	sin x	tg x	e^x	e^{-x}
2,050	−0,46107	0,88736	−1,92456	7,767 901	0,128 7349
2,051	−0,46196	0,88690	−1,91987	7,775 673	0.128 6062
2,052	−0,46285	0,88644	−1,91519	7,783 452	0,128 4777
2,053	−0,46373	0,88598	−1,91053	7,791 240	0,128 3493
2,054	−0,46462	0,88551	−1,90589	7,799 035	0,128 2210
2,055	−0,46550	0,88505	−1,90127	7,806 838	0,128 0928
2,056	−0,46639	0,88458	−1,89666	7,814 649	0,127 9648
2,057	−0,46727	0,88411	−1,89207	7,822 467	0,127 8369
2,058	−0,46816	0,88365	−1,88750	7,830 294	0,127 7091
2,059	−0,46904	0,88318	−1,88294	7,838 128	0,127 5815
2,060	−0,46992	0,88271	−1,87841	7,845 970	0,127 4540
2,061	−0,47081	0,88224	−1,87389	7,853 820	0,127 3266
2,062	−0,47169	0,88177	−1,86938	7,861 677	0,127 1993
2,063	−0,47257	0,88129	−1,86490	7,869 543	0,127 0722
2,064	−0,47345	0,88082	−1,86043	7,877 417	0,126 9452
2,065	−0,47433	0,88035	−1,85598	7,885 298	0,126 8183
2,066	−0,47521	0,87987	−1,85154	7,893 187	0,126 6915
2,067	−0,47609	0,87940	−1,84712	7,901 084	0,126 5649
2,068	−0,47697	0,87892	−1,84272	7,908 989	0,126 4384
2,069	−0,47785	0,87844	−1,83833	7,916 902	0,126 3120
2,070	−0,47873	0,87796	−1,83396	7,924 823	0,126 1858
2,071	−0,47960	0,87749	−1,82962	7,932 752	0,126 0597
2,072	−0,48048	0,87700	−1,82526	7,940 689	0,125 9337
2,073	−0,48136	0,87652	−1,82094	7,948 633	0,125 8078
2,074	−0,48223	0,87604	−1,81663	7,956 586	0,125 6820
2,075	−0,48311	0,87556	−1,81234	7,964 546	0,125 5564
2,076	−0,48399	0,87508	−1,80806	7,972 515	0,125 4309
2,077	−0,48486	0,87459	−1,80380	7,980 491	0,125 3056
2,078	−0,48573	0,87411	−1,79955	7,988 476	0,125 1803
2,079	−0,48661	0,87362	−1,79532	7,996 468	0,125 0552
2,080	−0,48748	0,87313	−1,79111	8,004 469	0,124 9302
2,081	−0,48835	0,87265	−1,78691	8,012 477	0,124 8053
2,082	−0,48923	0,87216	−1,78272	8,020 494	0,124 6806
2,083	−0,49010	0,87167	−1,77855	8,028 518	0,124 5560
2,084	−0,49097	0,87118	−1,77440	8,036 551	0,124 4315
2,085	−0,49184	0,87068	−1,77025	8,044 591	0,124 3071
2,086	−0,49271	0,87019	−1,76613	8,052 640	0,124 1829
2,087	−0,49358	0,86970	−1,76202	8,060 697	0,124 0588
2,088	−0,49445	0,86921	−1,75792	8,068 761	0,123 9348
2,089	−0,49532	0,86871	−1,75384	8,076 834	0,123 8109
2,090	−0,49619	0,86821	−1,74977	8,084 915	0,123 6871
2,091	−0,49706	0,86772	−1,74571	8,093 004	0,123 5635
2,092	−0,49792	0,86722	−1,74167	8,101 101	0,123 4400
2,093	−0,49879	0,86672	−1,73764	8,109 206	0,123 3166
2,094	−0,49966	0,86622	−1,73363	8,117 320	0,123 1934
2,095	−0.50052	0,86572	−1,72963	8,125 441	0,123 0702
2,096	−0,50139	0,86520	−1,72560	8,133 570	0,122 9472
2,097	−0,50225	0,86472	−1,72168	8,141 708	0,122 8243
2,098	−0,50312	0,86422	−1,71772	8,149 854	0,122 7016
2,099	−0,50398	0,86371	−1,71378	8,158 008	0,122 5789

x	Cos x	Sin x	Tg x	φ
2,050	3,94832	3,81958	0,96740	117° 27′ 22,85″
2,051	3,95214	3,82353	0,96746	117 30 49,12
2,052	3,95597	3,82749	0,96752	117 34 15,38
2,053	3,95979	3,83145	0,96759	117 37 41,65
2,054	3,96363	3,83541	0,96765	117 41 07,91
2,055	3,96747	3,83937	0,96771	117 44 34,18
2,056	3,97131	3,84334	0,96778	117 48 00,44
2,057	3,97515	3,84732	0,96784	117 51 26,71
2,058	3,97900	3,85129	0,96790	117 54 52,97
2,059	3,98285	3,85527	0,96797	117 58 19,24
2,060	3,98671	3,85926	0,96803	118 01 45,50
2,061	3,99057	3,86325	0,96809	118 05 11,77
2,062	3,99444	3,86724	0,96816	118 08 38,03
2,063	3,99831	3,87124	0,96822	118 12 04,30
2,064	4,00218	3,87524	0,96828	118 15 30,56
2,065	4,00606	3,87924	0,96834	118 18 56,82
2,066	4,00994	3,88325	0,96841	118 22 23,09
2,067	4,01382	3,88726	0,96847	118 25 49,35
2,068	4,01771	3,89128	0,96853	118 29 15,62
2,069	4,02161	3,89530	0,96859	118 32 41,88
2,070	4,02550	3,89932	0,96865	118 36 08,15
2,071	4,02941	3,90335	0,96872	118 39 34,41
2,072	4,03331	3,90738	0,96878	118 43 00,68
2,073	4,03722	3,91141	0,96884	118 46 26,94
2,074	4,04113	3,91545	0,96890	118 49 53,21
2,075	4,04505	3,91950	0,96896	118 53 19,47
2 076	4,04897	3,92354	0,96902	118 46 45,74
2,077	4,05290	3,92759	0,96908	119 00 12,00
2,078	4,05683	3,93165	0,96914	119 03 38,27
2,079	4,06076	3,93571	0,96920	119 07 04,53
2,080	4,06470	3,93977	0,96926	119 10 30,80
2,081	4,06864	3,94384	0,96933	119 13 57,06
2,082	4,07259	3,94791	0,96939	119 17 23,33
2,083	4,07654	3,95198	0,96945	119 20 49,59
2,084	4,08049	3,95606	0,96951	119 24 15,86
2,085	4,08445	3,96014	0,96957	119 27 42,12
2,086	4,08841	3,96423	0,96963	119 31 08,39
2,087	4,09238	3,96832	0,96969	119 34 34,65
2,088	4,09635	3,97241	0,96975	119 38 00,92
2,089	4,10032	3,97651	0,96980	119 41 27,18
2,090	4,10430	3,98061	0,96986	119 44 53,45
2,091	4,10828	3,98472	0,96992	119 48 19,71
2,092	4,11227	3,98883	0,96998	119 51 45,98
2,093	4,11626	3,99294	0,97004	119 55 12,24
2,094	4,12026	3,99706	0,97010	119 58 38,50
2,095	4,12426	4,00119	0,97016	120 02 04,77
2,096	4,12826	4,00531	0,97022	120 05 31,03
2,097	4,13227	4,00944	0,97028	120 08 57,30
2,098	4,13628	4,01358	0,97034	120 12 23,56
2,099	4,14029	4,01771	0,97039	120 15 49,83

x	$\cos x$	$\sin x$	$\operatorname{tg} x$	e^{x}	e^{-x}
2,100	− 0,50485	0,86321	− 1,70985	8,166 170	0,122 4564
2,101	− 0,50571	0,86270	− 1,70593	8,174 340	0,122 3340
2,102	− 0,50657	0,86220	− 1,70203	8,182 519	0,122 2118
2,103	− 0,50743	0,86169	− 1,69814	8,190 705	0,122 0896
2,104	− 0,50830	0,86116	− 1,69421	8,198 900	0,121 9676
2,105	− 0,50916	0,86067	− 1,69039	8,207 103	0,121 8457
2,106	− 0,51002	0,86016	− 1,68654	8,215 314	0,121 7239
2,107	− 0,51088	0,85965	− 1,68271	8,223 534	0,121 6022
2,108	− 0,51174	0,85914	− 1,67888	8,231 761	0,121 4807
2,109	− 0,51259	0,85863	− 1,67507	8,239 997	0,121 3593
2,110	− 0,51345	0,85812	− 1,67127	8,248 241	0,121 2380
2,111	− 0,51431	0,85760	− 1,66748	8,256 494	0,121 1168
2,112	− 0,51517	0,85709	− 1,66371	8,264 754	0,120 9957
2,113	− 0,51602	0,85657	− 1,65995	8,273 023	0,120 8748
2,114	− 0,51688	0,85606	− 1,65620	8.281 300	0,120 7540
2,115	− 0,51774	0,85554	− 1,65246	8,289 586	0,120 6333
2,116	− 0,51859	0,85502	− 1,64874	8,297 879	0,120 5127
2,117	− 0,51945	0,85450	− 1,64502	8,306 182	0,120 3923
2,118	− 0,52030	0,85398	− 1,64132	8,314 492	0,120 2719
2,119	− 0,52116	0,85346	− 1,63764	8,322 811	0,120 1517
2,120	− 0,52201	0,85294	− 1,63396	8,331 137	0,120 0316
2,121	− 0,52286	0,85242	− 1,63030	8,339 473	0,119 9117
2,122	− 0,52371	0,85189	− 1,62665	8,347 816	0,119 7918
2,123	− 0,52456	0,85137	− 1,62300	8,356 168	0,119 6721
2,124	− 0,52542	0,85085	− 1,61938	8,364 529	0,119 5525
2,125	− 0,52627	0,85032	− 1,61576	8,372 897	0,119 4330
2,126	− 0,52712	0,84979	− 1,61215	8,381 275	0,119 3136
2;127	− 0,52797	0,84927	− 1,60856	8,389 660	0,119 1943
2,128	− 0,52881	0,84874	− 1,60498	8,398 054	0,119 0752
2,129	− 0,52966	0,84821	− 1,60141	8,406 456	0,118 9562
2,130	− 0,53051	0,84768	− 1,59785	8,414 867	0,118 8373
2,131	− 0,53136	0,84715	− 1,59430	8,423 286	0,118 7185
2,132	− 0,53221	0,84662	− 1,59077	8,431 713	0,118 5999
2,133	− 0,53305	0,84608	− 1,58724	8,440 149	0,118 4813
2,134	− 0,53390	0,84555	− 1,58373	8,448 594	0,118 3629
2,135	− 0,53474	0,84501	− 1,58023	8,457 047	0,118 2446
2,136	− 0,53559	0,84448	− 1,57673	8,465 508	0,118 1264
2,137	− 0,53643	0,84394	− 1,57325	8,473 978	0,118 0083
2,138	− 0,53728	0,84341	− 1,56978	8,482 456	0,117 8904
2,139	− 0,53812	0,84287	− 1,56632	8,490 942	0,117 7726
2,140	− 0,53896	0,84233	− 1,56288	8,499 438	0,117 6548
2,141	− 0,53980	0,84179	− 1,55944	8,507 941	0,117 5372
2,142	− 0,54065	0,84125	− 1,55601	8,516 454	0,117 4198
2,143	− 0,54147	0,84071	− 1,55260	8,524 974	0,117 3024
2,144	− 0,54233	0,84017	− 1,54920	8,533 503	0,117 1852
2,145	− 0,54317	0,83963	− 1,54580	8,542 041	0,117 0680
2,146	− 0,54401	0,83908	− 1,54241	8,550 588	0,116 9510
2,147	− 0,54484	0,83854	− 1,53904	8,559 142	0,116 8341
2,148	− 0,54568	0,83799	− 1,53568	8,567 706	0,116 7174
2,149	− 0,54652	0,83745	− 1,53232	8,576 278	0,116 6007

x	Cof x	Sin x	Tg x	φ
2,100	4,14431	4,02186	0,97045	120° 19′ 16,09″
2,101	4,14834	4,02600	0,97051	120 22 42,36
2,102	4,15237	4,03015	0,97057	120 26 08,62
2,103	4,15640	4,03431	0,97063	120 29 34,89
2,104	4,16043	4,03847	0,97068	120 33 01,15
2,105	4,16447	4,04263	0,97074	120 36 27,42
2,106	4,16852	4,04680	0,97080	120 39 53,68
2,107	4,17257	4,05097	0,97086	120 43 19,95
2,108	4,17662	4,05514	0,97091	120 46 46,21
2,109	4,18068	4,05932	0,97097	120 50 12,48
2,110	4,18474	4,06350	0,97103	120 53 38,74
2,111	4,18881	4,06769	0,97109	120 57 05,01
2,112	4,19288	4,07188	0,97114	121 00 31,27
2,113	4,19695	4,07607	0,97120	121 03 57,54
2,114	4,20103	4,08027	0,97126	121 07 23,80
2,115	4,20511	4,08448	0,97131	121 10 50,07
2,116	4,20920	4,08868	0,97137	121 14 16,33
2,117	4,21329	4,09289	0,97143	121 17 42,60
2,118	4,21738	4,09711	0,97148	121 21 08,86
2,119	4,22148	4,10133	0,97154	121 24 35,12
2,120	4,22558	4,10555	0,97159	121 28 01,39
2,121	4,22969	4,10978	0,97165	121 31 27,65
2,122	4,23380	4,11401	0,97171	121 34 53,92
2,123	4,23792	4,11825	0,97176	121 38 20,18
2,124	4,24204	4,12249	0,97182	121 41 46,45
2,125	4,24617	4,12673	0,97187	121 45 12,71
2,126	4,25029	4,13098	0,97193	121 48 38,98
2,127	4,25443	4,13523	0,97198	121 52 05,24
2,128	4,25856	4,13949	0,97204	121 55 31,51
2,129	4,26271	4,14375	0,97209	121 58 57,77
2,130	4,26685	4,14801	0,97215	122 02 24,04
2,131	4,27100	4,15228	0,97220	122 05 50,30
2,132	4,27516	4,15656	0,97226	122 09 16,57
2,133	4,27932	4,16083	0,97231	122 12 42,83
2,134	4,28348	4,16512	0,97237	122 16 09,10
2,135	4,28765	4,16940	0,97242	122 19 35,36
2,136	4,29182	4,17369	0,97248	122 23 01,63
2,137	4,29599	4,17798	0,97253	122 26 27,89
2,138	4,30017	4,18228	0,97258	122 29 54,16
2,139	4,30436	4,18658	0,97264	122 33 20,42
2,140	4,30855	4,19089	0,97269	122 36 46,69
2,141	4,31274	4,19520	0,97275	122 40 12,95
2,142	4,31694	4,19952	0,97280	122 43 39,21
2,143	4,32114	4,20384	0,97285	122 47 05,48
2,144	4,32534	4,20816	0,97291	122 50 31,74
2,145	4,32955	4,21249	0,97296	122 53 58,01
2,146	4,33377	4,21682	0,97301	122 57 24,27
2,147	4,33799	4,22115	0,97307	123 00 50,54
2,148	4,34221	4,22549	0,97312	123 04 16,80
2,149	4,34644	4,22984	0,97317	123 07 43,07

x	$\cos x$	$\sin x$	$\operatorname{tg} x$	e^x	e^{-x}
2,150	−0,54736	0,83690	−1,52898	8,584 858	0,116 4842
2,151	−0,54819	0,83635	−1,52565	8,593 448	0,116 3677
2,152	−0,54903	0,83580	−1,52232	8,602 045	0,116 2514
2,153	−0,54987	0,83525	−1,51901	8,610 652	0,116 1352
2,154	−0,55070	0,83470	−1,51571	8,619 267	0,116 0192
2,155	−0,55154	0,83415	−1,51242	8,627 890	0,115 9032
2,156	−0,55237	0,83360	−1,50914	8,636 522	0,115 7873
2,157	−0,55320	0,83305	−1,50586	8,645 163	0,115 6716
2,158	−0,55404	0,83249	−1,50260	8,653 813	0,115 5560
2,159	−0,55487	0,83194	−1,49935	8,662 471	0,115 4405
2,160	−0,55570	0,83138	−1,49610	8,671 138	0,115 3251
2,161	−0,55653	0,83083	−1,49287	8,679 813	0,115 2099
2,162	−0,55736	0,83027	−1,48965	8,688 497	0,115 0947
2,163	−0,55819	0,82971	−1,48643	8,697 190	0,114 9797
2,164	−0,55902	0,82915	−1,48323	8,705 892	0,114 8647
2,165	−0,55985	0,82859	−1,48003	8,714 602	0,114 7499
2,166	−0,56068	0,82803	−1,47685	8,723 321	0,114 6352
2,167	−0,56150	0,82747	−1,47367	8,732 049	0,114 5207
2,168	−0,56233	0,82691	−1,47050	8,740 785	0,114 4062
2,169	−0,56316	0,82635	−1,46735	8,749 530	0,114 2919
2,170	−0,56399	0,82579	−1,46420	8,758 284	0,114 1776
2,171	−0,56481	0,82522	−1,46106	8,767 047	0,114 0635
2,172	−0,56564	0,82466	−1,45793	8,775 818	0,113 9495
2,173	−0,56646	0,82409	−1,45481	8,784 598	0,113 8356
2,174	−0,56728	0,82352	−1,45169	8,793 387	0,113 7218
2,175	−0,56811	0,82295	−1,44859	8,802 185	0,113 6082
2,176	−0,56893	0,82239	−1,44550	8,810 992	0,113 4946
2,177	−0,56975	0,82182	−1,44241	8,819 807	0,113 3812
2,178	−0,57057	0,82125	−1,43934	8,828 631	0,113 2678
2,179	−0,57139	0,82068	−1,43627	8,837 464	0,113 1546
2,180	−0,57221	0,82010	−1,43321	8,846 306	0,113 0415
2,181	−0,57303	0,81953	−1,43016	8,855 157	0,112 9285
2,182	−0,57385	0,81896	−1,42712	8,864 017	0,112 8157
2,183	−0,57467	0,81838	−1,42409	8,872 885	0,112 7029
2,184	−0,57549	0,81781	−1,42106	8,881 762	0,112 5903
2,185	−0,57631	0,81723	−1,41805	8,890 649	0,112 4777
2,186	−0,57712	0,81666	−1,41504	8,899 544	0,112 3653
2,187	−0,57794	0,81608	−1,41204	8,908 448	0,112 2530
2,188	−0,57876	0,81550	−1,40906	8,917 361	0,112 1408
2,189	−0,57957	0,81492	−1,40607	8,926 282	0,112 0287
2,190	−0,58039	0,81434	−1,40310	8,935 213	0,111 9167
2,191	−0,58120	0,81376	−1,40014	8,944 153	0,111 8049
2,192	−0,58201	0,81318	−1,39718	8,953 101	0,111 6931
2,193	−0,58283	0,81260	−1,39422	8,962 059	0,111 5815
2,194	−0,58360	0,81201	−1,39129	8,971 026	0,111 4700
2,195	−0,58445	0,81143	−1,38836	8,980 001	0,111 3586
2,196	−0,58526	0,81084	−1,38544	8,988 986	0,111 2473
2,197	−0,58607	0,81026	−1,38252	8,997 979	0,111 1361
2,198	−0,58688	0,80967	−1,37961	9,006 982	0,111 0250
2,199	−0,58769	0,80908	−1,37672	9,015 993	0,110 9140

x	Cos x	Sin x	Tg x	φ
2,150	4,35067	4,23419	0,97323	123° 11′ 09,33″
2,151	4,35491	4,23854	0,97328	123 14 35,60
2,152	4,35915	4,24290	0,97333	123 18 01,86
2,153	4,36339	4,24726	0,97338	123 21 28,13
2,154	4,36764	4,25162	0,97344	123 24 54,39
2,155	4,37190	4,25599	0,97349	123 28 20,66
2,156	4,37615	4,26037	0,97354	123 31 46,92
2,157	4,38042	4,26475	0,97359	123 35 13,19
2,158	4,38468	4,26913	0,97365	123 38 39,45
2,159	4,38896	4,27352	0,97370	123 42 05,72
2,160	4,39323	4,27791	0,97375	123 45 31,98
2,161	4,39751	4,28230	0,97380	123 48 58,25
2,162	4,40180	4,28670	0,97385	123 52 24,51
2,163	4,40608	4,29111	0,97390	123 55 50,78
2,164	4,41038	4,29551	0,97396	123 59 17,04
2,165	4,41468	4,29993	0,97401	123 02 43,30
2,166	4,41898	4,30434	0,97406	123 06 09,57
2,167	4,42328	4,30876	0,97411	123 09 35,84
2,168	4,42760	4,31319	0,97416	123 13 02,10
2,169	4,43191	4,31762	0,97421	123 16 28,36
2,170	4,43623	4,32205	0,97426	124 19 54,63
2,171	4,44056	4,32649	0,97431	124 23 20,89
2,172	4,44488	4,33093	0,97436	124 26 47,16
2,173	4,44922	4,33538	0,97441	124 30 13,42
2,174	4,45355	4,33983	0,97446	124 33 39,69
2,175	4,45790	4,34429	0,97452	124 37 05,95
2,176	4,46224	4,34875	0,97457	124 40 32,22
2,177	4,46659	4,35321	0,97462	124 43 58,48
2,178	4,47095	4,35768	0,97467	124 47 24,75
2,179	4,47531	4,36215	0,97472	124 50 51,01
2,180	4,47967	4,36663	0,97477	124 54 17,28
2,181	4,48404	4,37111	0,97482	124 57 43,54
2,182	4,48842	4,37560	0,97487	125 01 09,81
2,183	4,49279	4,38009	0,97491	125 04 36,07
2,184	4,49718	4,38459	0,97496	125 08 02,34
2,185	4,50156	4,38909	0,97501	125 11 28,60
2,186	4,50595	4,39359	0,97506	125 14 54,87
2,187	4,51035	4,39810	0,97511	125 18 21,13
2,188	4,51475	4,40261	0,97516	125 21 47,40
2,189	4,51916	4,40713	0,97521	125 25 13,66
2,190	4,52356	4,41165	0,97526	125 28 39,93
2,191	4,52798	4,41617	0,97531	125 32 06,19
2,192	4,53240	4,42070	0,97536	125 35 32,46
2,193	4,53682	4,42524	0,97541	125 38 58,72
2,194	4,54125	4,42978	0,97545	125 42 24,98
2,195	4,54568	4,43432	0,97550	125 45 51,25
2,196	4,55012	4,43887	0,97555	125 49 17,51
2,197	4,55456	4,44342	0,97560	125 52 43,78
2,198	4,55900	4,44798	0,97565	125 56 10,04
2,199	4,56345	4,45254	0,97570	125 59 36,31

x	$\cos x$	$\sin x$	$\operatorname{tg} x$	e^x	e^{-x}
2,200	−0,58850	0,80850	−1,37382	9,025 013	0,110 8032
2,201	−0,58931	0,80791	−1,37094	9,034 043	0,110 6924
2,202	−0,59012	0,80732	−1,36806	9,043 082	0,110 5818
2,203	−0,59092	0,80673	−1,36520	9,052 129	0,110 4712
2,204	−0,59173	0,80614	−1,36234	9,061 186	0,110 3608
2,205	−0,59254	0,80554	−1,35948	9,070 252	0,110 2505
2,206	−0,59334	0,80495	−1,35664	9,079 326	0,110 1403
2,207	−0,59415	0,80436	−1,35380	9,088 410	0,110 0302
2,208	−0,59495	0,80376	−1,35097	9,097 503	0,109 9203
2,209	−0,59575	0,80317	−1,34815	9,106 605	0,109 8104
2,210	−0,59656	0,80257	−1,34534	9,115 716	0,109 7006
2,211	−0,59736	0,80197	−1,34253	9,124 837	0,109 5910
2,212	−0,59816	0,80138	−1,33973	9,133 966	0,109 4815
2,213	−0,59896	0,80079	−1,33694	9,143 105	0,109 3720
2,214	−0,59976	0,80018	−1,33416	9,152 252	0,109 2627
2,215	−0,60056	0,79958	−1,33138	9,161 409	0,109 1535
2,216	−0,60136	0,79898	−1,32861	9,170 575	0,109 0444
2,217	−0,60216	0,79838	−1,32585	9,179 750	0,108 9354
2,218	−0,60296	0,79777	−1,32310	9,188 935	0,108 8265
2,219	−0,60376	0,79717	−1,32035	9,198 128	0,108 7178
2,220	−0,60455	0,79657	−1,31761	9,207 331	0,108 6091
2,221	−0,60535	0,79596	−1,31488	9,216 543	0,108 5006
2,222	−0,60614	0,79535	−1,31216	9,225 764	0,108 3921
2,223	−0,60694	0,79475	−1,30945	9,234 994	0,108 2838
2,224	−0,60773	0,79414	−1,30673	9,244 234	0,108 1755
2,225	−0,60853	0,79353	−1,30402	9,253 483	0,108 0674
2,226	−0,60932	0,79293	−1,30132	9,262 741	0,107 9594
2,227	−0,61011	0,79231	−1,29863	9,272 008	0,107 8515
2,228	−0,61090	0,79170	−1,29595	9,281 285	0,107 7437
2,229	−0,61170	0,79109	−1,29328	9,290 571	0,107 6360
2,230	−0,61249	0,79048	−1,29061	9,299 866	0,107 5284
2,231	−0,61328	0,78987	−1,28794	9,309 171	0,107 4210
2,232	−0,61407	0,78925	−1,28529	9,318 484	0,107 3136
2,233	−0,61486	0,78864	−1,28264	9,327 808	0,107 2063
2,234	−0,61564	0,78802	−1,28000	9,337 140	0,107 0992
2,235	−0,61643	0,78741	−1,27736	9,346 482	0,106 9921
2,236	−0,61722	0,78679	−1,27473	9,355 833	0,106 8852
2,237	−0,61801	0,78617	−1,27211	9,365 194	0,106 7784
2,238	−0,61879	0,78556	−1,26950	9,374 563	0,106 6716
2,239	−0,61958	0,78494	−1,26689	9,383 943	0,106 5650
2,240	−0,62036	0,78432	−1,26429	9,393 331	0,106 4585
2,241	−0,62115	0,78370	−1,26169	9,402 729	0,106 3521
2,242	−0,62193	0,78307	−1,25910	9,412 137	0,106 2458
2,243	−0,62271	0,78245	−1,25652	9,421 554	0,106 1396
2,244	−0,62349	0,78183	−1,25395	9,430 980	0,106 0335
2,245	−0,62427	0,78120	−1,25138	9,440 416	0,105 9275
2,246	−0,62506	0,78058	−1,24882	9,449 861	0,105 8217
2,247	−0,62584	0,77995	−1,24626	9,459 315	0,105 7159
2,248	−0,62662	0,77933	−1,24371	9,468 779	0,105 6102
2,249	−0,62740	0,77870	−1,24117	9,478 253	0,105 5047

x	Cof x	Sin x	Tg x	φ
2,200	4,56791	4,45711	0,97574	126° 03′ 02,57″
2,201	4,57237	4,46168	0,97579	126 06 28,84
2,202	4,57683	4,46625	0,97584	126 09 55,10
2,203	4,58130	4,47083	0,97589	126 13 21,37
2,204	4,58577	4,47541	0,97593	126 16 47,63
2,205	4,59025	4,48000	0,97598	126 20 13,90
2,206	4,59473	4,48459	0,97603	126 23 40,16
2,207	4,59922	4,48919	0,97608	126 27 06,43
2,208	4,60371	4,49379	0,97612	126 30 32,69
2,209	4,60821	4,49840	0,97617	126 33 58,96
2,210	4,61271	4,50301	0,97622	126 37 25,22
2,211	4,61721	4,50762	0,97626	126 40 51,49
2,212	4,62172	4,51224	0,97631	126 44 17,75
2,213	4,62624	4,51687	0,97636	126 47 44,02
2,214	4,63076	4,52149	0,97640	126 51 10,28
2,215	4,63528	4,52613	0,97645	126 54 36,55
2,216	4,63981	4,53077	0,97650	126 58 02,81
2,217	4,64434	4,53541	0,97654	127 01 29,08
2,218	4,64888	4,54005	0,97659	127 04 55,34
2,219	4,65342	4,54471	0,97664	127 08 21,61
2,220	4,65797	4,54936	0,97668	127 11 47,87
2,221	4,66252	4,55402	0,97673	127 15 14,13
2,222	4,66708	4,55869	0,97678	127 18 40,40
2,223	4,67164	4,56336	0,97682	127 22 06,66
2,224	4,67620	4,56803	0,97687	127 25 32,93
2,225	4,68078	4,57271	0,97691	127 28 59,19
2,226	4,68535	4,57739	0,97696	127 32 25,46
2,227	4,68993	4,58208	0,97700	127 35 51,72
2,228	4,69451	4,58677	0,97705	127 39 17,99
2,229	4,69910	4,59147	0,97709	127 42 44,25
2,230	4,70370	4,59617	0,97714	127 46 10,52
2,231	4,70830	4,60087	0,97718	127 49 36,78
2,232	4,71290	4,60559	0,97723	127 53 03,05
2,233	4,71751	4,61030	0,97727	127 56 29,31
2,234	4,72212	4,61502	0,97732	127 59 55,58
2,235	4,72674	4,61974	0,97736	128 03 21,84
2,236	4,73136	4,62447	0,97741	128 06 48,11
2,237	4,73599	4,62921	0,97745	128 10 14,37
2,238	4,74062	4,63395	0,97750	128 13 40,64
2,239	4,74525	4,63869	0,97754	128 17 06,90
2,240	4,74989	4,64344	0,97759	128 20 33,17
2,241	4,75454	4,64819	0,97763	128 23 59,43
2,242	4,75919	4,65295	0,97768	128 27 25,70
2,243	4,76385	4,65771	0,97772	128 30 51,96
2,244	4,76851	4,66247	0,97776	128 34 18,23
2,245	4,77317	4,66724	0,97781	128 37 44,49
2,246	4,77784	4,67202	0,97785	128 41 10,75
2,247	4,78252	4,67680	0,97790	128 44 37,02
2,248	4,78719	4,68158	0,97794	128 48 03,28
2,249	4,79188	4,68637	0,97798	128 51 29,55

x	$\cos x$	$\sin x$	$\operatorname{tg} x$	e^x	e^{-x}
2,250	−0,62817	0,77807	−1,23863	9,487 736	0,105 3992
2,251	−0,62895	0,77744	−1,23610	9,497 228	0,105 2939
2,252	−0,62973	0,77682	−1,23357	9,506 730	0,105 1886
2,253	−0,63051	0,77619	−1,23105	9,516 242	0,105 0835
2,254	−0,63128	0,77555	−1,22854	9,525 763	0,104 9785
2,255	−0,63206	0,77492	−1,22603	9,535 293	0,104 8735
2,256	−0,63283	0,77429	−1,22353	9,544 833	0,104 7687
2,257	−0,63360	0,77366	−1,22104	9,554 383	0,104 6640
2,258	−0,63438	0,77302	−1,21855	9,563 942	0,104 5594
2,259	−0,63515	0,77239	−1,21607	9,573 511	0,104 4549
2,260	−0,63592	0,77175	−1,21360	9,583 089	0,104 3505
2,261	−0,63669	0,77112	−1,21113	9,592 677	0,104 2462
2,262	−0,63747	0,77048	−1,20866	9,602 275	0,104 1420
2,263	−0,63824	0,76984	−1,20620	9,611 882	0,104 0379
2,264	−0,63900	0,76920	−1,20375	9,621 498	0,103 9339
2,265	−0,63977	0,76856	−1,20131	9,631 125	0,103 8300
2,266	−0,64054	0,76793	−1,19887	9,640 761	0,103 7263
2,267	−0,64131	0,76728	−1,19643	9,650 406	0,103 6226
2,268	−0,64208	0,76664	−1,19400	9,660 061	0,103 5190
2,269	−0,64284	0,76600	−1,19158	9,669 726	0,103 4155
2,270	−0,64361	0,76535	−1,18916	9,679 401	0,103 3122
2,271	−0,64437	0,76471	−1,18675	9,689 085	0,103 2089
2,272	−0,64514	0,76407	−1,18435	9,698 779	0,103 1058
2,273	−0,64590	0,76342	−1,18195	9,708 483	0,103 0027
2,274	−0,64667	0,76277	−1,17955	9,718 196	0,102 8998
2,275	−0,64743	0,76213	−1,17716	9,727 919	0,102 7969
2,276	−0,64819	0,76148	−1,17478	9,737 652	0,102 6942
2,277	−0,64895	0,76083	−1,17240	9,747 394	0,102 5915
2,278	−0,64971	0,76018	−1,17003	9,757 147	0,102 4890
2,279	−0,65047	0,75953	−1,16767	9,766 909	0,102 3865
2,280	−0,65123	0,75888	−1,16530	9,776 680	0,102 2842
2,281	−0,65199	0,75823	−1,16295	9,786 462	0,102 1820
2,282	−0,65275	0,75758	−1,16060	9,796 253	0,102 0798
2,283	−0,65350	0,75692	−1,15826	9,806 054	0,101 9778
2,284	−0,65426	0,75627	−1,15592	9,815 865	0,101 8759
2,285	−0,65502	0,75562	−1,15358	9,825 686	0,101 7741
2,286	−0,65577	0,75496	−1,15125	9,835 517	0,101 6723
2,287	−0,65653	0,75430	−1,14893	9,845 357	0,101 5707
2,288	−0,65728	0,75365	−1,14661	9,855 208	0,101 4692
2,289	−0,65803	0,75299	−1,14430	9,865 068	0,101 3678
2,290	−0,65879	0,75233	−1,14200	9,874 938	0,101 2665
2,291	−0,65954	0,75167	−1,13969	9,884 818	0,101 1652
2,292	−0,66029	0,75101	−1,13740	9,894 707	0,101 0641
2,293	−0,66104	0,75035	−1,13511	9,904 607	0,100 9631
2,294	−0,66179	0,74969	−1,13282	9,914 517	0,100 8622
2,295	−0,66254	0,74903	−1,13054	9,924 436	0,100 7614
2,296	−0,66329	0,74836	−1,12826	9,934 365	0,100 6607
2,297	−0,66404	0,74770	−1,12599	9,944 305	0,100 5601
2,298	−0,66478	0,74704	−1,12373	9,954 254	0,100 4596
2,299	−0,66553	0,74637	−1,12147	9,964 213	0,100 3592

x	Cof x	Sin x	Tg x	φ
2,250	4,79657	4,69117	0,97803	128° 54′ 55,81″
2,251	4,80126	4,69597	0,97807	128 58 22,08
2,252	4,80596	4,70077	0,97811	129 01 48,34
2,253	4,81066	4,70558	0,97816	129 05 14,61
2,254	4,81537	4,71039	0,97820	129 08 40,87
2,255	4,82008	4,71521	0,97824	129 12 07,14
2,256	4,82480	4,72003	0,97829	129 15 33,40
2,257	4,82952	4,72486	0,97833	129 18 59,67
2,258	4,83425	4,72969	0,97837	129 22 25,93
2,259	4,83898	4,73453	0,97841	129 25 52,20
2,260	4,84372	4,73937	0,97846	129 29 18,46
2,261	4,84846	4,74422	0,97850	129 32 44,73
2,262	4,85321	4,74907	0,97854	129 36 10,99
2,263	4,85796	4,75392	0,97858	129 39 37,26
2,264	4,86272	4,75878	0,97863	129 43 03,52
2,265	4,86748	4,76365	0,97867	129 46 29,79
2,266	4,87224	4,76852	0,97871	129 49 56,05
2,267	4,87701	4,77339	0,97875	129 53 22,32
2,268	4,88179	4,77827	0,97879	129 56 48,58
2,269	4,88657	4,78316	0,97884	130 00 14,85
2,270	4,89136	4,78804	0,97888	130 03 41,11
2,271	4,89615	4,79294	0,97892	130 07 07,37
2,272	4,90094	4,79784	0,97896	130 10 33,64
2,273	4,90574	4,80274	0,97900	130 13 59,90
2,274	4,91055	4,80765	0,97905	130 17 26,17
2,275	4,91536	4,81256	0,97909	130 20 52,43
2,276	4,92017	4,81748	0,97913	130 24 18,70
2,277	4,92499	4,82240	0,97917	130 27 44,96
2,278	4,92982	4,82733	0,97921	130 31 11,23
2,279	4,93465	4,83226	0,97925	130 34 37,49
2,280	4,93948	4,83720	0,97929	130 38 03,76
2,281	4,94432	4,84214	0,97933	130 41 30,02
2,282	4,94917	4,84709	0,97937	130 44 56,29
2,283	4,95402	4,85204	0,97942	130 48 22,55
2,284	4,95887	4,85699	0,97946	130 51 48,82
2,285	4,96373	4,86196	0,97950	130 55 15,08
2,286	4,96859	4,86692	0,97954	130 58 41,35
2,287	4,97346	4,87189	0,97958	131 02 07,61
2,288	4,97834	4,87687	0,97962	131 05 33,88
2,289	4,98322	4,88185	0,97966	131 09 00,14
2,290	4,98810	4,88684	0,97970	131 12 26,41
2,291	4,99299	4,89183	0,97974	131 15 52,67
2,292	4,99789	4,89682	0,97978	131 19 18,94
2,293	5,00279	4,90182	0,97982	131 22 45,20
2,294	5,00769	4,90683	0,97986	131 26 11,47
2,295	5,01260	4,91184	0,97990	131 29 37,73
2,296	5,01751	4,91685	0,97994	131 33 04,00
2,297	5,02243	4,92187	0,97998	131 36 30,26
2,298	5,02736	4,92690	0,98002	131 39 56,52
2,299	5,03229	4,93193	0,98006	131 43 22,79

x	$\cos x$	$\sin x$	$\operatorname{tg} x$	e^x	e^{-x}
2,300	−0,66628	0,74571	−1,11921	9,974 182	0,100 2588
2,301	−0,66702	0,74504	−1,11696	9,984 162	0,100 1586
2,302	−0,66777	0,74437	−1,11472	9,994 151	0,100 0585
2,303	−0,66851	0,74370	−1,11248	10,004 150	0,099 9585
2,304	−0,66925	0,74303	−1,11024	10,014 159	0,099 8586
2,305	−0,67000	0,74236	−1,10802	10,024 178	0,099 7588
2,306	−0,67074	0,74169	−1,10579	10,034 207	0,099 6591
2,307	−0,67148	0,74102	−1,10357	10,044 247	0,099 5595
2,308	−0,67222	0,74035	−1,10135	10,054 296	0,099 4600
2,309	−0,67296	0,73968	−1,09914	10,064 355	0,099 3606
2,310	−0,67370	0,73901	−1,09694	10,074 425	0,099 2613
2,311	−0,67444	0,73833	−1,09473	10,084 504	0,099 1620
2,312	−0,67518	0,73766	−1,09254	10,094 594	0,099 0629
2,313	−0,67591	0,73698	−1,09035	10,104 693	0,098 9639
2,314	−0,67665	0,73630	−1,08816	10,114 803	0,098 8650
2,315	−0,67739	0,73563	−1,08598	10,124 923	0,098 7662
2,316	−0,67812	0,73495	−1,08380	10,135 053	0,098 6675
2,317	−0,67886	0,73427	−1,08163	10,145 193	0,098 5688
2,318	−0,67959	0,73359	−1,07946	10,155 343	0,098 4703
2,319	−0,68032	0,73291	−1,07730	10,165 504	0,098 3719
2,320	−0,68106	0,73223	−1,07514	10,175 674	0,098 2736
2,321	−0,68179	0,73155	−1,07299	10,185 855	0,098 1754
2,322	−0,68252	0,73087	−1,07084	10,196 046	0,098 0772
2,323	−0,68325	0,73019	−1,06869	10,206 247	0,097 9792
2,324	−0,68393	0,72950	−1,06655	10,216 459	0,097 8813
2,325	−0,68471	0,72882	−1,06442	10,226 680	0,097 7834
2,326	−0,68544	0,72813	−1,06228	10,236 912	0,097 6857
2,327	−0,68616	0,72745	−1,06016	10,247 154	0,097 5881
2,328	−0,68689	0,72676	−1,05804	10,257 406	0,097 4905
2,329	−0,68762	0,72607	−1,05592	10,267 669	0,097 3931
2,330	−0,68834	0,72538	−1,05381	10,277 942	0,097 2957
2,331	−0,68907	0,72470	−1,05171	10,288 225	0,097 1985
2,332	−0,68979	0,72401	−1,04960	10,298 518	0,097 1014
2,333	−0,69052	0,72332	−1,04750	10,308 822	0,097 0043
2,334	−0,69124	0,72263	−1,04540	10,319 136	0,096 9073
2,335	−0,69196	0,72193	−1,04331	10,329 460	0,096 8105
2,336	−0,69268	0,72124	−1,04123	10,339 795	0,096 7137
2,337	−0,69340	0,72055	−1,03915	10,350 140	0,096 6171
2,338	−0,69412	0,71985	−1,03707	10,360 495	0,096 5205
2,339	−0,69484	0,71916	−1,03499	10,370 861	0,096 4240
2,340	−0,69556	0,71846	−1,03293	10,381 237	0,096 3276
2,341	−0,69628	0,71777	−1,03086	10,391 623	0,096 2314
2,342	−0,69700	0,71707	−1,02880	10,402 020	0,096 1352
2,343	−0,69772	0,71637	−1,02674	10,412 427	0,096 0391
2,344	−0,69843	0,71568	−1,02469	10,422 845	0,095 9431
2,345	−0,69915	0,71498	−1,02265	10,433 273	0,095 8472
2,346	−0,69986	0,71428	−1,02060	10,443 711	0,095 7514
2,347	−0,70057	0,71358	−1,01856	10,454 160	0,095 6557
2,348	−0,70129	0,71288	−1,01652	10,464 620	0,095 5601
2,349	−0,70200	0,71218	−1,01449	10,475 089	0,095 4646

x	Cof x	Sin x	Tg x	φ
2,300	5,03722	4,93696	0,98010	131° 46′ 49,05″
2,301	5,04216	4,94200	0,98014	131 50 15,32
2,302	5,04710	4,94705	0,98018	131 53 41,58
2,303	5,05205	4,95210	0,98021	131 57 07,85
2,304	5,05701	4,95715	0,98025	132 00 34,11
2,305	5,06197	4,96221	0,98029	132 04 00,38
2,306	5,06693	4,96727	0,98033	132 07 26,64
2,307	5,07190	4,97234	0,98037	132 10 52,91
2,308	5,07688	4,97742	0,98041	132 14 19,17
2,309	5,08186	4,98250	0,98045	132 17 45,44
2,310	5,08684	4,98758	0,98049	132 21 11,70
2,311	5,09183	4,99267	0,98053	132 24 37,97
2,312	5,09683	4,99777	0,98056	132 28 04,23
2,313	5,10183	5,00286	0,98060	132 31 30,50
2,314	5,10683	5,00797	0,98064	132 34 56,76
2,315	5,11184	5,01308	0,98068	132 38 23,03
2,316	5,11686	5,01819	0,98072	132 41 49,29
2,317	5,12188	5,02331	0,98076	132 45 15,56
2,318	5,12691	5,02844	0,98079	132 48 41,82
2,319	5,13194	5,03357	0,98083	132 52 08,09
2,320	5,13697	5,03870	0,98087	132 55 34,35
2,321	5,14202	5,04384	0,98091	132 59 00,62
2,322	5,14706	5,04898	0,98095	133 02 26,88
2,323	5,15211	5,05413	0,98098	133 05 53,14
2,324	5,15717	5,05929	0,98102	133 09 19,41
2,325	5,16223	5,06445	0,98106	133 12 45,67
2,326	5,16730	5,06961	0,98110	133 16 11,94
2,327	5,17237	5,07478	0,98113	133 19 38,20
2,328	5,17745	5,07996	0,98117	133 23 04,47
2,329	5,18253	5,08514	0,98121	133 26 30,73
2,330	5,18762	5,09032	0,98124	133 29 57,00
2,331	5,19271	5,09551	0,98128	133 33 23,26
2,332	5,19781	5,10071	0,98132	133 36 49,53
2,333	5,20291	5,10591	0,98136	133 40 15,79
2,334	5,20802	5,11111	0,98139	133 43 42,06
2,335	5,21314	5,11632	0,98143	133 47 08,32
2,336	5,21825	5,12154	0,98147	133 50 34,59
2,337	5,22338	5,12676	0,98150	133 54 00,85
2,338	5,22851	5,13199	0,98154	133 57 27,12
2,339	5,23364	5,13722	0,98158	134 00 53,38
2,340	5,23878	5,14245	0,98161	134 04 19,65
2,341	5,24393	5,14770	0,98165	134 07 45,91
2,342	5,24908	5,15294	0,98169	134 11 12,18
2,343	5,25423	5,15819	0,98172	134 14 38,44
2,344	5,25939	5,16345	0,98176	134 18 04,71
2,345	5,26456	5,16871	0,98179	134 21 30,97
2,346	5,26973	5,17398	0,98183	134 24 57,24
2,347	5,27491	5,17925	0,98187	134 28 23,50
2,348	5,28009	5,18453	0,98190	134 31 49,77
2,349	5,28528	5,18981	0,98194	134 35 16,03

x	cos x	sin x	tg x	e^x	e^{-x}
2,350	−0,70271	0,71147	−1,01247	10,485 570	0,095 3692
2,351	−0,70342	0,71077	−1,01044	10,496 061	0,095 2738
2,352	−0,70413	0,71007	−1,00842	10,506 562	0,095 1786
2,353	−0,70484	0,70936	−1,00641	10,517 074	0,095 0835
2,354	−0,70555	0,70866	−1,00440	10,527 596	0,094 9884
2,355	−0,70626	0,70795	−1,00239	10,538 129	0,094 8935
2,356	−0,70697	0,70724	−1,00039	10,548 672	0,094 7987
$^3/_4\pi$=2,356	−0,70711	0,70711	−1	10,550 724	0,094 7802
2,357	−0,70768	0,70654	−0,99839	10,559 226	0,094 7039
2,358	−0,70838	0,70583	−0,99640	10,569 791	0,094 6093
2,359	−0,70909	0,70512	−0,99440	10,580 366	0,094 5147
2,360	−0,70979	0,70441	−0,99242	10,590 951	0,094 4202
2,361	−0,71050	0,70370	−0,99043	10,601 548	0,094 3259
2,362	−0,71120	0,70299	−0,98846	10,612 155	0,094 2316
2,363	−0,71190	0,70228	−0,98648	10,622 772	0,094 1374
2,364	−0,71260	0,70157	−0,98451	10,633 400	0,094 0433
2,365	−0,71331	0,70085	−0,98254	10,644 039	0,093 9493
2,366	−0,71401	0,70014	−0,98058	10,654 688	0,093 8554
2,367	−0,71471	0,69942	−0,97862	10,665 348	0,093 7616
2,368	−0,71541	0,69871	−0,97666	10,676 019	0,093 6679
2,369	−0,71610	0,69799	−0,97471	10,686 700	0,093 5743
2,370	−0,71680	0,69728	−0,97276	10,697 392	0,093 4807
2,371	−0,71750	0,69656	−0,97082	10,708 095	0,093 3873
2,372	−0,71819	0,69584	−0,96888	10,718 808	0,093 2940
2,373	−0,71889	0,69512	−0,96694	10,729 533	0,093 2007
2,374	−0,71958	0,69440	−0,96501	10,740 268	0,093 1076
2,375	−0,72028	0,69368	−0,96307	10,751 013	0,093 0145
2,376	−0,72097	0,69296	−0,96115	10,761 770	0,092 9215
2,377	−0,72166	0,69224	−0,95923	10,772 537	0,092 8286
2,378	−0,72236	0,69152	−0,95731	10,783 315	0,092 7359
2,379	−0,72305	0,69080	−0,95540	10,794 103	0,092 6432
2,380	−0,72374	0,69007	−0,95349	10,804 903	0,092 5506
2,381	−0,72443	0,68935	−0,95158	10,815 713	0,092 4581
2,382	−0,72512	0,68863	−0,94968	10,826 534	0,092 3657
2,383	−0,72580	0,68790	−0,94778	10,837 366	0,092 2733
2,384	−0,72649	0,68717	−0,94588	10,848 209	0,092 1811
2,385	−0,72718	0,68645	−0,94399	10,859 063	0,092 0890
2,386	−0,72787	0,68572	−0,94210	10,869 927	0,091 9969
2,387	−0,72855	0,68499	−0,94021	10,880 803	0,091 9050
2,388	−0,72924	0,68426	−0,93833	10,991 689	0,091 8131
2,389	−0,72991	0,68353	−0,93645	10,902 586	0,091 7214
2,390	−0,73060	0,68280	−0,93458	10,913 494	0,091 6297
2,391	−0,73128	0,68207	−0,93270	10,924 413	0,091 5381
2,392	−0,73197	0,68134	−0,93084	10,935 343	0,091 4466
2,393	−0,73265	0,68061	−0,92897	10,946 284	0,091 3552
2,394	−0,73333	0,67988	−0,92711	10,957 235	0,091 2639
2,395	−0,73401	0,67914	−0,92525	10,968 198	0,091 1727
2,396	−0,73469	0,67841	−0,92340	10,979 172	0,091 0816
2,397	−0,73536	0,67767	−0,92155	10,990 156	0,090 9905
2,398	−0,73604	0,67694	−0,91970	11,001 152	0,090 8996
2,399	−0,73672	0,67620	−0,91786	11,012 159	0,090 8087

x	Cof x	Sin x	Tg x	φ
2,350	5,29047	5,19510	0,98197	134° 38′ 42,29″
2,351	5,29567	5,20039	0,98201	134 42 08,56
2,352	5,30087	5,20569	0,98204	134 45 34,82
2,353	5,30608	5,21100	0,98208	134 49 01,09
2,354	5,31129	5,21630	0,98212	134 52 27,35
2,355	5,31651	5,22162	0,98215	134 55 53,62
2,356	5,32174	5,22694	0,98219	134 59 19,88
$^3/_4\pi$=2,356···	5,32275	5,22797	0,98219	135
2,357	5,32697	5,23226	0,98222	135 02 46,15
2,358	5,33220	5,23759	0,98226	135 06 12,41
2,359	5,33744	5,24293	0,98229	135 09 38,68
2,360	5,34269	5,24827	0,98233	135 13 04,94
2,361	5,34794	5,25361	0,98236	135 16 31,21
2,362	5,35319	5,25896	0,98240	135 19 57,47
2,363	5,35845	5,26432	0,98243	135 23 23,74
2,364	5,36372	5,26968	0,98247	135 26 50,00
2,365	5,36899	5,27504	0,98250	135 30 16,27
2,366	5,37427	5,28042	0,98254	135 33 42,53
2,367	5,37955	5,28579	0,98257	135 37 08,80
2,368	5,38484	5,29118	0,98261	135 40 35,06
2,369	5,39014	5,29656	0,98264	135 44 01,33
2,370	5,39544	5,30196	0,98267	135 47 27,59
2,371	5,40074	5,30735	0,98271	135 50 53,86
2,372	5,40605	5,31276	0,98274	135 54 20,12
2,373	5,41137	5,31817	0,98278	135 57 46,39
2,374	5,41669	5,32358	0,98281	136 01 12,65
2,375	5,42201	5,32900	0,98285	136 04 38,91
2,376	5,42735	5,33442	0,98288	136 08 05,18
2,377	5,43268	5,33985	0,98291	136 11 31,44
2,378	5,43803	5,34529	0,98295	136 14 57,71
2,379	5,44337	5,35073	0,98298	136 18 23,97
2,380	5,44873	5,35618	0,98301	136 21 50,24
2,381	5,45409	5,36163	0,98305	136 25 16,50
2,382	5,45945	5,36708	0,98308	136 28 42,77
2,383	5,46482	5,37255	0,98311	136 32 09,03
2,384	5,47020	5,37801	0,98315	136 35 35,30
2,385	5,47558	5,38349	0,98318	136 39 01,56
2,386	5,48096	5,38897	0,98322	136 42 27,83
2,387	5,48635	5,39445	0,98325	136 45 54,09
2,388	5,49175	5,39994	0,98328	136 49 20,36
2,389	5,49715	5,40543	0,98331	136 52 46,62
2,390	5,50256	5,41093	0,98335	136 56 12,89
2,391	5,50798	5,41644	0,98338	136 59 39,15
2,392	5,51339	5,42195	0,98341	137 03 05,42
2,393	5,51882	5,42746	0,98345	137 06 31,68
2,394	5,52425	5,43299	0,98348	137 09 57,95
2,395	5,52969	5,43851	0,98351	137 13 24,21
2,396	5,53513	5,44405	0,98354	137 16 50,48
2,397	5,54057	5,44958	0,98358	137 20 16,74
2,398	5,54603	5,45513	0,98361	137 23 43,01
2,399	5,55148	5,46068	0,98364	137 27 09,27

x	$\cos x$	$\sin x$	$\text{tg}\, x$	e^x	e^{-x}
2,400	− 0,73739	0,67546	− 0,91601	11,023 176	0,090 7180
2,401	− 0,73807	0,67473	− 0,91418	11,034 205	0,090 6273
2,402	− 0,73874	0,67399	− 0,91234	11,045 245	0,090 5367
2,403	− 0,73942	0,67325	− 0,91051	11,056 296	0,090 4462
2,404	− 0,74009	0,67251	− 0,90868	11,067 357	0,090 3558
2,405	− 0,74076	0,67177	− 0,90686	11,078 430	0,090 2655
2,406	− 0,74143	0,67103	− 0,90504	11,089 514	0,090 1753
2,407	− 0,74210	0,67028	− 0,90322	11,100 609	0,090 0851
2,408	− 0,74277	0,66954	− 0,90141	11,111 715	0,089 9951
2,409	− 0,74344	0,66880	− 0,89960	11,122 833	0,089 9052
2,410	− 0,74411	0,66806	− 0,89779	11,133 961	0,089 8153
2,411	− 0,74478	0,66731	− 0,89599	11,145 101	0,089 7255
2,412	− 0,74545	0,66657	− 0,89418	11,156 251	0,089 6358
2,413	− 0,74611	0,66582	− 0,89239	11,167 413	0,089 5463
2,414	− 0,74678	0,66507	− 0,89059	11,178 586	0,089 4568
2,415	− 0,74744	0,66433	− 0,88880	11,189 770	0,089 3673
2,416	− 0,74811	0,66358	− 0,88701	11,200 966	0,089 2780
2,417	− 0,74877	0,66283	− 0,88523	11,212 172	0,089 1888
2,418	− 0,74943	0,66208	− 0,88344	11,223 390	0,089 0996
2,419	− 0,75010	0,66133	− 0,88167	11,234 619	0,089 0106
2,420	− 0,75075	0,66058	− 0,87989	11,245 859	0,088 9216
2,421	− 0,75141	0,65983	− 0,87812	11,257 111	0,088 8327
2,422	− 0,75207	0,65908	− 0,87635	11,268 374	0,088 7440
2,423	− 0,75273	0,65833	− 0,87458	11,279 648	0,088 6553
2,424	− 0,75339	0,65757	− 0,87282	11,290 933	0,088 5666
2,425	− 0,75404	0,65682	− 0,87106	11,302 229	0,088 4781
2,426	− 0,75470	0,65606	− 0,86930	11,313 537	0,088 3897
2,427	− 0,75536	0,65531	− 0,86755	11,324 857	0,088 3013
2,428	− 0,75602	0,65455	− 0,86579	11,336 187	0,088 2131
2,429	− 0,75667	0,65380	− 0,86405	11,347 529	0,088 1249
2,430	− 0,75732	0,65304	− 0,86230	11,358 882	0,088 0368
2,431	− 0,75798	0,65228	− 0,86056	11,370 247	0,087 9488
2,432	− 0,75863	0,65152	− 0,85882	11,381 623	0,087 8609
2,433	− 0,75928	0,65077	− 0,85708	11,393 010	0,087 7731
2,434	− 0,75993	0,65001	− 0,85535	11,404 409	0,087 6854
2,435	− 0,76058	0,64925	− 0,85362	11,415 819	0,087 5977
2,436	− 0,76123	0,64850	− 0,85189	11,427 240	0,087 5102
2,437	− 0,76188	0,64772	− 0,85017	11,438 673	0,087 4227
2,438	− 0,76252	0,64696	− 0,84845	11,450 118	0,087 3353
2,439	− 0,76317	0,64620	− 0,84673	11,461 573	0,087 2481
2,440	− 0,76382	0,64544	− 0,84501	11,473 041	0,087 1609
2,441	− 0,76446	0,64467	− 0,84330	11,484 520	0,087 0737
2,442	− 0,76510	0,64391	− 0,84159	11,496 010	0,086 9867
2,443	− 0,76575	0,64314	− 0,83989	11,507 512	0,086 8998
2,444	− 0,76639	0,64237	− 0,83818	11,519 025	0,086 8129
2,445	− 0,76703	0,64161	− 0,83648	11,530 550	0,086 7261
2,446	− 0,76767	0,64084	− 0,83478	11,542 086	0,086 6395
2,447	− 0,76831	0,64007	− 0,83309	11,553 634	0,086 5529
2,448	− 0,76895	0,63930	− 0,83139	11,565 193	0,086 4663
2,449	− 0,76959	0,63853	− 0,82970	11,576 764	0,086 3799

x	Cos x	Sin x	Tg x	φ
2,400	5,55695	5,46623	0,98367	137° 30′ 35,53″
2,401	5,56242	5,47179	0,98371	137 34 01,80
2,402	5,56789	5,47735	0,98374	137 37 28,06
2,403	5,57337	5,48292	0,98377	137 40 54,33
2,404	5,57886	5,48850	0,98380	137 44 20,59
2,405	5,58435	5,49408	0,98384	137 47 46,86
2,406	5,58984	5,49967	0,98387	137 51 13,12
2,407	5,59535	5,50526	0,98390	137 54 39,39
2,408	5,60086	5,51086	0,98393	137 58 05,65
2,409	5,60637	5,51646	0,98396	138 01 31,92
2,410	5,61189	5,52207	0,98400	138 04 58,18
2,411	5,61741	5,52769	0,98403	138 08 24,45
2,412	5,62294	5,53331	0,98406	138 11 50,71
2,413	5,62848	5,53893	0,98409	138 15 16,98
2,414	5,63402	5,54456	0,98412	138 18 43,24
2,415	5,63957	5,55020	0,98415	138 22 09,51
2,416	5,64512	5,55584	0,98418	138 25 35,77
2,417	5,65068	5,56149	0,98422	138 29 02,04
2,418	5,65624	5,56715	0,98425	138 32 28,30
2,419	5,66181	5,57280	0,98428	138 35 54,57
2,420	5,66739	5,57847	0,98431	138 39 20,83
2,421	5,67297	5,58414	0,98434	138 42 47,10
2,422	5,67856	5,58981	0,98437	138 46 13,36
2,423	5,68415	5,59550	0,98440	138 49 39,63
2,424	5,68975	5,60118	0,98443	138 53 05,89
2,425	5,69535	5,60688	0,98446	138 56 32,16
2,426	5,70096	5,61257	0,98450	138 59 58,42
2,427	5,70658	5,61828	0,98453	139 03 24,68
2,428	5,71220	5,62399	0,98456	139 06 50,95
2,429	5,71783	5,62970	0,98459	139 10 17,21
2,430	5,72346	5,63542	0,98462	139 13 43,48
2,431	5,72910	5,64115	0,98465	139 17 09,74
2,432	5,73474	5,64688	0,98468	139 20 36,01
2,433	5,74039	5,65262	0,98471	139 24 02,27
2,434	5,74605	5,65836	0,98474	139 27 28,54
2,435	5,75171	5,66411	0,98477	139 30 54,80
2,436	5,75738	5,66986	0,98480	139 34 21,07
2,437	5,76305	5,67563	0,98483	139 37 47,33
2,438	5,76873	5,68139	0,98486	139 41 13,60
2,439	5,77441	5,68716	0,98489	139 44 39,86
2,440	5,78010	5,69294	0,98492	139 48 06,13
2,441	5,78580	5,69872	0,98495	139 51 32,39
2,442	5,79150	5,70451	0,98498	139 54 58,66
2,443	5,79721	5,71031	0,98501	139 58 24,92
2,444	5,80292	5,71611	0,98504	140 01 51,19
2,445	5,80864	5,72191	0,98507	140 05 17,45
2,446	5,81436	5,72772	0,98510	140 08 43,72
2,447	5,82009	5,73354	0,98513	140 12 09,98
2,448	5,82583	5,73936	0,98516	140 15 36,25
2,449	5,83157	5,74519	0,98519	140 19 02,51

x	$\cos x$	$\sin x$	$\operatorname{tg} x$	e^x	e^{-x}
2,450	−0,77023	0,63776	−0,82802	11 588 347	0,086 2936
2,451	−0,77087	0,63699	−0,82633	11,599 941	0,086 2073
2,452	−0,77151	0,63622	−0,82465	11,611 547	0,086 1212
2,453	−0,77214	0,63545	−0,82297	11,623 164	0,086 0351
2,454	−0,77278	0,63468	−0,82130	11,634 793	0,085 9491
2,455	−0,77341	0,63390	−0,81962	11,646 434	0,085 8632
2,456	−0,77404	0,63313	−0,81795	11,658 086	0,085 7774
2,457	−0,77468	0,63236	−0,81629	11,669 750	0,085 6916
2,458	−0,77531	0,63158	−0,81462	11,681 425	0,085 6060
2,459	−0,77594	0,63081	−0,81296	11,693 113	0,085 5204
2,460	−0,77657	0,63003	−0,81130	11,704 812	0,085 4350
2,461	−0,77720	0,62925	−0,80064	11,716 522	0,085 3496
2,462	−0,77783	0,62848	−0,80799	11,728 245	0,085 2643
2,463	−0,77846	0,62770	−0,80634	11,739 979	0,085 1790
2,464	−0,77908	0,62692	−0,80469	11,751 725	0,085 0939
2,465	−0,77971	0,62614	−0,80304	11,763 482	0,085 0088
2,466	−0,78033	0,62536	−0,80140	11,775 252	0,084 9239
2,467	−0,78096	0,62458	−0,79976	11,787 033	0,084 8390
2,468	−0,78159	0,62380	−0,79812	11,798 826	0,084 7542
2,469	−0,78221	0,62302	−0,79648	11,810 630	0,084 6695
2,470	−0,78283	0,62223	−0,79485	11,822 447	0,084 5849
2,471	−0,78345	0,62145	−0,79322	11,834 275	0,084 5003
2,472	−0,78407	0,62067	−0,79159	11,846 115	0,084 4159
2,473	−0,78469	0,61988	−0,78997	11,857 967	0,084 3315
2,474	−0,78531	0,61910	−0,78834	11,869 831	0,084 2472
2,475	−0,78593	0,61831	−0,78672	11,881 707	0,084 1630
2,476	−0,78655	0,61753	−0,78511	11,893 595	0,084 0789
2,477	−0,78717	0,61674	−0,78349	11,905 494	0,083 9948
2,478	−0,78778	0,61595	−0,78188	11,917 406	0,083 9109
2,479	−0,78840	0,61516	−0,78027	11,929 329	0,083 8270
2,480	−0,78901	0,61437	−0,77866	11,941 264	0,083 7432
2,481	−0,78963	0,61358	−0,77706	11,953 212	0,083 6595
2,482	−0,79024	0,61280	−0,77545	11,965 171	0,083 5759
2,483	−0,79085	0,61200	−0,77385	11,977 142	0,083 4924
2,484	−0,79147	0,61121	−0,77225	11,989 125	0,083 4089
2,485	−0,79208	0,61042	−0,77066	12,001 120	0,083 3256
2,486	−0,79269	0,60963	−0,76907	12,013 127	0,083 2423
2,487	−0,79330	0,60884	−0,76748	12,025 147	0,083 1591
2,488	−0,79390	0,60804	−0,76589	12,037 178	0,083 0760
2,489	−0,79451	0,60725	−0,76430	12,049 221	0,082 9929
2,490	−0,79512	0,60645	−0,76272	12,061 276	0,082 9100
2,491	−0,79573	0,60566	−0,76114	12,073 343	0,082 8271
2,492	−0,79633	0,60486	−0,75956	12,085 423	0,082 7443
2,493	−0,79693	0,60407	−0,75799	12,097 514	0,082 6616
2,494	−0,79754	0,60327	−0,75641	12,109 618	0,082 5790
2,495	−0,79814	0,60247	−0,75484	12,121 734	0,082 4965
2,496	−0,79874	0,60167	−0,75327	12,133 861	0,082 4140
2,497	−0,79934	0,60087	−0,75171	12,146 001	0,082 3316
2,498	−0,79995	0,60007	−0,75014	12,158 153	0,082 2493
2,499	−0,80054	0,59927	−0,74858	12,170 318	0,082 1671

x	Cos x	Sin x	Tg x	φ
2,450	5,83732	5,75103	0,98522	140° 22′ 28,78″
2,451	5,84307	5,75687	0,98525	140 25 55,04
2,452	5,84883	5,76271	0,98528	140 29 21,30
2,453	5,85460	5,76856	0,98530	140 32 47,57
2,454	5,86037	5,77442	0,98533	140 36 13,83
2,455	5,86615	5,78029	0,98536	140 39 40,10
2,456	5,87193	5,78615	0,98539	140 43 06,36
2,457	5,87772	5,79203	0,98542	140 46 32,63
2,458	5,88352	5,79791	0,98545	140 49 58,89
2,459	5,88932	5,80380	0,98548	140 53 25,16
2,460	5,89512	5,80969	0,98551	140 56 51,42
2,461	5,90094	5,81559	0,98554	141 00 17,69
2,462	5,90675	5,82149	0,98556	141 03 43,95
2,463	5,91258	5,82740	0,98559	141 07 10,22
2,464	5,91841	5,83332	0,98562	141 10 36,48
2,465	5,92425	5,83924	0,98565	141 14 02,75
2,466	5,93009	5,84516	0,98568	141 17 29,01
2,467	5,93594	5,85110	0,98571	141 20 55,28
2,468	5,94179	5,85704	0,98574	141 24 21,54
2,469	5,94765	5,86298	0,98576	141 27 47,81
2,470	5,95352	5,86893	0,98579	141 31 14,07
2,471	5,95939	5,87489	0,98582	141 34 40,34
2,472	5,96527	5,88085	0,98585	141 38 06,60
2,473	5,97115	5,88682	0,98588	141 41 32,87
2,474	5,97704	5,89279	0,98590	141 44 59,13
2,475	5,98294	5,89877	0,98593	141 48 25,40
2,476	5,98884	5,90476	0,98596	141 51 51,66
2,477	5,99474	5,91075	0,98599	141 55 17,93
2,478	6,00066	5,91675	0,98602	141 58 44,19
2,479	6,00658	5,92275	0,98604	142 02 10,45
2,480	6,01250	5,92876	0,98607	142 05 36,72
2,481	6,01844	5,93478	0,98610	142 09 02,98
2,482	6,02437	5,94080	0,98613	142 12 29,25
2,483	6,03032	5,94682	0,98615	142 15 55,51
2,484	6,03627	5,95286	0,98618	142 19 21,78
2,485	6,04222	5,95890	0,98621	142 22 48,04
2,486	6,04818	5,96494	0,98624	142 26 14,31
2,487	6,05415	5,97099	0,98626	142 29 40,57
2,488	6,06013	5,97705	0,98629	142 33 06,84
2,489	6,06611	5,98311	0,98632	142 36 33,10
2,490	6,07209	5,98918	0,98635	142 39 59,37
2,491	6,07809	5,99526	0,98637	142 43 25,63
2,492	6,08408	6,00134	0,98640	142 46 51,90
2,493	6,09009	6,00743	0,98643	142 50 18,16
2,494	6,09610	6,01352	0,98645	142 53 44,43
2,495	6,10211	6,01962	0,98648	142 57 10,69
2,496	6,10814	6,02572	0,98651	143 00 36,96
2,497	6,11417	6,03183	0,98653	143 04 03,22
2,498	6,12020	6,03795	0,98656	143 07 29,49
2,499	6,12624	6,04408	0,98659	143 10 55,75

x	$\cos x$	$\sin x$	$\operatorname{tg} x$	e^x	e^{-x}
2,500	− 0,80114	0,59847	− 0,74702	12,182 494	0,082 0850
2,501	− 0,80174	0,59767	− 0,74547	12,194 683	0,082 0030
2,502	− 0,80234	0,59687	− 0,74391	12,206 883	0,081 9210
2,503	− 0,80294	0,59607	− 0,74236	12,219 096	0,081 8391
2,504	− 0,80353	0,59526	− 0,74081	12,231 322	0,081 7573
2,505	− 0,80413	0,59446	− 0,73926	12,243 559	0,081 6756
2,506	− 0,80472	0,59365	− 0,73772	12,255 809	0,081 5940
2,507	− 0,80531	0,59285	− 0,73617	12,268 071	0,081 5124
2,508	− 0,80591	0,59204	− 0,73463	12,280 345	0,081 4309
2,509	− 0,80650	0,59124	− 0,73309	12,292 631	0,081 3495
2,510	− 0,80709	0,59043	− 0,73156	12,304 930	0,081 2682
2,511	− 0,80768	0,58962	− 0,73002	12,317 241	0,081 1870
2,512	− 0,80827	0,58882	− 0,72849	12,329 565	0,081 1059
2,513	− 0,80886	0,58801	− 0,72696	12,341 900	0,081 0248
2,514	− 0,80944	0,58720	− 0,72543	12,354 248	0,080 9438
2,515	− 0,81003	0,58639	− 0,72391	12,366 609	0,080 8629
2,516	− 0,81061	0,58558	− 0,72239	12,378 982	0,080 7821
2,517	− 0,81120	0,58477	− 0,72087	12,391 367	0,080 7013
2,518	− 0,81179	0,58396	− 0,71935	12,403 764	0,080 6207
2,519	− 0,81237	0,58314	− 0,71783	12,416 174	0,080 5401
2,520	− 0,81295	0,58233	− 0,71632	12,428 597	0,080 4596
2,521	− 0,81353	0,58152	− 0,71480	12,441 032	0,080 3792
2,522	− 0,81412	0,58070	− 0,71329	12,453 479	0,080 2988
2,523	− 0,81470	0,57989	− 0,71179	12,465 938	0,080 2186
2,524	− 0,81527	0,57907	− 0,71028	12,478 411	0,080 1384
2,525	− 0,81585	0,57826	− 0,70878	12,490 895	0,080 0583
2,526	− 0,81643	0,57744	− 0,70728	12,503 392	0,079 9783
2,527	− 0,81701	0,57663	− 0,70578	12,515 902	0,079 8984
2,528	− 0,81758	0,57581	− 0,70428	12,528 424	0,079 8185
2,529	− 0,81816	0,57499	− 0,70279	12,540 959	0,079 7387
2,530	− 0,81873	0,57417	− 0,70129	12,553 506	0,079 6590
2,531	− 0,81931	0,57335	− 0,69980	12,566 066	0,079 5794
2,532	− 0,81988	0,57253	− 0,69831	12,578 638	0,079 4999
2,533	− 0,82045	0,57171	− 0,69683	12,591 223	0,079 4204
2,534	− 0,82102	0,57089	− 0,69534	12,603 821	0,079 3410
2,535	− 0,82160	0,57007	− 0,69386	12,616 431	0,079 2617
2,536	− 0,82216	0,56924	− 0,69238	12,629 054	0,079 1825
2,537	− 0,82273	0,56843	− 0,69090	12,641 689	0,079 1034
2,538	− 0,82330	0,56760	− 0,68942	12,654 337	0,079 0243
2,539	− 0,82387	0,56678	− 0,68795	12,666 998	0,078 9453
2,540	− 0,82444	0,56596	− 0,68648	12,679 671	0,078 8664
2,541	− 0,82500	0,56513	− 0,68501	12,692 357	0,078 7876
2,542	− 0,82557	0,56431	− 0,68354	12,705 056	0,078 7088
2,543	− 0,82613	0,56348	− 0,68207	12,717 767	0,078 6302
2,544	− 0,82669	0,56265	− 0,68061	12,730 491	0,078 5516
2,545	− 0,82725	0,56183	− 0,67915	12,743 228	0,078 4731
2,546	− 0,82782	0,56100	− 0,67769	12,755 978	0,078 3946
2,547	− 0,82838	0,56017	− 0,67623	12,768 740	0,078 3163
2,548	− 0,82894	0,55934	− 0,67477	12,781 515	0,078 2380
2,549	− 0,82950	0,55851	− 0,67332	12,794 303	0,078 1598

x	Cof x	Sin x	Tg x	φ
2,500	6,13229	6,05020	0,98661	143° 14′ 22,02″
2,501	6,13834	6,05634	0,98664	143 17 48,28
2,502	6,14440	6,06248	0,98667	143 21 14,55
2,503	6,15047	6,06863	0,98669	143 24 40,81
2,504	6,15654	6,07478	0,98672	143 28 07,07
2,505	6,16262	6,08094	0,98675	143 31 33,34
2,506	6,16870	6,08711	0,98677	143 34 59,60
2,507	6,17479	6,09328	0,98680	143 38 25,87
2,508	6,18089	6,09946	0,98683	143 41 52,13
2,509	6,18699	6,10564	0,98685	143 45 18,40
2,510	6,19310	6,11183	0,98688	143 48 44,66
2,511	6,19921	6,11803	0,98690	143 52 10,93
2,512	6,20534	6,12423	0,98693	143 55 37,19
2,513	6,21146	6,13044	0,98696	143 59 03,46
2,514	6,21760	6,13665	0,98698	144 02 29,72
2,515	6,22374	6,14287	0,98701	144 05 55,99
2,516	6,22988	6,14910	0,98703	144 09 22,25
2,517	6,23603	6,15533	0,98706	144 12 48,52
2,518	6,24219	6,16157	0,98708	144 16 14,78
2,519	6,24836	6,16782	0,98711	144 19 41,05
2,520	6,25453	6,17407	0,98714	144 23 07,31
2,521	6,26071	6,18033	0,98716	144 26 33,58
2,522	6,26689	6,18659	0,98719	144 29 59,84
2,523	6,27308	6,19286	0,98721	144 33 26,11
2,524	6,27927	6,19914	0,98724	144 36 52,37
2,525	6,28548	6,20542	0,98726	144 40 18,64
2,526	6,29169	6,21171	0,98729	144 43 44,90
2,527	6,29790	6,21800	0,98731	144 47 11,17
2,528	6,30412	6,22430	0,98734	144 50 37,43
2,529	6,31035	6,23061	0,98736	144 54 03,69
2,530	6,31658	6,23692	0,98739	144 57 29,96
2,531	6,32282	6,24324	0,98741	145 00 56,22
2,532	6,32907	6,24957	0,98744	145 04 22,49
2,533	6,33532	6,25590	0,98746	145 07 48,75
2,534	6,34158	6,26224	0,98749	145 11 15,02
2,535	6,34785	6,26858	0,98751	145 14 41,28
2,536	6,35412	6,27494	0,98754	145 18 07,55
2,537	6,36040	6,28129	0,98756	145 21 33,81
2,538	6,36668	6,28766	0,98759	145 25 00,08
2,539	6,37297	6,29403	0,98761	145 28 26,34
2,540	6,37927	6,30040	0,98764	145 31 52,61
2,541	6,38557	6,30678	0,98766	145 35 18,87
2,542	6,39188	6,31317	0,98769	145 38 45,14
2,543	6,39820	6,31957	0,98771	145 42 11,40
2,544	6,40452	6,32597	0,98773	145 45 37,67
2,545	6,41085	6,33238	0,98776	145 49 03,93
2,546	6,41719	6,33879	0,98778	145 52 30,20
2,547	6,42353	6,34521	0,98781	145 55 56,46
2,548	6,42988	6,35164	0,98783	145 59 22,73
2,549	6,43623	6,35807	0,98786	146 02 48,99

x	$\cos x$	$\sin x$	$\operatorname{tg} x$	e^x	e^{-x}
2,550	−0,83005	0,55768	−0,67186	12,807 104	0,078 0817
2,551	−0,83061	0,55685	−0,67041	12,819 917	0,078 0036
2,552	−0,83117	0,55602	−0,66896	12,832 744	0,077 9257
2,553	−0,83172	0,55519	−0,66751	12,845 583	0,077 8478
2,554	−0,83228	0,55436	−0,66607	12,858 435	0,077 7700
2,555	−0,83283	0,55353	−0,66463	12,871 300	0,077 6922
2,556	−0,83338	0,55269	−0,66319	12,884 177	0,077 6146
2,557	−0,83394	0,55186	−0,66175	12,897 068	0,077 5370
2,558	−0,83449	0,55103	−0,66032	12,909 972	0,077 4595
2,559	−0,83504	0,55018	−0,65888	12,922 888	0,077 3821
2,560	−0,83559	0,54936	−0,65745	12,935 817	0,077 3047
2,561	−0,83614	0,54852	−0,65602	12,948 760	0,077 2275
2,562	−0,83669	0,54768	−0,65459	12,961 715	0,077 1503
2,563	−0,83723	0,54685	−0,65316	12,974 683	0,077 0732
2,564	−0,83778	0,54601	−0,65173	12,987 664	0,076 9961
2,565	−0,83832	0,54517	−0,65031	13,000 658	0,076 9192
2,566	−0,83887	0,54433	−0,64889	13,013 666	0,076 8423
2,567	−0,83941	0,54349	−0,64747	13,026 686	0,076 7655
2,568	−0,83996	0,54265	−0,64605	13,039 719	0,076 6888
2,569	−0,84050	0,54181	−0,64463	13,052 765	0,076 6121
2,570	−0,84104	0,54097	−0,64322	13,065 824	0,076 5355
2,571	−0,84158	0,54013	−0,64181	13,078 897	0,076 4590
2,572	−0,84212	0,53929	−0,64039	13,091 982	0,076 3826
2,573	−0,84266	0,53845	−0,63898	13,105 081	0,076 3063
2,574	−0,84320	0,53760	−0,63758	13,118 192	0,076 2300
2,575	−0,84373	0,53676	−0,63617	13,131 317	0,076 1538
2,576	−0,84427	0,53591	−0,63477	13,144 455	0,076 0777
2,577	−0,84481	0,53507	−0,63337	13,157 606	0,076 0017
2,578	−0,84534	0,53423	−0,63197	13,170 770	0,075 9257
2,579	−0,84588	0,53338	−0,63057	13,183 948	0,075 8498
2,580	−0,84641	0,53253	−0,62917	13,197 138	0,075 7740
2,581	−0,84694	0,53169	−0,62778	13,210 342	0,075 6983
2,582	−0,84747	0,53084	−0,62638	13,223 559	0,075 6226
2,583	−0,84800	0,52999	−0,62499	13,236 789	0,075 5470
2,584	−0,84853	0,52915	−0,62360	13,250 032	0,075 4715
2,585	−0,84906	0,52830	−0,62221	13,263 289	0,075 3961
2,586	−0,84959	0,52745	−0,62083	13,276 559	0,075 3207
2,587	−0,85012	0,52660	−0,61944	13,289 842	0,075 2454
2,588	−0,85064	0,52575	−0,61806	13,303 139	0,075 1702
2,589	−0,85117	0,52491	−0,61668	13,316 149	0,075 0951
2,590	−0,85169	0,52404	−0,61530	13,329 772	0,075 0200
2,591	−0,85221	0,52319	−0,61392	13,343 108	0,074 9451
2,592	−0,85274	0,52234	−0,61254	13,356 458	0,074 8701
2,593	−0,85326	0,52149	−0,61117	13,369 821	0,074 7953
2,594	−0,85378	0,52063	−0,60980	13,383 198	0,074 7206
2,595	−0,85430	0,51978	−0,60843	13,396 587	0,074 6459
2,596	−0,85482	0,51893	−0,60706	13,409 991	0,074 5713
2,597	−0,85534	0,51807	−0,60569	13,423 407	0,074 4967
2,598	−0,85586	0,51721	−0,60432	13,436 838	0,074 4223
2,599	−0,85637	0,51636	−0,60296	13,450 281	0,074 3479

x	Cof x	Sin x	Tg x	φ
2,550	6,44259	6,36451	0,98788	146°06′ 15,26″
2,551	6,44896	6,37096	0,98790	146 09 41,52
2,552	6,45533	6,37741	0,98793	146 13 07,79
2,553	6,46172	6,38387	0,98795	146 16 34,05
2,554	6,46810	6,39033	0,98798	146 20 00,32
2,555	6,47450	6,39680	0,98800	146 23 26,58
2,556	6,48090	6,40328	0,98802	146 26 52,84
2,557	6,48730	6,40977	0,98805	146 30 19,11
2,558	6,49372	6,41626	0,98807	146 33 45,37
2,559	6,50014	6,42275	0,98810	146 37 11,64
2,560	6,50656	6,42926	0,98812	146 40 37,90
2,561	6,51299	6,43577	0,98814	146 44 04,17
2,562	6,51943	6,44228	0,98817	146 47 30,43
2,563	6,52588	6,44880	0,98819	146 50 56,70
2,564	6,53233	6,45533	0,98821	146 54 22,96
2,565	6,53879	6,46187	0,98824	146 57 49,23
2,566	6,54525	6,46841	0,98826	147 01 15,49
2,567	6,55173	6,47496	0,98828	147 04 41,76
2,568	6,55820	6,48152	0,98831	147 08 08,02
2,569	6,56469	6,48808	0,98833	147 11 34,29
2,570	6,57118	6,49464	0,98835	147 15 00,55
2,571	6,57768	6,50122	0,98838	147 18 26,82
2,572	6,58418	6,50780	0,98840	147 21 53,08
2,573	6,59069	6,51439	0,98842	147 25 19,35
2,574	6,59721	6,52098	0,98845	147 28 45,61
2,575	6,60374	6,52758	0,98847	147 32 11,88
2,576	6,61027	6,53419	0,98849	147 35 38,14
2,577	6,61680	6,54080	0,98851	147 39 04,41
2,578	6,62335	6,54742	0,98854	147 42 30,67
2,579	6,62990	6,55405	0,98856	147 45 56,94
2,580	6,63646	6,56068	0,98858	147 49 23,20
2,581	6,64302	6,56732	0,98860	147 52 49,46
2,582	6,64959	6,57397	0,98863	147 56 15,73
2,583	6,65617	6,58062	0,98865	147 59 41,99
2,584	6,66275	6,58728	0,98867	148 03 08,26
2,585	6,66934	6,59395	0,98870	148 06 34,52
2,586	6,67594	6,60062	0,98872	148 10 00,79
2,587	6,68254	6,60730	0,98874	148 13 27,05
2,588	6,68915	6,61398	0,98876	148 16 53,32
2,589	6,69577	6,62068	0,98878	148 20 19,58
2,590	6,70240	6,62738	0,98881	148 23 45,85
2,591	6,70903	6,63408	0,98883	148 27 12,11
2,592	6,71566	6,64079	0,98885	148 30 38,38
2,593	6 72231	6,64751	0,98887	148 34 04,64
2,594	6,72896	6,65424	0,98890	148 37 30,91
2,595	6,73562	6,66097	0,98892	148 40 57,17
2,596	6,74228	6,66771	0,98894	148 44 23,44
2,597	6,74895	6,67446	0,98896	148 47 49,70
2,598	6,75563	6,68121	0,98898	148 51 15,97
2,599	6,76231	6,68797	0,98901	148 54 42,23

x	$\cos x$	$\sin x$	$\operatorname{tg} x$	e^x	e^{-x}
2,600	−0,85689	0,51550	−0,60160	13,463 738	0,074 2736
2,601	−0,85740	0,51464	−0,60024	13,477 208	0,074 1993
2,602	−0,85792	0,51379	−0,59888	13,490 692	0,074 1252
2,603	−0,85843	0,51293	−0,59752	13,504 190	0,074 0511
2,604	−0,85894	0,51207	−0,59616	13,517 701	0,073 9771
2,605	−0,85946	0,51121	−0,59481	13,531 225	0,073 9031
2,606	−0,85997	0,51035	−0,59345	13,544 763	0,073 8293
2,607	−0,86048	0,50949	−0,59210	13,558 315	0,073 7555
2,608	−0,86099	0,50863	−0,59075	13,571 880	0,073 6818
2,609	−0,86149	0,50777	−0,58941	13,585 459	0,073 6081
2,610	−0,86200	0,50691	−0,58806	13,599 051	0,073 5345
2,611	−0,86251	0,50604	−0,58671	13,612 657	0,073 4610
2,612	−0,86301	0,50518	−0,58537	13,626 276	0,073 3876
2,613	−0,86352	0,50432	−0,58403	13,639 909	0,073 3143
2,614	−0,86402	0,50345	−0,58269	13,653 556	0,073 2410
2,615	−0,86452	0,50260	−0,58135	13,667 216	0,073 1678
2,616	−0,86503	0,50173	−0,58001	13,680 890	0,073 0947
2,617	−0,86553	0,50086	−0,57868	13,694 578	0,073 0216
2,618	−0,86603	0,49999	−0,57734	13,708 280	0,072 9486
2,619	−0,86653	0,49913	−0,57601	13,721 995	0,072 8757
2,620	−0,86703	0,49826	−0,57468	13,735 724	0,072 8029
2,621	−0,86752	0,49739	−0,57335	13,749 466	0,072 7301
2,622	−0,86802	0,49653	−0,57202	13,763 222	0,072 6574
2,623	−0,86852	0,49566	−0,57069	13,776 993	0,072 5848
2,624	−0,86901	0,49479	−0,56937	13,790 776	0,072 5122
2,625	−0,86951	0,49392	−0,56805	13,804 574	0,072 4398
2,626	−0,87000	0,49305	−0,56672	13,818 386	0,072 3674
2,627	−0,87049	0,49218	−0,56540	13,832 211	0,072 2950
2,628	−0,87099	0,49131	−0,56408	13,846 050	0,072 2228
2,629	−0,87148	0,49044	−0,56277	13,859 903	0,072 1506
2,630	−0,87197	0,48957	−0,56145	13,873 770	0,072 0785
2,631	−0,87246	0,48869	−0,56014	13,887 651	0,072 0064
2,632	−0,87294	0,48782	−0,55882	13,901 545	0,071 9344
2,633	−0,87343	0,48695	−0,55751	13,915 454	0,071 8626
2,634	−0,87392	0,48607	−0,55620	13,929 376	0,071 7907
2,635	−0,87440	0,48520	−0,55489	13,943 312	0,071 7190
2,636	−0,87489	0,48433	−0,55359	13,957 263	0,071 6473
2,637	−0,87537	0,48345	−0,55228	13,971 227	0,071 5757
2,638	−0,87585	0,48257	−0,55098	13,985 205	0,071 5041
2,639	−0,87634	0,48170	−0,54967	13,999 197	0,071 4327
2,640	−0,87682	0,48082	−0,54837	14,013 204	0,071 3613
2,641	−0,87730	0,47995	−0,54707	14,027 224	0,071 2899
2,642	−0,87778	0,47907	−0,54577	14,041 258	0,071 2187
2,643	−0,87826	0,47819	−0,54448	14,055 306	0,071 1475
2,644	−0,87873	0,47731	−0,54318	14,069 369	0,071 0764
2,645	−0,87921	0,47643	−0,54189	14,083 445	0,071 0054
2,646	−0,87969	0,47555	−0,54059	14,097 536	0,070 9344
2,647	−0,88016	0,47467	−0,53930	14,111 640	0,070 8635
2,648	−0,88064	0,47379	−0,53801	14,125 759	0,070 7927
2,649	−0,88111	0,47291	−0,53672	14,139 892	0,070 7219

x	Cos x	Sin x	Tg x	φ
2,600	6,76901	6,69473	0,98903	148° 58′ 08,50″
2,601	6,77570	6,70150	0,98905	149 01 34,76
2,602	6,78241	6,70828	0,98907	149 05 01,03
2,603	6,78912	6,71507	0,98909	149 08 27,29
2,604	6,79584	6,72186	0,98911	149 11 53,56
2,605	6,80256	6,72866	0,98914	149 15 19,82
2,606	6,80930	6,73547	0,98916	149 18 46,09
2,607	6,81604	6,74228	0,98918	149 22 12,35
2,608	6,82278	6,74910	0,98920	149 25 38,61
2,609	6,82953	6,75593	0,98922	149 29 04,88
2,610	6,83629	6,76276	0,98924	149 32 31,14
2,611	6,84306	6,76960	0,98926	149 35 57,41
2,612	6,84983	6,77644	0,98929	149 39 23,67
2,613	6,85661	6,78330	0,98931	149 42 49,94
2,614	6,86340	6,79016	0,98933	149 46 16,20
2,615	6,87019	6,79702	0,98935	149 49 42,47
2,616	6,87699	6,80390	0,98937	149 53 08,73
2,617	6,88380	6,81078	0,98939	149 56 35,00
2,618	6,89061	6,81767	0,98941	150 00 01,26
2,619	6,89744	6,82456	0,98943	150 03 27,53
2,620	6,90426	6,83146	0,98946	150 06 53,79
2,621	6,91110	6,83837	0,98948	150 10 20,06
2,622	6,91794	6,84528	0,98950	150 13 46,32
2,623	6,92479	6,85220	0,98952	150 17 12,59
2,624	6,93164	6,85913	0,98954	150 20 38,85
2,625	6,93851	6,86607	0,98956	150 24 05,12
2,626	6,94538	6,87301	0,98958	150 27 31,38
2,627	6,95225	6,87996	0,98960	150 30 57,65
2,628	6,95914	6,88691	0,98962	150 34 23,91
2,629	6,96603	6,89388	0,98964	150 37 50,18
2,630	6,97292	6,90085	0,98966	150 41 16,44
2,631	6,97983	6,90782	0,98968	150 44 42,71
2,632	6,98674	6,91481	0,98970	150 48 08,97
2,633	6,99366	6,92180	0,98972	150 51 35,23
2,634	7,00058	6,92879	0,98974	150 55 01,50
2,635	7,00752	6,93580	0,98977	150 58 27,76
2,636	7,01446	6,94281	0,98979	151 01 54,03
2,637	7,02140	6,94983	0,98981	151 05 20,29
2,638	7,02835	6,95685	0,98983	151 08 46,56
2,639	7,03532	6,96388	0,98985	151 12 12,82
2,640	7,04228	6,97092	0,98987	151 15 39,09
2,641	7,04926	6,97797	0,98989	151 19 05,35
2,642	7,05624	6,98502	0,98991	151 22 31,62
2,643	7,06323	6,99208	0,98993	151 25 57,88
2,644	7,07022	6,99915	0,98995	151 29 24,15
2,645	7,07723	7,00622	0,98997	151 32 50,41
2,646	7,08423	7,01330	0,98999	151 36 16,68
2,647	7,09125	7,02039	0,99001	151 39 42,94
2,648	7,09828	7,02748	0,99003	151 43 09,21
2,649	7,10531	7,03458	0,99005	151 46 35,47

x	$\cos x$	$\sin x$	$\mathrm{tg}\, x$	e^{x}	e^{-x}
2,650	−0,88158	0,47203	−0,53544	14,154 039	0,070 6512
2,651	−0,88205	0,47115	−0,53415	14,168 200	0,070 5806
2,652	−0,88252	0,47027	−0,53286	14,182 375	0,070 5101
2,653	−0,88299	0,46938	−0,53158	14,196 565	0,070 4396
2,654	−0,88346	0,46850	−0,53030	14,210 768	0,070 3692
2,655	−0,88393	0,46762	−0,52902	14,224 986	0,070 2988
2,656	−0,88440	0,46673	−0,52774	14,239 218	0,070 2286
2,657	−0,88486	0,46585	−0,52646	14,253 464	0,070 1584
2,658	−0,88536	0,46496	−0,52519	14,267 725	0,070 0883
2,659	−0,88579	0,46408	−0,52391	14,282 000	0,070 0182
2,660	−0,88626	0,46319	−0,52264	14,296 289	0,069 9482
2,661	−0,88672	0,46230	−0,52136	14,310 593	0,069 8783
2,662	−0,88718	0,46142	−0,52009	14,324 910	0,069 8085
2,663	−0,88764	0,46053	−0,51882	14,339 242	0,069 7387
2,664	−0,88810	0,45964	−0,51755	14,353 589	0,069 6690
2,665	−0,88856	0,45875	−0,51629	14,367 950	0,069 5994
2,666	−0,88902	0,45787	−0,51502	14,382 325	0,069 5298
2,667	−0,88948	0,45698	−0,51376	14,396 714	0,069 4603
2,668	−0,88994	0,45609	−0,51249	14,411 118	0,069 3909
2,669	−0,89039	0,45520	−0,51123	14,425 536	0,069 3215
2,670	−0,89085	0,45431	−0,50997	14,439 969	0,069 2522
2,671	−0,89130	0,45341	−0,50871	14,454 416	0,069 1830
2,672	−0,89175	0,45252	−0,50745	14,468 878	0,069 1139
2,673	−0,89220	0,45163	−0,50620	14,483 354	0,069 0448
2,674	−0,89266	0,45074	−0,50494	14,497 845	0,068 9758
2,675	−0,89311	0,44985	−0,50369	14,512 350	0,068 9068
2,676	−0,89356	0,44895	−0,50243	14,526 869	0,068 8380
2,677	−0,89400	0,44806	−0,50118	14,541 404	0,068 7692
2,678	−0,89445	0,44716	−0,49993	14,555 952	0,068 7004
2,679	−0,89490	0,44627	−0,49868	14,570 515	0,068 6318
2,680	−0,89534	0,44537	−0,49743	14,585 093	0,068 5632
2,681	−0,89579	0,44448	−0,49619	14,599 686	0,068 4946
2,682	−0,89623	0,44358	−0,49494	14,614 293	0,068 4262
2,683	−0,89668	0,44269	−0,49370	14,628 914	0,068 3578
2,684	−0,89712	0,44179	−0,49245	14,643 550	0,068 2894
2,685	−0,89756	0,44089	−0,49121	14,658 201	0,068 2212
2,686	−0,89800	0,43999	−0,48997	14,672 867	0,068 1530
2,687	−0,89844	0,43910	−0,48873	14,687 547	0,068 0849
2,688	−0,89888	0,43820	−0,48749	14,702 242	0,068 0168
2,689	−0,89932	0,43730	−0,48626	14,716 952	0,067 9489
2,690	−0,89975	0,43640	−0,48502	14,731 676	0,067 8809
2,691	−0,90019	0,43550	−0,48379	14,746 415	0,067 8131
2,692	−0,90062	0,43460	−0,48255	14,761 169	0,067 7453
2,693	0,90106	0,43370	−0,48132	14,775 937	0,067 6776
2,694	−0,90149	0,43280	−0,48009	14,790 721	0,067 6100
2,695	−0,90192	0,43189	−0,47886	14,805 519	0,067 5424
2,696	−0,90235	0,43099	−0,47763	14,820 332	0,067 4749
2,697	−0,90279	0,43009	−0,47640	14,835 159	0,067 4074
2,698	−0,90322	0,42919	−0,47518	14,850 002	0,067 3401
2,699	−0,90364	0,42828	−0,47395	14,864 859	0,067 2728

x	Cof x	Sin x	Tg x	φ
2,650	7,11234	7,04169	0,99007	151° 50′ 01,74″
2,651	7,11939	7,04881	0,99009	151 53 28,00
2,652	7,12644	7,05593	0,99011	151 56 54,27
2,653	7,13350	7,06306	0,99013	152 00 20,53
2,654	7,14057	7,07020	0,99015	152 03 46,80
2,655	7,14764	7,07734	0,99016	152 07 13,06
2,656	7,15472	7,08449	0,99018	152 10 39,33
2,657	7,16181	7,09165	0,99020	152 14 05,59
2,658	7,16891	7,09882	0,99022	152 17 31,86
2,659	7,17601	7,10599	0,99024	152 20 58,12
2,660	7,18312	7,11317	0,99026	152 24 24,38
2,661	7,19024	7,12036	0,99028	152 27 50,65
2,662	7,19736	7,12755	0,99030	152 31 16,91
2,663	7,20449	7,13475	0,99032	152 34 43,18
2,664	7,21163	7,14196	0,99034	152 38 09,44
2,665	7,21877	7,14918	0,99036	152 41 35,71
2,666	7,22593	7,15640	0,99038	152 45 01,97
2,667	7,23309	7,16363	0,99040	152 48 28,24
2,668	7,24025	7,17086	0,99042	152 51 54,50
2,669	7,24743	7,17811	0,99044	152 55 20,77
2,670	7,25461	7,18536	0,99045	152 58 47,03
2,671	7,26180	7,19262	0,99047	153 02 13,30
2,672	7,26900	7,19988	0,99049	153 05 39,56
2,673	7,27620	7,20715	0,99051	153 09 05,83
2,674	7,28341	7,21443	0,99053	153 12 32,09
2,675	7,29063	7,22172	0,99055	153 15 58,36
2,676	7,29785	7,22902	0,99057	153 19 24,62
2,677	7,30509	7,23632	0,99059	153 22 50,89
2,678	7,31233	7,24363	0,99060	153 26 17,15
2,679	7,31957	7,25094	0,99062	153 29 43,42
2,680	7,32683	7,25827	0,99064	153 33 09,68
2,681	7,33409	7,26560	0,99066	153 36 35,95
2,682	7,34136	7,27293	0,99068	153 40 02,21
2,683	7,34864	7,28028	0,99070	153 43 28,48
2,684	7,35592	7,28763	0,99072	153 46 54,74
2,685	7,36321	7,29499	0,99073	153 50 21,00
2,686	7,37051	7,30236	0,99075	153 53 47,27
2,687	7,37782	7,30973	0,99077	153 57 13,53
2,688	7,38513	7,31711	0,99079	154 00 39,80
2,689	7,39245	7,32450	0,99081	154 04 06,06
2,690	7,39978	7,33190	0,99083	154 07 32,33
2,691	7,40711	7,33930	0,99084	154 10 58,59
2,692	7,41446	7,34671	0,99086	154 14 24,86
2,693	7,42181	7,35413	0,99088	154 17 51,12
2,694	7,42917	7,36156	0,99090	154 21 17,39
2,695	7,43653	7,36899	0,99092	154 24 43,65
2,696	7,44390	7,37643	0,99094	154 28 09,92
2,697	7,45128	7,38388	0,99095	154 31 36,18
2,698	7,45867	7,39133	0,99097	154 35 02,45
2,699	7,46607	7,39879	0,99099	154 38 28,71

x	$\cos x$	$\sin x$	$\operatorname{tg} x$	e^x	e^{-x}
2,700	−0,90407	0,42738	−0,47273	14,879 732	0,067 2055
2,701	−0,90450	0,42648	−0,47150	14,894 619	0,067 1383
2,702	−0,90493	0,42557	−0,47028	14,909 521	0,067 0712
2,703	−0,90535	0,42467	−0,46906	14,924 438	0,067 0042
2,704	−0,90577	0,42376	−0,46784	14,939 370	0,066 9372
2,705	−0,90620	0,42285	−0,46662	14,954 317	0,066 8703
2,706	−0,90662	0,42195	−0,46541	14,969 278	0,066 8035
2,707	−0,90704	0,42104	−0,46419	14,984 255	0,066 7367
2,708	−0,90746	0,42336	−0,46298	14,999 247	0,066 6700
2,709	−0,90788	0,41923	−0,46176	15,014 254	0,066 6039
2,710	−0,90830	0,41832	−0,46055	15,029 275	0,066 5368
2,711	−0,90872	0,41741	−0,45934	15,044 312	0,066 4703
2,712	−0,90914	0,41650	−0,45813	15,059 364	0,066 4039
2,713	−0,90955	0,41559	−0,45692	15,074 431	0,066 3375
2,714	−0,90997	0,41468	−0,45571	15,089 513	0,066 2712
2,715	−0,91038	0,41377	−0,45450	15,104 610	0,066 2050
2,716	−0,91079	0,41286	−0,45330	15,119 722	0,066 1388
2,717	−0,91121	0,41195	−9,45209	15,134 850	0,066 0727
2,718	−0,91162	0,41104	−0,45089	15,149 992	0,066 0066
2,719	−0,91203	0,41013	−0,44969	15,165 149	0,065 9407
2,720	−0,91244	0,40921	−0,44848	15,180 322	0,065 8748
2,721	−0,91285	0,40830	−0,44728	15,195 510	0,065 8089
2,722	−0,91325	0,40739	−0,44608	15,210 713	0,065 7431
2,723	−0,91366	0,40648	−0,44489	15,225 932	0,065 6774
2,724	−0,91407	0,40556	−0,44369	15,241 165	0,065 6118
2,725	−0,91447	0,40465	−0,44249	15,256 414	0,065 5462
2,726	−0,91488	0,40373	−0,44130	15,271 678	0,065 4807
2,727	−0,91528	0,40282	−0,44010	15,286 957	0,065 4152
2,728	−0,91567	0,40190	−0,43891	15,302 252	0,065 3499
2,729	−0,91608	0,40099	−0,43772	15,317 562	0,065 2845
2,730	−0,91648	0,40007	−0,43653	15,332 887	0,065 2193
2,731	−0,91688	0,39915	−0,43534	15,348 228	0,065 1541
2,732	−0,91728	0,39824	−0,43415	15,363 583	0,065 0890
2,733	−0,91768	0,39732	−0,43296	15,378 955	0,065 0239
2,734	−0,91808	0,39640	−0,43177	15,394 341	0,064 9589
2,735	−0,91847	0,39548	−0,43059	15,409 743	0,064 8940
2,736	−0,91887	0,39456	−0,42940	15,425 161	0,064 8291
2,737	−0,91926	0,39364	−0,42822	15,440 594	0,064 7643
2,738	−0,91966	0,39272	−0,42703	15,456 042	0,064 6996
2,739	−0,92005	0,39180	−0,42585	15,471 506	0,064 6349
2,740	−0,92044	0,39088	−0,42467	15,486 985	0,064 5703
2,741	−0,92083	0,38996	−0,42349	15,502 480	0,064 5058
2,742	−0,92122	0,38904	−0,42231	15,517 990	0,064 4413
2,743	−0,92161	0,38812	−0,42114	15,533 516	0,064 3769
2,744	−0,92200	0,38720	−0,41996	15,549 057	0,064 3126
2,745	−0,92238	0,38628	−0,41878	15,564 614	0,064 2483
2,746	−0,92277	0,38536	−0,41761	15,580 186	0,064 1841
2,747	−0,92315	0,38443	−0,41643	15,595 774	0,064 1199
2,748	−0,92354	0,38351	−0,41526	15,611 378	0,064 0558
2,749	−0,92392	0,38258	−0,41409	15,626 997	0,063 9918

x	Cos x	Sin x	Tg x	φ
2,700	7,47347	7,40626	0,99101	154° 41′ 54,98″
2,701	7,48088	7,41374	0,99103	154 45 21,24
2,702	7,48830	7,42122	0,99104	154 48 47,51
2,703	7,49572	7,42872	0,99106	154 52 13,77
2,704	7,50315	7,43622	0,99108	154 55 40,04
2,705	7,51059	7,44372	0,99110	154 59 06,30
2,706	7,51804	7,45124	0,99111	155 02 32,57
2,707	7,52550	7,45876	0,99113	155 05 58,83
2,708	7,53296	7,46629	0,99115	155 09 25,10
2,709	7,54043	7,47383	0,99117	155 12 51,36
2,710	7,54791	7,48137	0,99118	155 16 17,62
2,711	7,55539	7,48892	0,99120	155 19 43,89
2,712	7,56288	7,49648	0,99122	155 23 10,15
2,713	7,57038	7,50405	0,99124	155 26 36,42
2,714	7,57789	7,51162	0,99125	155 30 02,68
2,715	7,58541	7,51920	0,99127	155 33 28,95
2,716	7,59293	7,52679	0,99129	155 36 55,21
2,717	7,60046	7,53439	0,99131	155 40 21,48
2,718	7,60800	7,54199	0,99132	155 43 47,74
2,719	7,61555	7,54960	0,99134	155 47 14,01
2,720	7,62310	7,55722	0,99136	155 50 40,27
2,721	7,63066	7,56485	0,99138	155 54 06,54
2,722	7,63823	7,57249	0,99139	155 57 32,80
2,723	7,64580	7,58013	0,99141	156 00 59,07
2,724	7,65339	7,58778	0,99143	156 04 25,33
2,725	7,66098	7,59543	0,99144	156 07 51,60
2,726	7,66858	7,60310	0,99146	156 11 17,86
2,727	7,67619	7,61077	0,99148	156 14 44,13
2,728	7,68380	7,61845	0,99150	156 18 10,39
2,729	7,69142	7,62614	0,99151	156 21 36,66
2,730	7,69905	7,63383	0,99153	156 25 02,92
2,731	7,70669	7,64154	0,99155	156 28 29,19
2,732	7,71434	7,64925	0,99156	156 31 55,45
2,733	7,72199	7,65697	0,99158	156 35 21,72
2,734	7,72965	7,66469	0,99160	156 38 47,98
2,735	7,73732	7,67242	0,99161	156 42 14,25
2,736	7,74500	7,68017	0,99163	156 45 40,51
2,737	7,75268	7,68791	0,99165	156 49 06,77
2,738	7,76037	7,69567	0,99166	156 52 33,04
2,739	7,76807	7,70344	0,99168	156 55 59,30
2,740	7,77578	7,71121	0,99170	156 59 25,57
2,741	7,78349	7,71899	0,99171	157 02 51,83
2,742	7,79122	7,72677	0,99173	157 06 18,10
2,743	7,79895	7,73457	0,99175	157 09 44,36
2,744	7,80668	7,74237	0,99176	157 13 10,63
2,745	7,81443	7,75018	0,99178	157 16 36,89
2,746	7,82219	7,75800	0,99179	157 20 03,16
2,747	7,82995	7,76583	0,99181	157 23 29,42
2,748	7,83772	7,77366	0,99183	157 26 55,69
2,749	7,84549	7,78150	0,99184	157 30 21,95

x	$\cos x$	$\sin x$	$\operatorname{tg} x$	e^x	e^{-x}
2,750	−0,92430	0,38166	−0,41292	15,642 632	0,063 9279
2,751	−0,92468	0,38074	−0,41175	15,658 282	0,063 8640
2,752	−0,92506	0,37981	−0,41058	15,673 948	0,063 8001
2,753	−0,92545	0,37889	−0,40941	15,689 630	0,063 7364
2,754	−0,92582	0,37796	−0,40824	15,705 328	0,063 6727
2,755	−0,92620	0,37703	−0,40708	15,721 041	0,063 6090
2,756	−0,92658	0,37611	−0,40591	15,736 770	0,063 5454
2,757	−0,92695	0,37518	−0,40475	15,752 514	0,063 4819
2,758	−0,92733	0,37425	−0,40358	15,768 275	0,063 4185
2,759	−0,92770	0,37333	−0,40242	15,784 051	0,063 3551
2,760	−0,92807	0,37240	−0,40126	15,799 843	0,063 2918
2,761	−0,92844	0,37147	−0,40010	15,815 651	0,063 2285
2,762	−0,92882	0,37054	−0,39894	15,831 474	0,063 1653
2,763	−0,92919	0,36961	−0,39778	15,847 314	0,063 1022
2,764	−0,92955	0,36868	−0,39662	15,863 169	0,063 0391
2,765	−0,92992	0,36775	−0,39547	15,879 040	0,062 9761
2,766	−0,93029	0,36682	−0,39431	15,894 927	0,062 9132
2,767	−0,93066	0,36589	−0,39316	15,910 830	0,062 8503
2,768	−0,93102	0,36496	−0,39200	15,926 749	0,062 7875
2,769	−0,93139	0,36403	−0,39085	15,942 683	0,062 7247
2,770	−0,93175	0,36310	−0,38970	15,958 634	0,062 6620
2,771	−0,93211	0,36217	−0,38855	15,974 601	0,062 5994
2,772	−0,93247	0,36124	−0,38739	15,990 583	0,062 5368
2,773	−0,93284	0,36030	−0,38624	16,006 582	0,062 4743
2,774	−0,93320	0,35937	−0,38510	16,022 596	0,062 4119
2,775	−0,93355	0,35844	−0,38395	16,038 627	0,062 3495
2,776	−0,93391	0,35750	−0,38280	16,054 674	0,062 2872
2,777	−0,93427	0,35657	−0,38166	16,070 736	0,062 2249
2,778	−0,93463	0,35563	−0,38051	16,086 815	0,062 1627
2,779	−0,93498	0,35470	−0,37937	16,102 910	0,062 1006
2,780	−0,93533	0,35376	−0,37822	16,119 021	0,062 0385
2,781	−0,93569	0,35283	−0,37708	16,135 148	0,061 9765
2,782	−0,93604	0,35189	−0,37594	16,151 291	0,061 9146
2,783	−0,93639	0,35096	−0,37480	16,167 451	0,061 8527
2,784	−0,93674	0,35002	−0,37366	16,183 626	0,061 7908
2,785	−0,93709	0,34908	−0,37252	16,199 818	0,061 7291
2,786	−0,93744	0,34815	−0,37138	16,216 026	0,061 6674
2,787	−0,93779	0,34721	−0,37024	16,232 250	0,061 6058
2,788	−0,93813	0,34627	−0,36911	16,248 490	0,061 5442
2,789	−0,93848	0,34533	−0,36797	16,264 747	0,061 4827
2,790	−0,93883	0,34439	−0,36683	16,281 020	0,061 4212
2,791	−0,93917	0,34345	−0,36570	16,297 309	0,061 3598
2,792	−0,93951	0,34252	−0,36457	16,313 614	0,061 2985
2,793	−0,93985	0,34158	−0,36343	16,329 936	0,061 2372
2,794	−0,94020	0,34061	−0,36230	16,346 274	0,061 1760
2,795	−0,94054	0,33970	−0,36117	16,362 629	0,061 1149
2,796	−0,94087	0,33875	−0,36004	16,379 000	0,061 0538
2,797	−0,94121	0,33781	−0,35891	16,395 387	0,060 9928
2,798	−0,94155	0,33687	−0,35778	16,411 790	0,060 9318
2,799	−0,94189	0,33593	−0,35666	16,428 210	0,060 8709

x	Cof x	Sin x	Tg x	φ
2,750	7,85328	7,78935	0,99186	157° 33′ 48,22
2,751	7,86107	7,79721	0,99188	157 37 14,48
2,752	7,86887	7,80507	0,99189	157 40 40,75
2,753	7,87668	7,81295	0,99191	157 44 07,01
2,754	7,88450	7,82083	0,99192	157 47 33,28
2,755	7,89232	7,82872	0,99194	157 50 59,54
2,756	7,90016	7,83661	0,99196	157 54 25,81
2,757	7,90800	7,84452	0,99197	157 57 52,07
2,758	7,91585	7,85243	0,99199	158 01 18,34
2,759	7,92370	7,86035	0,99200	158 04 44,60
2,760	7,93157	7,86828	0,99202	158 08 10,87
2,761	7,93944	7,87621	0,99204	158 11 37,13
2,762	7,94732	7,88415	0,99205	158 15 03,39
2,763	7,95521	7,89211	0,99207	158 18 29,66
2,764	7,96310	7,90006	0,99208	158 21 55,92
2,765	7,97101	7,90803	0,99210	158 25 22,19
2,766	7,97892	7,91601	0,99212	158 28 48,45
2,767	7,98684	7,92399	0,99213	158 32 14,72
2,768	7,99477	7,93198	0,99215	158 35 40,98
2,769	8,00270	7,93998	0,99216	158 39 07,25
2,770	8,01065	7,94799	0,99218	158 42 33,51
2,771	8,01860	7,95600	0,99219	158 45 59,78
2,772	8,02656	7,96402	0,99221	158 49 26,04
2,773	8,03453	7,97205	0,99222	158 52 52,31
2,774	8,04250	7,98009	0,99224	158 56 18,57
2,775	8,05049	7,98814	0,99226	158 59 44,84
2,776	8,05848	7,99619	0,99227	159 03 11,10
2,777	8,06648	8,00426	0,99229	159 06 37,37
2,778	8,07449	8,01233	0,99230	159 10 03,63
2,779	8,08251	8,02040	0,99232	159 13 29,90
2,780	8,09053	8,02849	0,99233	159 16 56,16
2,781	8,09856	8,03659	0,99235	159 20 22,43
2,782	8,10660	8,04469	0,99236	159 23 48,69
2,783	8,11465	8,05280	0,99238	159 27 14,96
2,784	8,12271	8,06092	0,99239	159 30 41,22
2,785	8,13077	8,06904	0,99241	159 34 07,49
2,786	8,13885	8,07718	0,99242	159 37 33,75
2,787	8,14693	8,08532	0,99244	159 41 00,02
2,788	8 15502	8,09347	0,99245	159 44 26,28
2,789	8,16311	8,10163	0,99247	159 47 52,54
2,790	8,17122	8,10980	0,99248	159 51 18,81
2,791	8,17933	8,11797	0,99250	159 54 45,07
2,792	8,18746	8,12616	0,99251	159 58 11,34
2,793	8,19559	8,13435	0,99253	160 01 37,60
2,794	8,20373	8,14255	0,99254	160 05 03,87
2,795	8,21187	8,15076	0,99256	160 08 30,13
2,796	8,22003	8,15897	0,99257	160 11 56,40
2,797	8,22819	8,16720	0,99259	160 15 22,66
2,798	8,23636	8,17543	0,99260	160 18 48,93
2,799	8,24454	8,18367	0,99262	160 22 15,10

x	$\cos x$	$\sin x$	$\operatorname{tg} x$	e^x	e^{-x}
2,800	— 0,94222	0,33499	— 0,35553	16,444 647	0,060 8101
2,801	— 0,94256	0,33405	— 0,35440	16,461 100	0,060 7493
2,802	— 0,94289	0,33310	— 0,35328	16,477 569	0,060 6886
2,803	— 0,94323	0,33216	— 0,35215	16,494 055	0,060 6279
2,804	— 0,94355	0,33122	— 0,35103	16,510 557	0,060 5673
2,805	— 0,94389	0,33027	— 0,34991	16,527 076	0,060 5068
2 806	— 0,94421	0,32933	— 0,34879	16,543 611	0,060 4463
2,807	— 0,94454	0,32838	— 0,34766	16,560 163	0,060 3859
2,808	— 0,94487	0,32744	— 0,34654	16,576 732	0,060 3255
2,809	— 0,94520	0,32649	— 0,34542	16,593 317	0,060 2652
2,810	— 0,94553	0,32555	— 0,34431	16,609 918	0,060 2050
2,811	— 0,94585	0,32460	— 0,34319	16,626 536	0,060 1448
2,812	— 0,94617	0,32366	— 0,34207	16,643 171	0,060 0847
2,813	— 0,94650	0,32271	— 0,34095	16,659 823	0,060 0246
2,814	— 0,94682	0,32176	— 0,33984	16,676 491	0,059 9647
2,815	— 0,94714	0,32082	— 0,33872	16,693 176	0,059 9047
2,816	— 0,94746	0,31987	— 0,33761	16,709 877	0,059 8448
2,817	— 0,94778	0,31892	— 0,33649	16,726 596	0,059 7850
2,818	— 0,94810	0,31798	— 0,33538	16,743 331	0,059 7253
2,819	— 0,94842	0,31703	— 0,33427	16,760 082	0,059 6656
2,820	— 0,94873	0,31608	— 0,33316	16,776 851	0,059 6059
2,821	— 0,94905	0,31513	— 0,33205	16,793 636	0,059 5464
2,822	— 0,94936	0,31418	— 0,33094	16,810 438	0,059 4868
2,823	— 0,94968	0,31323	— 0,32983	16,827 257	0,059 4274
2,824	— 0,94999	0,31228	— 0,32872	16,844 092	0,059 3680
2,825	— 0,95030	0,31133	— 0,32761	16,860 945	0,059 3087
2,826	— 0,95061	0,31038	— 0,32651	16,877 814	0,059 2494
2,827	— 0,95092	0,30943	— 0,32540	16,894 701	0,059 1902
2,828	— 0,95123	0,30848	— 0,32429	16,911 604	0,059 1310
2,829	— 0,95154	0,30753	— 0,32319	16,928 524	0,059 0719
2,830	— 0,95185	0,30658	— 0,32208	16,945 461	0,059 0129
2,831	— 0,95215	0,30562	— 0,32098	16,962 415	0,058 9539
2,832	— 0,95246	0,30467	— 0,31988	16,979 386	0,058 8949
2,833	— 0,95276	0,30472	— 0,31878	16,996 374	0,058 8361
2,834	— 0,95308	0,30277	— 0,31768	17,013 378	0,058 7773
2,835	— 0,95337	0,30181	— 0,31657	17,030 400	0,058 7185
2,836	— 0,95367	0,30086	— 0,31547	17,047 439	0,058 6598
2,837	— 0,95397	0,29990	— 0,31438	17,064 495	0,058 6012
2,838	— 0,95427	0,29895	— 0,31328	17,081 568	0,058 5426
2,839	— 0,95457	0,29800	— 0,31218	17,098 658	0,058 4841
2,840	— 0,95486	0,29704	— 0,31108	17,115 766	0,058 4257
2,841	— 0,95516	0,29609	— 0,30999	17,132 890	0,058 3673
2,842	— 0,95546	0,29513	— 0,30889	17,150 031	0,058 3089
2,843	— 0,95575	0,29417	— 0,30779	17,167 190	0,058 2507
2,844	— 0,95605	0,29322	— 0,30670	17,184 366	0,058 1924
2,845	— 0,95634	0,29226	— 0,30561	17,201 559	0,058 1343
2,846	— 0,95663	0,29131	— 0,30451	17,218 769	0,058 0762
2,847	— 0,95692	0,29035	— 0,30342	17,235 996	0,058 0181
2,848	— 0,95721	0,28939	— 0,30233	17,253 241	0,057 9601
2,849	— 0,95750	0,28844	— 0,30124	17,270 503	0,057 9022

x	Cos x	Sin x	Tg x	φ
2,800	8,25273	8,19192	0,99263	160° 25′ 41,46″
2,801	8,26092	8,20018	0,99265	160 29 07,72
2,802	8,26913	8,20844	0,99266	160 32 33,99
2,803	8,27734	8,21671	0,99268	160 36 00,25
2,804	8,28556	8,22499	0,99269	160 39 26,52
2,805	8,29379	8,23328	0,99270	160 42 52,78
2,806	8,30203	8,24158	0,99272	160 46 19,05
2,807	8,31027	8,24989	0,99273	160 49 45,31
2,808	8,31853	8,25820	0,99275	160 53 11,58
2,809	8,32679	8,26653	0,99276	160 56 37,84
2,810	8,33506	8,27486	0,99278	161 00 04,11
2,811	8,34334	8,28320	0,99279	161 03 30,37
2,812	8,35163	8,29154	0,99281	161 06 56,64
2,813	8,35992	8,29990	0,99282	161 10 22,90
2,814	8,36823	8,30826	0,99283	161 13 19,16
2,815	8,37654	8,31664	0,99285	161 17 15,43
2,816	8,38486	8,32502	0,99286	161 20 41,69
2,817	8,39319	8,33341	0,99288	161 24 07,96
2,818	8,40153	8,34180	0,99289	161 27 34,22
2,819	8,40987	8,35021	0,99291	161 31 00,49
2,820	8,41823	8,35862	0,99292	161 34 26,75
2,821	8,42659	8,36704	0,99293	161 37 53,02
2,822	8,43496	8,37548	0,99295	161 41 19,28
2,823	8,44334	8,38391	0,99296	161 44 45,55
2,824	8,45173	8,39236	0,99298	161 48 11,81
2,825	8,46013	8,40082	0,99299	161 51 38,08
2,826	8,46853	8,40928	0,99300	161 55 04,34
2,827	8,47695	8,41776	0,99302	161 58 30,61
2,828	8,48537	8,42624	0,99303	162 01 56,87
2,829	8,49380	8,43473	0,99305	162 05 23,14
2,830	8,50224	8,44322	0,99306	162 08 49,40
2,831	8,51068	8,45173	0,99307	162 12 15,67
2,832	8,51914	8,46025	0,99309	162 15 41,93
2,833	8,52760	8,46877	0,99310	162 19 08,20
2,834	8,53608	8,47730	0,99311	162 22 34,46
2,835	8,54456	8,48584	0,99313	162 26 00,73
2,836	8,55305	8,49439	0,99314	162 29 26,99
2,837	8,56155	8,50295	0,99316	162 32 53,26
2,838	8,57006	8,51151	0,99317	162 36 19,52
2,839	8,57857	8,52009	0,99318	162 39 45,78
2,840	8,58710	8,52867	0,99320	162 43 12,05
2,841	8,59563	8,53726	0,99321	162 46 38,31
2,842	8,60417	8,54586	0,99322	162 50 04,58
2,843	8,61272	8,55447	0,99324	162 53 30,84
2,844	8,62128	8,56309	0,99325	162 56 57,11
2,845	8,62985	8,57171	0,99326	163 00 23,37
2,846	8,63842	8,58035	0,99328	163 03 49,64
2,847	8,64701	8,58899	0,99329	163 07 15,90
2,848	8,65560	8,59764	0,99330	163 10 42,17
2,849	8,66420	8,60630	0,99332	163 14 08,43

x	$\cos x$	$\sin x$	$\operatorname{tg} x$	e^x	e^{-x}
2,850	−0,95779	0,28748	−0,30015	17,287 782	0,057 8443
2,851	−0,95807	0,28652	−0,29906	17,305 078	0,057 7865
2,852	−0,95836	0,28556	−0,29797	17,322 392	0,057 7287
2,853	−0,95865	0,28460	−0,29688	17,339 723	0,057 6710
2,854	−0,95893	0,28364	−0,29579	17,357 071	0,057 6134
2,855	−0,95921	0,28269	−0,29471	17,374 437	0,057 5558
2,856	−0,95949	0,28173	−0,29362	17,391 820	0,057 4983
2,857	−0,95978	0,28077	−0,29253	17,409 221	0,057 4408
2,858	−0,96006	0,27981	−0,29145	17,426 639	0,057 3834
2,859	−0,96034	0,27885	−0,29036	17,444 074	0,057 3261
2,860	−0,96061	0,27789	−0,28928	17,461 527	0,057 2688
2,861	−0,96089	0,27693	−0,28820	17,478 997	0,057 2115
2,862	−0,96117	0,27596	−0,28712	17,496 485	0,057 1543
2,863	−0,96144	0,27500	−0,28603	17,513 990	0,057 0972
2,864	−0,96172	0,27404	−0,28495	17,531 513	0,057 0401
2,865	−0,96199	0,27308	−0,28387	17,549 053	0,056 9831
2,866	−0,96226	0,27212	−0,28279	17,566 611	0,056 9262
2,867	−0,96254	0,27115	−0,28171	17,584 186	0,056 8693
2,868	−0,96281	0,27020	−0,28063	17,601 779	0,056 8124
2,869	−0,96308	0,26923	−0,27955	17,619 390	0,056 7557
2,870	−0,96334	0,26827	−0,27847	17,637 018	0,056 6989
2,871	−0,96361	0,26730	−0,27740	17,654 664	0,056 6423
2,872	−0,96388	0,26634	−0,27632	17,672 328	0,056 5856
2,873	−0,96415	0,26537	−0,27524	17,690 009	0,056 5291
2,874	−0,96441	0,26441	−0,27417	17,707 708	0,056 4726
2,875	−0,96467	0,26345	−0,27309	17,725 424	0,056 4161
2,876	−0,96494	0,26248	−0,27202	17,743 158	0,056 3598
2,877	−0,96520	0,26152	−0,27095	17,760 910	0,056 3034
2,878	−0,96546	0,26055	−0,26987	17,778 680	0,056 2471
2,879	−0,96572	0,25959	−0,26880	17,796 468	0,056 1909
2,880	−0,96598	0,25862	−0,26773	17,814 273	0,056 1348
2,881	−0,96624	0,25765	−0,26666	17,832 096	0,056 0787
2,882	−0,96649	0,25669	−0,26559	17,849 937	0,056 0226
2,883	−0,96675	0,25572	−0,26452	17,867 796	0,055 9666
2,884	−0,96701	0,25475	−0,26345	17,885 673	0,055 9107
2,885	−0,96726	0,25379	−0,26238	17,903 568	0,055 8548
2,886	−0,96751	0,25282	−0,26131	17,921 480	0,055 7990
2,887	−0,96777	0,25185	−0,26024	17,939 411	0,055 7432
2,888	−0,96802	0,25088	−0,25917	17,957 359	0,055 6875
2,889	−0,96827	0,24992	−0,25811	17,975 325	0,055 6318
2,890	−0,96852	0,24895	−0,25704	17,993 310	0,055 5762
2,891	−0,96877	0,24798	−0,25597	18,011 312	0,055 5207
2,892	−0,96901	0,24701	−0,25491	18,029 332	0,055 4652
2,893	−0,96926	0,24604	−0,25384	18,047 371	0,055 4097
2,894	−0,96951	0,24507	−0,25278	18,065 427	0,055 3544
2,895	−0,96975	0,24410	−0,25172	18,083 501	0,055 2990
2,896	−0,96999	0,24313	−0,25065	18,101 594	0,055 2438
2,897	−0,97024	0,24216	−0,24959	18,119 705	0,055 1885
2,898	−0,97048	0,24119	−0,24853	18,137 833	0,055 1334
2,899	−0,97072	0,24022	−0,24747	18,155 980	0,055 0783

x	Cof x	Sin x	Tg x	φ
2,850	8,67281	8,61497	0,99333	163° 17′ 34,70″
2,851	8,68143	8,62365	0,99334	163 21 00,96
2,852	8,69006	8,63233	0,99336	163 24 27,23
2,853	8,69870	8,64103	0,99337	163 27 53,49
2,854	8,70734	8,64973	0,99338	163 31 19,76
2,855	8,71600	8,65844	0,99340	163 34 46,02
2,856	8,72466	8,66716	0,99341	163 38 12,29
2,857	8,73333	8,67589	0,99342	163 41 38,55
2,858	8,74201	8,68463	0,99344	163 45 04,82
2,859	8,75070	8,69337	0,99345	163 48 31,08
2,860	8,75940	8,70213	0,99346	163 51 57,35
2,861	8,76810	8,71089	0,99348	163 55 23,61
2,862	8,77682	8,71967	0,99349	163 58 49,88
2,863	8,78554	8,72845	0,99350	164 02 16,14
2,864	8,79428	8,73724	0,99351	164 05 42,41
2,865	8,80302	8,74604	0,99353	164 09 08,67
2,866	8,81177	8,75484	0,99354	164 12 34,93
2,867	8,82053	8,76366	0,99355	164 16 01,20
2,868	8,82930	8,77248	0,99357	164 19 27,46
2,869	8,83807	8,78132	0,99358	164 22 53,73
2,870	8,84686	8,79016	0,99359	164 26 19,99
2,871	8,85565	8,79901	0,99360	164 29 46,26
2,872	8,86446	8,80787	0,99362	164 33 12,52
2,873	8,87327	8,81674	0,99363	164 36 38,79
2,874	8,88209	8,82562	0,99364	164 40 05,05
2,875	8,89092	8,83450	0,99365	164 43 31,32
2,876	8,89976	8,84340	0,99367	164 46 57,58
2,877	8,90861	8,85230	0,99368	164 50 23,85
2,878	8,91746	8,86122	0,99369	164 53 50,11
2,879	8,92633	8,87014	0,99371	164 57 16,38
2,880	8,93520	8,87907	0,99372	165 00 42,64
2,881	8,94409	8,88801	0,99373	165 04 08,90
2,882	8,95298	8,89696	0,99374	165 07 35,17
2,883	8,96188	8,90591	0,99376	165 11 01,44
2,884	8,97079	8,91488	0,99377	165 14 27,70
2,885	8,97971	8,92386	0,99378	165 17 53,97
2,886	8,98864	8,93284	0,99379	165 21 20,23
2,887	8,99758	8,94183	0,99380	165 24 46,50
2,888	9,00652	8,95084	0,99382	165 28 12,76
2,889	9,01548	8,95985	0,99383	165 31 39,03
2,890	9,02444	8,96887	0,99384	165 35 05,29
2,891	9,03342	8,97790	0,99385	165 38 31,55
2,892	9,04240	8,98693	0,99387	165 41 57,82
2,893	9,05139	8,99598	0,99388	165 45 24,08
2,894	9,06039	9,00504	0,99389	165 48 50,35
2,895	9,06940	9,01410	0,99390	165 52 16,61
2,896	9,07842	9,02318	0,99391	165 55 42,88
2,897	9,08745	9,03226	0,99393	165 59 09,14
2,898	9,09648	9,04135	0,99394	166 02 35,41
2,899	9,10553	9,05045	0,99395	166 06 01,67

x	$\cos x$	$\sin x$	$\operatorname{tg} x$	e^x	e^{-x}
2,900	−0,97096	0,23925	−0,24641	18,174 145	0,055 0232
2,901	−0,97120	0,23828	−0,24534	18,192 329	0,054 9682
2,902	−0,97143	0,23731	−0,24428	18,210 530	0,054 9133
2,904	−0,97167	0,23634	−0,24323	18,228 750	0,054 8584
2,904	−0,97190	0,23536	−0,24217	18,246 988	0,054 8036
2,905	−0,97214	0,23439	−0,24111	18,265 244	0,054 7488
2,906	−0,97238	0,23342	−0,24005	18,283 518	0,054 6941
2,907	−0,97261	0,23245	−0,23899	18,301 811	0,054 6394
2,908	−0,97284	0,23147	−0,23794	18,320 122	0,054 5848
2,909	−0,97307	0,23050	−0,23688	18,338 451	0,054 5302
2,910	−0,97330	0,22953	−0,23582	18,356 799	0,054 4757
2,911	−0,97353	0,22855	−0,23477	18,375 165	0,054 4213
2,912	−0,97376	0,22758	−0,23371	18,393 549	0,054 3669
2,913	−0,97399	0,22661	−0,23266	18,411 952	0,054 3125
2,914	−0,97421	0,22563	−0,23161	18,430 373	0,054 2583
2,915	−0,97444	0,22466	−0,23055	18,448 812	0,054 2040
2,916	−0,97466	0,22368	−0,22950	18,467 270	0,054 1499
2,917	−0,97489	0,22271	−0,22845	18,485 747	0,054 0957
2,918	−0,97511	0,22173	−0,22739	18,504 242	0,054 0417
2,919	−0,97533	0,22076	−0,22634	18,522 755	0,053 9876
2,920	−0,97555	0,21978	−0,22529	18,541 287	0,053 9337
2,921	−0,97577	0,21881	−0,22424	18,559 838	0,053 8798
2,922	−0,97599	0,21783	−0,22319	18,578 407	0,053 8259
2,923	−0,97620	0,21686	−0,22214	18,596 995	0,053 7721
2,924	−0,97642	0,21588	−0,22109	18,615 601	0,053 7184
2,925	−0,97664	0,21490	−0,22004	18,634 226	0,053 6647
2,926	−0,97685	0,21393	−0,21900	18,652 870	0,053 6111
2,927	−0,97706	0,21295	−0,21795	18,671 532	0,053 5575
2,928	−0,97727	0,21197	−0,21690	18,690 213	0,053 5039
2,929	−0,97749	0,21100	−0,21585	18,708 912	0,053 4505
2,930	−0,97770	0,21002	−0,21481	18,727 631	0,053 3970
2,931	−0,97791	0,20904	−0,21376	18,746 368	0,053 3437
2,932	−0,97812	0,20806	−0,21272	18,765 123	0,053 2904
2,933	−0,97832	0,20708	−0,21167	18,783 898	0,053 2371
2,934	−0,97853	0,20610	−0,21063	18,802 691	0,053 1839
2,935	−0,97874	0,20513	−0,20958	18,821 503	0,053 1307
2,936	−0,97894	0,20415	−0,20854	18,840 334	0,053 0776
2,937	−0,97914	0,20317	−0,20750	18,859 184	0,053 0246
2,938	−0,97935	0,20219	−0,20645	18,878 052	0,052 9716
2,939	−0,97955	0,20121	−0,20541	18,896 940	0,052 9186
2,940	−0,97975	0,20023	−0,20437	18,915 846	0,052 8657
2,941	−0,97995	0,19925	−0,20333	18,934 772	0,052 8129
2,942	−0,98015	0,19827	−0,20229	18,953 716	0,052 7601
2,943	−0,98035	0,19729	−0,20125	18,972 679	0,052 7074
2,944	−0,98054	0,19631	−0,20020	18,991 661	0,052 6547
2,945	−0,98074	0,19533	−0,19917	19,010 662	0,052 6021
2,946	−0,98093	0,19435	−0,19813	19,029 683	0,052 5495
2,947	−0,98113	0,19337	−0,19707	19,048 722	0,052 4970
2,948	−0,98132	0,19239	−0,19605	19,067 780	0,052 4445
2,949	−0,98151	0,19140	−0,19501	19,086 857	0,052 3921

x	Cos x	Sin x	Tg x	φ
2,900	9,11458	9,05956	0,99396	166° 09′ 27,94″
2,901	9,12365	9,06868	0,99398	166 12 54,20
2,902	9,13272	9,07781	0,99399	166 16 20,47
2,903	9,14180	9,08695	0,99400	166 19 46,73
2,904	9,15090	9,09609	0,99401	166 23 13,00
2,905	9,16000	9,10525	0,99402	166 26 39,26
2,906	9,16911	9,11441	0,99403	166 30 05,53
2,907	9,17823	9,12359	0,99405	166 33 31,79
2,908	9,18735	9,13277	0,99406	166 36 58,06
2,909	9,19649	9,14196	0,99407	166 40 24,32
2,910	9,20564	9,15116	0,99408	166 43 50,59
2,911	9,21479	9,16037	0,99409	166 47 16,85
2,912	9,22396	9,16959	0,99411	166 50 43,12
2,913	9,23313	9,17882	0,99412	166 54 09,38
2,914	9,24232	9,18806	0,99413	166 57 35,65
2,915	9,25151	9,19730	0,99414	167 01 01,91
2,916	9,26071	9,20656	0,99415	167 04 28,17
2,917	9,26992	9,21583	0,99416	167 07 54,44
2,918	9,27914	9,22510	0,99418	167 11 20,70
2,919	9,28837	9,23438	0,99419	167 14 46,97
2,920	9,29761	9,24368	0,99420	167 18 13,23
2,921	9,30686	9,25298	0,99421	167 21 39,50
2,922	9,31612	9,26229	0,99422	167 25 05,76
2,923	9,32538	9,27161	0,99423	167 28 32,03
2,924	9,33466	9,28094	0,99425	167 31 58,29
2,925	9,34395	9,29028	0,99426	167 35 24,56
2,926	9,35324	9,29963	0,99427	167 38 50,82
2,927	9,36254	9,30899	0,99428	167 42 17,09
2,928	9,37186	9,31835	0,99429	167 45 43,35
2,929	9,38118	9,32773	0,99430	167 49 09,62
2,930	9,39051	9,33712	0,99431	167 52 35,88
2,931	9,39986	9,34651	0,99433	167 56 02,15
2,932	9,40921	9,35592	0,99434	167 59 28,41
2,933	9,41857	9,36533	0,99435	168 02 54,68
2,934	9,42794	9,37475	0,99436	168 06 20,94
2,935	9,43732	9,38419	0,99437	168 09 47,21
2,936	9,44671	9,39363	0,99438	168 13 13,47
2,937	9,45610	9,40308	0,99439	168 16 39,74
2,938	9,46551	9,41254	0,99440	168 20 06,00
2,939	9,47493	9,42201	0,99441	168 23 32,27
2,940	9,48436	9,43149	0,99443	168 26 58,53
2,941	9,49379	9,44098	0,99444	168 30 24,80
2,942	9,50324	9,45048	0,99445	168 33 51,06
2,943	9,51269	9,45999	0,99446	168 37 17,32
2,944	9,52216	9,46950	0,99447	168 40 43,59
2,945	9,53163	9,47903	0,99448	168 44 09,85
2,946	9,54112	9,48857	0,99449	168 47 36,12
2,947	9,55061	9,49811	0,99450	168 51 02,38
2,948	9,56011	9,50767	0,99451	168 54 28,65
2,949	9,56962	9,51723	0,99453	168 57 54,91

x	$\cos x$	$\sin x$	$\operatorname{tg} x$	e^x	e^{-x}
2,950	−0,98170	0,19042	−0,19397	19,105 954	0,052 3397
2,951	−0,98189	0,18944	−0,19293	19,125 069	0,052 2874
2,952	−0,98208	0,18846	−0,19190	19,144 204	0,052 2351
2,953	−0,98227	0,18748	−0,19086	19,163 358	0,052 1829
2,954	−0,98246	0,18649	−0,18982	19,182 531	0,052 1308
2,955	−0,98264	0,18551	−0,18879	19,201 723	0,052 0787
2,956	−0,98283	0,18453	−0,18776	19,220 934	0,052 0266
2,957	−0,98301	0,18355	−0,18672	19,240 165	0,051 9746
2,958	−0,98319	0,18256	−0,18568	19,259 414	0,051 9227
2,959	−0,98338	0,18158	−0,18465	19,278 683	0,051 8708
2,960	−0,98356	0,18060	−0,18362	19,297 972	0,051 8189
2,961	−0,98373	0,17961	−0,18259	19,317 279	0,051 7671
2,962	−0,98392	0,17863	−0,18155	19,336 606	0,051 7154
2,963	−0,98409	0,17764	−0,18052	19,355 953	0,051 6637
2,964	−0,98427	0,17666	−0,17948	19,375 318	0,051 6121
2,965	−0,98445	0,17568	−0,17845	19,394 703	0,051 5605
2,966	−0,98462	0,17469	−0,17742	19,414 108	0,051 5089
2,967	−0,98480	0,17371	−0,17639	19,433 531	0,051 4575
2,968	−0,98497	0,17272	−0,17536	19,452 975	0,051 4060
2,969	−0,98514	0,17174	−0,17433	19,472 437	0,051 3546
2,970	−0,98531	0,17075	−0,17330	19,491 920	0,051 3033
2,971	−0,98548	0,16977	−0,17227	19,511 421	0,051 2520
2,972	−0,98565	0,16878	−0,17124	19,530 942	0,051 2008
2,973	−0,98582	0,16780	−0,17021	19,550 483	0,051 1496
2,974	−0,98599	0,16681	−0,16918	19,570 043	0,051 0985
2,975	−0,98616	0,16582	−0,16815	19,589 623	0,051 0474
2,976	−0,98632	0,16484	−0,16712	19,609 223	0,050 9964
2,977	−0,98649	0,16385	−0,16610	19,628 842	0,050 9454
2,978	−0,98665	0,16286	−0,16507	19,648 480	0,050 8945
2,979	−0,98681	0,16188	−0,16404	19,668 139	0,050 8437
2,980	−0,98697	0,16089	−0,16301	19,687 817	0,050 7928
2,981	−0,98713	0,15990	−0,16199	19,707 514	0,050 7421
2,982	−0,98729	0,15892	−0,16096	19,727 232	0,050 6913
2,983	−0,98745	0,15793	−0,15994	19,746 969	0,050 6407
2,984	−0,98761	0,15694	−0,15891	19,766 726	0,050 5901
2,985	−0,98776	0,15595	−0,15789	19,786 502	0,050 5395
2,986	−0,98792	0,15497	−0,15686	19,806 299	0,050 4890
2,987	−0,98807	0,15398	−0,15584	19,826 115	0,050 4385
2,988	−0,98823	0,15299	−0,15481	19,845 951	0,050 3881
2,989	−0,98838	0,15200	−0,15379	19,865 807	0,050 3377
2,990	−0,98853	0,15101	−0,15277	19,885 682	0,050 2874
2,991	−0,98868	0,15002	−0,15174	19,905 578	0,050 2372
2,992	−0,98883	0,14904	−0,15072	19,925 494	0,050 1870
2,993	−0,98898	0,14804	−0,14970	19,945 429	0,050 1368
2,994	−0,98913	0,14706	−0,14871	19,965 385	0,050 0867
2,995	−0,98927	0,14607	−0,14765	19,985 360	0,050 0366
2,996	−0,98942	0,14508	−0,14663	20,005 355	0,049 9866
2,997	−0,98956	0,14409	−0,14561	20 025 371	0,049 9367
2,998	−0,98971	0,14310	−0,14458	20,045 406	0,049 8867
2,999	−0,98985	0,14211	−0,14357	20,065 461	0,049 8369

x	Cos x	Sin x	Tg x	φ
2,950	9,57915	9,52681	0,99454	169°01′21,18″
2,951	9,58868	9,53639	0,99455	169 04 47,44
2,952	9,59822	9,54598	0,99456	169 08 13,71
2,953	9,60777	9,55559	0,99457	169 11 39,97
2,954	9,61733	9,56520	0,99458	169 15 06,24
2,955	9,62690	9,57482	0,99459	169 18 32,50
2,956	9,63648	9,58445	0,99460	169 21 58,77
2,957	9,64607	9,59410	0,99461	169 25 25,03
2,958	9,65567	9,60375	0,99462	169 28 51,30
2,959	9,66528	9,61341	0,99463	169 32 17,56
2,960	9,67490	9,62308	0,99464	169 35 43,83
2,961	9,68452	9,63276	0,99465	169 39 10,09
2,962	9,69416	9,64245	0,99467	169 42 36,36
2,963	9,70381	9,65214	0,99468	169 46 02,62
2,964	9,71347	9,66185	0,99469	169 49 28,89
2,965	9,72313	9,67157	0,99470	169 52 55,15
2,966	9,73281	9,68130	0,99471	169 56 21,42
2,967	9,74249	9,69104	0,99472	169 59 47,68
2,968	9,75219	9,70078	0,99473	170 03 13,94
2,969	9,76190	9,71054	0,99474	170 06 40,21
2,970	9,77161	9,72031	0,99475	170 10 06,47
2,971	9,78134	9,73008	0,99476	170 13 32,74
2,972	9,79107	9,73987	0,99477	170 16 59,00
2,973	9,80082	9,74967	0,99478	170 20 25,27
2,974	9,81057	9,75947	0,99479	170 23 51,53
2,975	9,82034	9,76929	0,99480	170 27 17,80
2,976	9,83011	9,77911	0,99481	170 30 44,06
2,977	9,83989	9,78895	0,99482	170 34 10,33
2,978	9,84969	9,79879	0,99483	170 37 36,59
2,979	9,85949	9,80865	0,99484	170 41 02,86
2,980	9,86930	9,81851	0,99485	170 44 29,12
2,981	9,87913	9,82839	0,99486	170 47 55,39
2,982	9,88896	9,83827	0,99487	170 51 21,65
2,983	9,89880	9,84816	0,99488	170 54 47,92
2,984	9,90866	9,85807	0,99489	170 58 14,18
2,985	9,91852	9,86798	0,99490	171 01 40,45
2,986	9,92839	9,87790	0,99491	171 05 06,71
2,987	9,93828	9,88784	0,99492	171 08 32,98
2,988	9,94817	9,89778	0,99493	171 11 59,24
2,989	9,95807	9,90773	0,99495	171 15 25,51
2,990	9,96798	9,91770	0,99496	171 18 51,77
2,991	9,97791	9,92767	0,99497	171 22 18,04
2,992	9,98784	9,93765	0,99498	171 25 44,30
2,993	9,99778	9,94765	0,99499	171 29 10,57
2,994	10,00774	9,95765	0,99500	171 32 36,83
2,995	10,01770	9,96766	0,99501	171 36 03,10
2,996	10,02767	9,97768	0,99502	171 39 29,36
2,997	10,03765	9,98772	0,99503	171 42 55,62
2,998	10,04765	9,99776	0,99504	171 46 21,89
2,999	10,05765	10,00781	0,99504	171 49 48,15

x	$\cos x$	$\sin x$	$\operatorname{tg} x$	e^x	e^{-x}
3,00	−0,98999	0,14112	−0,14255	20,085 537	0,049 7871
3,01	−0,99135	0,13121	−0,13236	20,287 400	0,049 2917
3,02	−0,99262	0,12129	−0,12220	20,491 292	0,048 8012
3,03	−0,99378	0,11136	−0,11206	20,697 233	0,048 3156
3,04	−0,99484	0,10142	−0,10194	20,905 243	0,047 8349
3,05	−0,99581	0,09146	−0,09185	21,115 344	0,047 3589
3,06	−0,99667	0,08150	−0,08177	21,327 557	0,046 8877
3,07	−0,99744	0,07153	−0,07172	21,541 903	0,046 4212
3,08	−0,99810	0,06155	−0,06167	21,758 402	0,045 9593
3,09	−0,99867	0,05157	−0,05164	21,977 078	0,045 5020
3,10	−0,99914	0,04158	−0,04162	22,197 951	0,045 0492
3,11	−0,99950	0,03159	−0,03160	22,421 044	0,044 6010
3,12	−0,99977	0,02159	−0,02160	22,646 380	0,044 1572
3,13	−0,99993	0,01159	−0,01159	22,873 980	0,043 7178
3,14	−1,00000	0,00159	−0,00159	23,103 867	0,043 2828
π=3,14···	−1	0	0	23,140 693	0,043 2139
3,15	−0,99996	−0,00841	0,00841	23,336 065	0,042 8521
3,16	−0,99983	−0,01841	0,01841	23,570 596	0,042 4257
3,17	−0,99960	−0,02840	0,02842	23,807 484	0,042 0036
3,18	−0,99926	−0,03840	0,03843	24,046 754	0,041 5857
3,19	−0,99883	−0,04839	0,04845	24,288 427	0,041 1719
3,20	−0,99829	−0,05837	0,05847	24,532 530	0,040 7622
3,21	−0,99766	−0,06835	0,06851	24,779 086	0,040 3566
3,22	−0,99693	−0,07833	0,07857	25,028 120	0,039 9551
3,23	−0,99609	−0,08829	0,08864	25,279 657	0,039 5575
3,24	−0,99516	−0,09825	0,09873	25,533 722	0,039 1639
3,25	−0,99413	−0,10820	0,10883	25,790 340	0,038 7742
3,26	−0,99300	−0,11813	0,11896	26,049 537	0,038 3884
3,27	−0,99177	−0,12805	0,12912	26,311 339	0,038 0064
3,28	−0,99044	−0,13797	0,13925	26,575 773	0,037 6283
3,29	−0,98901	−0,14786	0,14951	26,842 864	0,037 2538
3,30	−0,98748	−0,15775	0,15975	27,112 639	0,036 8832
3,31	−0,98585	−0,16761	0,17002	27,385 125	0,036 5162
3,32	−0,98413	−0,17746	0,18033	27,660 351	0,036 1528
3,33	−0,98230	−0,18729	0,19067	27,938 342	0,035 7931
3,34	−0,98038	−0,19711	0,20115	28,219 127	0,035 4370
3,35	−0,97836	−0,20690	0,21155	28,502 734	0,035 0844
3,36	−0,97624	−0,21668	0,22174	28,789 191	0,034 7353
3,37	−0,97403	−0,22643	0,23257	29,078 527	0,034 3896
3,38	−0,97172	−0,23616	0,24313	29,370 771	0,034 0475
3,39	−0,96931	−0,24586	0,25343	29,665 952	0,033 7087
3,40	−0,96680	−0,25554	0,26442	29,964 100	0,033 3733
3,41	−0,96419	−0,26520	0,27484	30,265 244	0,033 0412
3,42	−0,96149	−0,27482	0,28594	30,569 415	0,032 7124
3,43	−0,95870	−0,28443	0,29678	30,876 643	0,032 3869
3,44	−0,95581	−0,29400	0,30738	31,186 958	0,032 0647
3,45	−0,95282	−0,30354	0,31868	31,500 392	0,031 7456
3,46	−0,94974	−0,31305	0,32973	31,816 977	0,031 4298
3,47	−0,94656	−0,32254	0,34053	32,136 743	0,031 1170
3,48	−0,94328	−0,33199	0,35205	32,459 722	0,030 8074
3,49	−0,93992	−0,34140	0,36301	32,785 948	0,030 5009

x	Cof x	Sin x	Tg x	φ
3,00	10,06766	10,01787	0,99505	171° 53′ 14,42″
3,01	10,16835	10,11905	0,99515	172 27 37,07
3,02	10,27005	10,22125	0,99525	173 01 59,71
3,03	10,37277	10,32446	0,99534	173 36 22,36
3,04	10,47654	10,42870	0,99543	174 10 45,01
3,05	10,58135	10,53399	0,99552	174 45 07,66
3,06	10,68722	10,64033	0,99561	175 19 30,31
3,07	10,79416	10,74774	0,99570	175 53 52,96
3,08	10,90218	10,85622	0,99578	176 28 15,60
3,09	11,01129	10,96579	0,99587	177 02 38,25
3,10	11,12150	11,07645	0,99595	177 37 00,90
3,11	11,23282	11,18822	0,99603	178 11 23,55
3,12	11,34527	11,30111	0,99611	178 45 46,20
3,13	11,45885	11,41513	0,99618	179 20 08,84
3,14	11,57357	11,53029	0,99626	179 54 31,49
π=3,14···	11,59195	11,54874	0,99627	180
3,15	11,68946	11,64661	0,99633	180 28 54,14
3,16	11,80651	11,76409	0,99641	181 03 16,79
3,17	11,92474	11,88274	0,99648	181 37 39,44
3,18	12,04417	12,00258	0,99655	182 12 02,08
3,19	12,16480	12,12363	0,99662	182 46 24,73
3,20	12,28665	12,24588	0,99668	183 20 47,38
3,21	12,40972	12,36936	0,99675	183 55 10,03
3,22	12,53404	12,49408	0,99681	184 29 32,68
3,23	12,65961	12,62005	0,99688	185 03 55,32
3,24	12,78644	12,74728	0,99694	185 38 17,97
3,25	12,91456	12,87578	0,99700	186 12 40,62
3,26	13,04396	13,00557	0,99706	186 47 03,27
3,27	13,17467	13,13667	0,99712	187 21 25,92
3,28	13,30670	13,26907	0,99717	187 55 38,56
3,29	13,44006	13,40280	0,99723	188 30 11,21
3,30	13,57476	13,53788	0,99728	189 04 33,86
3,31	13,71082	13,67430	0,99734	189 38 56,51
3,32	13,84825	13,81210	0,99739	190 13 19,16
3,33	13,98707	13,95127	0,99744	190 47 41,80
3,34	14,12728	14,09185	0,99749	191 22 24,45
3,35	14,26891	14,23382	0,99754	191 56 47,10
3,36	14,41196	14,37723	0,99759	192 30 09,75
3,37	14,55646	14,52207	0,99764	193 05 32,40
3,38	14,70241	14,66836	0,99768	193 39 55,05
3,39	14,84983	14,81612	0,99773	194 13 17,69
3,40	14,99874	14,96536	0,99777	194 48 40,34
3,41	15,14914	15,11610	0,99782	195 22 02,99
3,42	15,30106	15,26835	0,99786	195 57 25,64
3,43	15,45451	15,42213	0,99790	196 31 48,29
3,44	15,60951	15,57745	0,99795	197 05 10,93
3,45	15,76607	15,73432	0,99799	197 40 33,58
3,46	15,92420	15,89277	0,99803	198 14 56,23
3,47	16,08393	16,05281	0,99807	198 48 18,88
3,48	16,24526	16,21446	0,99810	199 23 41,53
3,49	16,40822	16,37772	0,99814	199 57 04,17

x	$\cos x$	$\sin x$	$\operatorname{tg} x$	e^x	e^{-x}
3,50	−0,93646	−0,35078	0,37470	33,115 452	0,030 1974
3,51	−0,93290	−0,36013	0,38614	33,448 268	0,029 8969
3,52	−0,92925	−0,36944	0,39734	33,784 429	0,029 5994
3,53	−0,92551	−0,37871	0,40931	34,123 968	0,029 3049
3,54	−0,92168	−0,38795	0,42103	34,466 919	0,029 0133
3,55	−0,91775	−0,39715	0,43285	34,813 318	0,028 7246
3,56	−0,91374	−0,40631	0,44478	35,163 197	0,028 4388
3,57	−0,90963	−0,41542	0,45646	35,516 593	0,028 1559
3,58	−0,90543	−0,42450	0,46895	35,873 541	0,027 8757
3,59	−0,90114	−0,43353	0,48121	36,234 076	0,027 5983
3,60	−0,89676	−0,44252	0,49347	36,598 235	0,027 3237
3,61	−0,89229	−0,45147	0,50596	36,966 053	0,027 0518
3,62	−0,88773	−0,46037	0,51859	37,337 568	0,026 7827
3,63	−0,88308	−0,46922	0,53134	37,712 817	0,026 5162
3,64	−0,87835	−0,47803	0,54424	38,091 837	0,026 2523
3,65	−0,87352	−0,48679	0,55727	38,474 666	0,025 9911
3,66	−0,86861	−0,49550	0,57045	38,861 343	0,025 7325
3,67	−0,86361	−0,50416	0,58378	39,251 906	0,025 4765
3,68	−0,85853	−0,51277	0,59727	39,646 394	0,025 2230
3,69	−0,85336	−0,52133	0,61092	40,044 847	0,024 9720
3,70	−0,84810	−0,52984	0,62473	40,447 304	0,024 7235
3,71	−0,84276	−0,53829	0,63872	40,853 807	0,024 4775
3,72	−0,83733	−0,54669	0,65290	41,264 394	0,024 2340
3,73	−0,83183	−0,55504	0,66730	41,679 108	0,023 9928
3,74	−0,82623	−0,56333	0,68180	42,097 990	0,023 7541
3,75	−0,82056	−0,57156	0,69655	42,521 082	0,023 5177
3,76	−0,81480	−0,57974	0,71151	42,948 426	0,023 2837
3,77	−0,80896	−0,58786	0,72668	43,380 065	0,023 0521
3,78	−0,80305	−0,59592	0,74202	43,816 042	0,022 8227
3,79	−0,79705	−0,60392	0,75769	44,256 400	0,022 5956
3,80	−0,79097	−0,61186	0,77356	44,701 185	0,022 3708
3,81	−0,78481	−0,61974	0,78967	45,150 439	0,022 1482
3,82	−0,77857	−0,62755	0,80603	45,604 208	0,021 9278
3,83	−0,77226	−0,63531	0,82266	46,062 538	0,021 7096
3,84	−0,76587	−0,64300	0,83957	46,525 474	0,021 4936
3,85	−0,75940	−0,65063	0,85677	46,993 063	0,021 2797
3,86	−0,75285	−0,65819	0,87425	47,465 351	0,021 0680
3,87	−0,74624	−0,66568	0,89205	47,942 386	0,020 8584
3,88	−0,73954	−0,67311	0,91018	48,424 215	0,020 6508
3,89	−0,73277	−0,68047	0,92862	48,910 887	0,020 4453
3,90	−0,72593	−0,68777	0,94742	49,402 449	0,020 2419
3,91	−0,71902	−0,69499	0,96658	49,898 952	0,020 0405
3,92	−0,71203	−0,70215	0,98612	50,400 445	0,019 8411
$^5/_4\pi = 3{,}92\cdots$	−0,70711	−0,70711	1	50,754 016	0,019 7032
3,93	−0,70498	−0,70923	1,00603	50,906 978	0,019 6437
3,94	−0,69785	−0,71625	1,02636	51,418 601	0,019 4482
3,95	−0,69065	−0,72319	1,04711	51,935 367	0,019 2547
3,96	−0,68338	−0,73006	1,06830	52,457 326	0,019 0631
3,97	−0,67605	−0,73686	1,08994	52,984 531	0,018 8734
3,98	−0,66865	−0,74358	1,11206	53,517 034	0,018 6856
3,99	−0,66118	−0,75023	1,13468	54,054 889	0,018 4997

x	Cof x	Sin x	Tg x	φ
3,50	16,57282	16,54263	0,99818	200° 32′ 26,82″
3,51	16,73908	16,70919	0,99821	201 06 49,47
3,52	16,90701	16,87741	0,99825	201 40 12,12
3,53	17,07664	17,04733	0,99828	202 15 34,77
3,54	17,24797	17,21895	0,99832	202 49 57,41
3,55	17,42102	17,39230	0,99835	203 24 20,06
3,56	17,59582	17,56738	0,99838	203 58 42,71
3,57	17,77237	17,74422	0,99842	204 32 05,36
3,58	17,95071	17,92283	0,99845	205 07 28,01
3,59	18,13084	18,10324	0,99848	205 41 50,65
3,60	18,31278	18,28546	0,99851	206 15 53,30
3,61	18,49655	18,46950	0,99854	206 50 15,95
3,62	18,68218	18,65539	0,99857	207 24 38,60
3,63	18,86967	18,84315	0,99859	207 59 01,25
3,64	19,05904	19,03279	0,99862	208 33 23,89
3,65	19,25033	19,22434	0,99865	209 07 46,54
3,66	19,44354	19,41781	0,99868	209 42 09,19
3,67	19,63869	19,61321	0,99870	210 16 31,84
3,68	19,83581	19,81059	0,99872	210 50 54,49
3,69	20,03491	20,00994	0,99875	211 25 17,14
3,70	20,23601	20,21129	0,99878	211 59 39,78
3,71	20,43914	20,41466	0,99880	212 34 02,43
3,72	20,64431	20,62008	0,99883	213 08 25,08
3,73	20,85155	20,82756	0,99885	213 42 47,73
3,74	21,06087	21,03712	0,99887	214 17 10,38
3,75	21,27230	21,24878	0,99889	214 51 33,02
3,76	21,48585	21,46257	0,99892	215 25 55,67
3,77	21,70156	21,67851	0,99894	216 00 18,32
3,78	21,91943	21,89661	0,99896	216 34 40,97
3,79	22,13950	22,11690	0,99898	217 09 03,62
3,80	22,36178	22,33941	0,99900	217 43 26,26
3,81	22,58629	22,56415	0,99902	218 17 48,91
3,82	22,81307	22,79114	0,99904	218 52 11,56
3,83	23,04212	23,02041	0,99906	219 26 34,21
3,84	23,27348	23,25199	0,99908	220 00 56,86
3,85	23,50717	23,48589	0,99909	220 35 19,50
3,86	23,74321	23,72214	0,99911	221 09 42,15
3,87	23,98162	23,96076	0,99913	221 44 04,80
3,88	24,22243	24,20178	0,99915	222 18 27,45
3,89	24,46567	24,44522	0,99916	222 52 50,10
3,90	24,71135	24,69110	0,99918	223 27 12,74
3,91	24,95950	24,93946	0,99920	224 01 35,39
3,92	25,21014	25,19030	0,99921	224 35 58,04
$5/4\,\pi = 3{,}92\cdots$	25,38686	25,36716	0,99922	225
3,93	25,46331	25,44367	0,99923	225 10 20,69
3,94	25,71902	25,69958	0,99924	225 44 43,34
3,95	25,97731	25,95806	0,99926	226 19 05,98
3,96	26,23819	26,21913	0,99927	226 53 28,63
3,97	26,50170	26,48283	0,99929	227 27 51,28
3,98	26,76786	26,74917	0,99930	228 02 13,93
3,99	27,03669	27,01819	0,99932	228 36 36,58

x	$\cos x$	$\sin x$	$\operatorname{tg} x$	e^x	e^{-x}
4,00	−0,65364	−0,75680	1,15782	54,598 150	0,018 3156
4,01	−0,64604	−0,76330	1,18150	55,146 871	0,018 1334
4,02	−0,63838	−0,76972	1,20575	55,701 106	0,017 9530
4,03	−0,63065	−0,77607	1,23059	56,260 911	0,017 7743
4,04	−0,62286	−0,78234	1,25605	56,826 343	0,017 5975
4,05	−0,61500	−0,78853	1,28215	57,397 457	0,017 4224
4,06	−0,60709	−0,79464	1,30893	57,974 311	0,017 2490
4,07	−0,59911	−0,80067	1,33643	58,556 963	0,017 0774
4,08	−0,59107	−0,80662	1,36467	59,145 470	0,016 9075
4,09	−0,58298	−0,81249	1,39368	59,739 892	0,016 7392
4,10	−0,57482	−0,81828	1,42353	60,340 288	0,016 5727
4,11	−0,56661	−0,82398	1,45423	60,946 718	0,016 4078
4,12	−0,55834	−0,82961	1,48584	61,559 242	0,016 2445
4,13	−0,55002	−0,83515	1,51840	62,177 923	0,016 0829
4,14	−0,54164	−0,84061	1,55196	62,802 821	0,015 9229
4,15	−0,53321	−0,84598	1,58659	63,434 000	0,015 7644
4,16	−0,52472	−0,85127	1,62233	64,071 523	0,015 6076
4,17	−0,51618	−0,85648	1,65925	64,715 452	0,015 4523
4,18	−0,50759	−0,86160	1,69708	65,365 853	0,015 2985
4,19	−0,49895	−0,86663	1,73690	66,022 791	0,015 1463
4,20	−0,49026	−0,87158	1,77778	66,686 331	0,014 9956
4,21	−0,48152	−0,87643	1,82014	67,356 540	0,014 8464
4,22	−0,47273	−0,88121	1,86407	68,033 484	0,014 6986
4,23	−0,46390	−0,88589	1,90967	68,717 232	0,014 5524
4,24	−0,45501	−0,89048	1,95704	69,407 852	0,014 4076
4,25	−0,44609	−0,89499	2,00636	70,105 412	0,014 2642
4,26	−0,43712	−0,89941	2,05755	70,809 983	0,014 1223
4,27	−0,42810	−0,90373	2,11103	71,521 636	0,013 9818
4,28	−0,41904	−0,90797	2,16677	72,240 440	0,013 8427
4,29	−0,40994	−0,91211	2,22499	72,966 468	0,013 7049
4,30	−0,40080	−0,91617	2,28585	73,699 794	0,013 5686
4,31	−0,39162	−0,92013	2,34956	74,440 489	0,013 4335
4,32	−0,38240	−0,92400	2,41633	75,188 628	0,013 2999
4,33	−0,37314	−0,92778	2,48642	75,944 287	0,013 1675
4,34	−0,36384	−0,93146	2,56007	76,707 539	0,013 0365
4,35	−0,35451	−0,93505	2,63760	77,478 463	0,012 9068
4,36	−0,34514	−0,93855	2,71933	78,257 134	0,012 7784
4,37	−0,33574	−0,94196	2,80562	79,043 632	0,012 6512
4,38	−0,32630	−0,94527	2,89690	79,838 033	0,012 5254
4,39	−0,31683	−0,94848	2,99363	80,640 419	0,012 4007
4,40	−0,30733	−0,95160	3,09632	81,450 869	0,012 2773
4,41	−0,29780	−0,95463	3,20558	82,269 464	0,012 1552
4,42	−0,28824	−0,95756	3,32213	83,096 285	0,012 0342
4,43	−0,27865	−0,96039	3,44658	83,931 417	0,011 9145
4,44	−0,26903	−0,96313	3,57997	84,774 942	0,011 7959
4,45	−0,25939	−0,96577	3,72327	85,626 944	0,011 6786
4,46	−0,24972	−0,96832	3,87765	86,487 509	0,011 5624
4,47	−0,24002	−0,97077	4,04449	87,356 723	0,011 4473
4,48	−0,23030	−0,97312	4,22539	88,234 673	0,011 3334
4,49	−0,22056	−0,97537	4,42225	89,121 446	0,011 2206

x	Cos x	Sin x	Tg x	φ
4,00	27,30823	27,28992	0,99933	229° 10′ 59,22″
4,01	27,58250	27,56437	0,99934	229 45 21,87
4,02	27,85953	27,84158	0,99936	230 19 44,52
4,03	28,13934	28,12157	0,99937	230 54 07,17
4,04	28,42197	28,40437	0,99938	231 28 29,82
4,05	28,70744	28,69002	0,99939	232 02 52,47
4,06	28,99578	28,97853	0,99941	232 37 15,11
4,07	29,28702	29,26994	0,99942	233 11 37,76
4,08	29,58119	29,56428	0,99943	233 46 00,41
4,09	29,87832	29,86158	0,99944	234 20 23,06
4,10	30,17843	30,16186	0,99945	234 54 45,71
4,11	30,48156	30,46515	0,99946	235 29 08,35
4,12	30,78774	30,77150	0,99947	236 03 31,01
4,13	31,09700	31,08092	0,99948	236 37 53,65
4,14	31,40937	31,39345	0,99949	237 12 16,30
4,15	31,72488	31,70912	0,99950	237 46 38,95
4,16	32,04357	32,02796	0,99951	238 21 01,59
4,17	32,36545	32,35000	0,99952	238 55 24,24
4,18	32,69058	32,67528	0,99953	239 29 46,89
4,19	33,01897	33,00382	0,99954	240 04 09,54
4,20	33,35066	33,33567	0,99955	240 38 32,19
4,21	33,68569	33,67085	0,99956	241 12 54,83
4,22	34,02409	34,00939	0,99957	241 47 17,48
4,23	34,36589	34,35134	0,99958	242 21 40,13
4,24	34,71113	34,69672	0,99958	242 56 02,78
4,25	35,05984	35,04557	0,99959	243 30 25,43
4,26	35,41205	35,39793	0,99960	244 04 48,07
4,27	35,76781	35,75383	0,99961	244 39 10,72
4,28	36,12714	36,11330	0,99962	245 13 33,37
4,29	36,49009	36,47638	0,99962	245 47 56,02
4,30	36,85668	36,84311	0,99963	246 22 18,67
4,31	37,22696	37,21353	0,99964	246 56 41,31
4,32	37,60096	37,58766	0,99965	247 31 03,96
4,33	37,97873	37,96556	0,99965	248 05 26,61
4,34	38,36029	38,34725	0,99966	248 39 49,26
4,35	38,74568	38,73278	0,99967	249 14 11,91
4,36	39,13496	39,12218	0,99967	249 48 34,56
4,37	39,52814	39,51549	0,99968	250 22 57,20
4,38	39,92528	39,91275	0,99969	250 57 19,85
4,39	40,32641	40,31401	0,99969	251 31 42,50
4,40	40,73157	40,71930	0,99970	252 06 05,15
4,41	41,14081	41,12865	0,99970	252 40 27,80
4,42	41,55416	41,54213	0,99971	253 14 50,44
4,43	41,97167	41,95975	0,99972	253 49 13,09
4,44	42,39337	42,38157	0,99972	254 23 35,74
4,45	42,81931	42,80763	0,99973	254 57 58,39
4,46	43,24954	43,23797	0,99973	255 32 21,04
4,47	43,68409	43,67264	0,99974	256 06 43,68
4,48	44,12300	44,11167	0,99974	256 41 06,33
4,49	44,56633	44,55511	0,99975	257 15 28,98

x	$\cos x$	$\sin x$	$\operatorname{tg} x$	e^x	e^{-x}
4,50	−0,21080	−0,97753	4,63733	90,017 131	0,011 1090
4,51	−0,20101	−0,97959	4,87333	90,921 819	0,010 9985
4,52	−0,19120	−0,98155	5,13351	91,835 598	0,010 8890
4,53	−0,18138	−0,98341	5,42186	92,758 561	0,010 7807
4,54	−0,17154	−0,98518	5,74326	93,690 800	0,010 6734
4,55	−0,16168	−0,98684	6,10383	94,632 408	0,010 5672
4,56	−0,15180	−0,98841	6,51128	95,583 480	0,010 4621
4,57	−0,14191	−0,98988	6,97549	96,544 110	0,010 3580
4,58	−0,13200	−0,99125	7,50932	97,514 394	0,010 2549
4,59	−0,12208	−0,99252	8,12983	98,494 430	0,010 1529
4,60	−0,11215	−0,99369	8,86018	99,484 316	0,010 0518
4,61	−0,10221	−0,99476	9,73252	100,484 150	0,009 9518
4,62	−0,09226	−0,99574	10,79299	101,494 032	0,009 8528
4,63	−0,08230	−0,99661	12,11007	102,514 064	0,009 7548
4,64	−0,07233	−0,99738	13,79012	103,544 348	0,009 6577
4,65	−0,06235	−0,99805	16,00767	104,584 986	0,009 5616
4,66	−0,05237	−0,99863	19,07052	105,636 082	0,009 4665
4,67	−0,04238	−0,99910	23,57691	106,697 743	0,009 3723
4,68	−0,03238	−0,99948	30,86391	107,770 073	0,009 2790
4,69	−0,02239	−0,99975	44,65738	108,853 180	0,009 1867
4'70	−0,01239	−0,99992	80,71280	109,947 173	0,009 0953
4'71	−0,00239	−1,00000	418,58877	111,052 160	0,009 0048
$^3/_2\pi$=4,71···	0	−1	±∞	111,317 778	0,008 9833
4,72	0,00761	−0,99997	−131,38581	112,168 253	0,008 9152
4,73	0,01761	−0,99984	−56,77674	113,295 563	0,008 8265
4,74	0,02761	−0,99962	−36,20821	114,434 202	0,008 7386
4,75	0,03760	−0,99929	−26,57541	115,584 285	0,008 6517
4,76	0,04759	−0,99887	−20,98767	116,745 926	0,008 5656
4,77	0,05758	−0,99834	−17,33858	117,919 242	0,008 4804
4,78	0,06756	−0,99772	−14,76794	119,104 351	9,008 3960
4,79	0,07753	−0,99699	−12,85888	120,301 369	0,008 3125
4,80	0,08750	−0,99616	−11,38487	121,510 418	0,008 2297
4,81	0,09746	−0,99524	−10,21219	122,731 618	0,008 1479
4,82	0,10740	−0,99422	−9,25683	123,965 091	0,008 0668
4,83	0,11734	−0,99309	−8,46337	125,210 961	0,007 9865
4,84	0,12726	−0,99187	−7,79373	126,469 352	0,007 9071
4,85	0,13718	−0,99055	−7,22093	127,740 390	0,007 8284
4,86	0,14708	−0,98913	−6,72529	129,024 203	0,007 7505
4,87	0,15696	−0,98761	−6,29211	130,320 918	0,007 6734
4,88	0,16683	−0,98599	−5,91022	131,630 665	0,007 5970
4,89	0,17668	−0,98427	−5,57095	132,953 575	0,007 5214
4,90	0,18651	−0,98245	−5,26749	134,289 780	0,007 4466
4,91	0,19633	−0,98054	−4,99440	135,639 415	0,007 3725
4,92	0,20612	−0,97853	−4,74730	137,002 613	0,007 2991
4,93	0,21590	−0,97642	−4,52254	138,379 513	0,007 2265
4,94	0,22565	−0,97421	−4,31733	139,770 250	0,007 1546
4,95	0,23538	−0,97190	−4,12906	141,174 964	0,007 0834
4,96	0,24509	−0,96950	−3,86567	142,593 796	0,007 0129
4,97	0,25477	−0,96700	−3,79557	144,026 888	0,006 9431
4,98	0,26443	−0,96441	−3,64713	145,474 382	0,006 8741
4,99	0,27406	−0,96171	−3,50915	146,936 424	0,006 8057

x	Cos x	Sin x	Tg x	φ
4,50	45,01412	45,00301	0,99975	257° 49′ 51,63″
4,51	45,46641	45,45541	0,99976	258 24 14,28
4,52	45,92324	45,91235	0,99976	258 58 36,92
4,53	46,38467	46,37389	0,99977	259 32 59,57
4,54	46,85074	46,84006	0,99977	260 07 22,22
4,55	47,32149	47,31092	0,99978	260 41 44,87
4,56	47,79697	47,78651	0,99978	261 16 07,52
4,57	48,27723	48,26688	0,99979	261 50 30,16
4,58	48,76232	48,75207	0,99979	262 24 52,81
4,59	49,25229	49,24214	0,99979	262 59 15,46
4,60	49,74718	49,73713	0,99980	263 33 38,11
4,61	50,24705	50,23710	0,99980	264 08 00,76
4,62	50,75194	50,74209	0,99981	264 42 23,40
4,63	51,26191	51,25215	0,99981	265 16 46,05
4,64	51,77700	51,76734	0,99981	265 51 08,70
4,65	52,29727	52,28771	0,99982	266 25 31,35
4,66	52,82277	52,81331	0,99982	266 59 54,00
4,67	53,35356	53,34419	0,99982	267 34 16,65
4,68	53,88968	53,88040	0,99983	268 08 39,29
4,69	54,43118	54,42200	0,99983	268 43 01,94
4,70	54,97813	54,96904	0,99983	269 17 24,59
4,71	55,53058	55,52158	0,99984	269 51 47,24
$^3/_2\pi = 4,71\cdots$	55,66338	55,65440	0,99984	270
4,72	56,08858	56,07967	0,99984	270 26 09,89
4,73	56,65219	56,64337	0,99984	271 00 32,53
4,74	57,22147	57,21273	0,99985	271 34 55,18
4,75	57,79647	57,78782	0,99985	272 09 17,83
4,76	58,37725	58,36868	0,99985	272 43 40,48
4,77	58,96386	58,95538	0,99986	273 18 03,13
4,78	59,55637	59,54798	0,99986	273 52 25,77
4,79	60,15484	60,14653	0,99986	274 26 48,42
4,80	60,75932	60,75109	0,99986	275 01 11,07
4,81	61,36988	61,36173	0,99987	275 35 33,72
4,82	61,98658	61,97851	0,99987	276 09 56,37
4,83	62,60947	62,60149	0,99987	276 44 19,01
4,84	63,23863	63,23072	0,99987	277 18 41,66
4,85	63,87411	63,86628	0,99988	277 53 04,31
4,86	64,51598	64,50823	0,99988	278 27 26,96
4,87	65,16430	65,15662	0,99988	279 01 49,61
4,88	65,81913	65,81153	0,99988	279 36 12,25
4,89	66,48055	66,47303	0,99989	280 10 34,90
4,90	67,14861	67,14117	0,99989	280 44 57,55
4,91	67,82339	67,81602	0,99989	281 19 20,20
4,92	68,50496	68,49766	0,99989	281 53 42,85
4,93	69,19337	69,18614	0,99990	282 28 05,49
4,94	69,88870	69,88155	0,99990	283 02 28,14
4,95	70,59102	70,58394	0,99990	283 36 50,79
4,96	71,30040	71,29339	0,99990	284 11 13,44
4,97	72,01692	72,00997	0,99990	284 45 36,09
4,98	72,74063	72,73375	0,99991	285 19 58,74
4,99	73,47161	73,46481	0,99991	285 54 21,38

x	$\cos x$	$\sin x$	$\operatorname{tg} x$	e^x	e^{-x}
5,00	0,28366	−0,95892	−3,38052	148,413 159	0,006 7379
5,01	0,29324	−0,95604	−3,26030	149,904 736	0,006 6709
5,02	0,30278	−0,95306	−3,14767	151,411 304	0,006 6045
5,03	0,31230	−0,94998	−3,04192	152,933 013	0,006 5388
5,04	0,32178	−0,94681	−2,94240	154,470 015	0,006 4737
5,05	0,33123	−0,94355	−2,84858	156,022 464	0,006 4093
5,06	0,34065	−0,94019	−2,75746	157,590 516	0,006 3456
5,07	0,35004	−0,93674	−2,67610	159,174 327	0,006 2824
5,08	0,35939	−0,93319	−2,59661	160,774 056	0,006 2199
5,09	0,36870	−0,92955	−2,52114	162,389 862	0,006 1580
5,10	0,37798	−0,92581	−2,44939	164,021 907	0,006 0967
5,11	0,38722	−0,92199	−2,38107	165,670 355	0,006 0361
5,12	0,39642	−0,91807	−2,31592	167,335 369	0,005 9760
5,13	0,40558	−0,91406	−2,25372	169,017 118	0,005 9166
5,14	0,41470	−0,90996	−2,19427	170,715 768	0,005 8577
5,15	0,42378	−0,90577	−2,13737	172,431 490	0,005 7994
5,16	0,43281	−0,90148	−2,08285	174,164 455	0,005 7417
5,17	0,44181	−0,89711	−2,03055	175,914 837	0,005 6846
5,18	0,45076	−0,89265	−1,98034	177,682 811	0,005 6280
5,19	0,45966	−0,88810	−1,93208	179,468 553	0,005 5720
5,20	0,46852	−0,88345	−1,88564	181,272 242	0,005 5166
5,21	0,47733	−0,87873	−1,84093	183,094 058	0,005 4617
5,22	0,48609	−0,87391	−1,79783	184,934 184	0,005 4073
5,23	0,49481	−0,86900	−1,75625	186,792 804	0,005 3535
5,24	0,50347	−0,86401	−1,71611	188,670 103	0,005 3003
5,25	0,51209	−0,85893	−1,67733	190,566 269	0,005 2475
5,26	0,52065	−0,85377	−1,63982	192,481 491	0,005 1953
5,27	0,52916	−0,84852	−1,60351	194,415 963	0,005 1436
5,28	0,53762	−0,84319	−1,56837	196,369 875	0,005 0924
5,29	0,54602	−0,83777	−1,53431	198,343 426	0,005 0418
5,30	0,55437	−0,83227	−1,50128	200,336 810	0,004 9916
5,31	0,56267	−0,82668	−1,46921	202,350 228	0,004 9419
5,32	0,57091	−0,82101	−1,43809	204,383 882	0,004 8928
5,33	0,57909	−0,81526	−1,40784	206,437 974	0,004 8441
5,34	0,58721	−0,80943	−1,37843	208,512 710	0,004 7959
5,35	0,59528	−0,80352	−1,34982	210,608 298	0,004 7482
5,36	0,60328	−0,79753	−1,32198	212,724 946	0,004 7009
5,37	0,61123	−0,79145	−1,29486	214,862 868	0,004 6541
5,38	0,61911	−0,78530	−1,26844	217,022 275	0,004 6078
5,39	0,62693	−0,77907	−1,24267	219,203 386	0,004 5620
5,40	0,63469	−0,77276	−1,21754	221,406 417	0,004 5166
5,41	0,64239	−0,76638	−1,19301	223,631 588	0,004 4716
5,42	0,65002	−0,75992	−1,16907	225,879 122	0,004 4271
5,43	0,65759	−0,75338	−1,14567	228,149 245	0,004 3831
5,44	0,66509	−0,74677	−1,12281	230,442 183	0,004 3395
5,45	0,67252	−0,74008	−1,10045	232,758 166	0,004 2963
5,46	0,67989	−0,73332	−1,07858	235,097 424	0,004 2536
5,47	0,68719	−0,72648	−1,05738	237,460 193	0,004 2112
5,48	0,69442	−0,71957	−1,03622	239,846 707	0,004 1693
5,49	0,70158	−0,71259	−1,01570	242,257 207	0,004 1278
$^7/_4\pi = 5,49\cdots$	0,70711	−0,70711	−1	244,151 064	0,004 0958

x	Cos x	Sin x	Tg x	φ
5,00	74,20995	74,20321	0,99991	286° 28′ 44,03″
5,01	74,95570	74,94903	0,99991	287 03 06,68
5,02	75,70895	75,70235	0,99991	287 37 29,33
5,03	76,46978	76,46324	0,99991	288 11 51,98
5,04	77,23824	77,23177	0,99992	288 46 14,62
5,05	78,01444	78,00803	0,99992	289 20 37,27
5,06	78,79843	78,79209	0,99992	289 55 59,92
5,07	79,59030	79,58402	0,99992	290 29 22,57
5,08	80,39014	80,38392	0,99992	291 03 45,22
5,09	81,19801	81,19185	0,99992	291 38 07,86
5,10	82,01400	82,00791	0,99993	292 12 30,51
5,11	82,83820	82,83216	0,99993	292 46 53,16
5,12	83,67067	83,66470	0,99993	293 21 15,81
5,13	84,51152	84,50560	0,99993	293 55 38,46
5,14	85,36081	85,35496	0,99993	294 30 01,10
5,15	86,21864	86,21285	0,99993	295 04 23,75
5,16	87,08510	87,07936	0,99993	295 38 46,40
5,17	87,96026	87,95458	0,99994	296 13 09,05
5,18	88,84422	88,83859	0,99994	296 47 31,70
5,19	89,73706	89,73149	0,99994	297 21 54,34
5,20	90,63888	90,63336	0,99994	297 56 16,99
5,21	91,54976	91,54430	0,99994	298 30 39,64
5,22	92,46980	92,46439	0,99994	299 05 02,29
5,23	93,39908	93,39373	0,99994	299 39 24,94
5,24	94,33770	94,33240	0,99994	300 13 47,58
5,25	95,28576	95,28051	0,99994	300 48 10,23
5,26	96,24334	96,23815	0,99995	301 22 32,88
5,27	97,21055	97,20541	0,99995	301 56 55,53
5,28	98,18748	98,18239	0,99995	302 31 18,18
5,29	99,17423	99,16919	0,99995	303 05 40,83
5,30	100,17090	100,16591	0,99995	303 40 03,47
5,31	101,17759	101,17264	0,99995	304 14 26,12
5,32	102,19439	102,18949	0,99995	304 48 48,77
5,33	103,22141	103,21657	0,99995	305 23 11,42
5,34	104,25875	104,25396	0,99995	305 57 34,07
5,35	105,30652	105,30177	0,99995	306 31 56,71
5,36	106,36482	106,36012	0,99996	307 06 19,36
5,37	107,43376	107,42911	0,99996	307 40 42,01
5,38	108,51344	108,50883	0,99996	308 15 04,66
5,39	109,60397	109,59941	0,99996	308 49 27,31
5,40	110,70547	110,70095	0,99996	309 23 49,95
5,41	111,81803	111,81356	0,99996	309 58 12,60
5,42	112,94177	112,93735	0,99996	310 32 35,25
5,43	114,07681	114,07243	0,99996	311 06 57,90
5,44	115,22326	115,21892	0,99996	311 41 20,55
5,45	116,38123	116,37693	0,99996	312 15 43,19
5,46	117,55084	117,54659	0,99996	312 50 05,84
5,47	118,73220	118,72799	0,99996	313 24 28,49
5,48	119,92544	119,92127	0,99997	313 58 51,14
5,49	121,13067	121,12654	0,99997	314 33 13,79
$7/4\,\pi = 5,49\cdots$	122,07758	122,07348	0,99997	315

x	$\cos x$	$\sin x$	$\operatorname{tg} x$	e^x	e^{-x}
5,50	0,70867	−0,70554	−0,99558	244,691 932	0,004 0868
5,51	0,71569	−0,69842	−0,97587	247,151 127	0,004 0461
5,52	0,72264	−0,69123	−0,95653	249,635 037	0,004 0058
5,53	0,72951	−0,68397	−0,93756	252,143 911	0,003 9660
5,54	0,73632	−0,67664	−0,91895	254,677 999	0,003 9265
5,55	0,74305	−0,66924	−0,90067	257,237 556	0,003 8875
5,56	0,74970	−0,66178	−0,88275	259,822 836	0,003 8488
5,57	0,75628	−0,65425	−0,86508	262,434 099	0,003 8105
5,58	0,76279	−0,64665	−0,84775	265,071 606	0,003 7726
5,59	0,76921	−0,63899	−0,83071	267,735 620	0,003 7350
5,60	0,77557	−0,63127	−0,81394	270,426 407	0,003 6979
5,61	0,78184	−0,62348	−0,79745	273,144 238	0,003 6611
5,62	0,78804	−0,61563	−0,78122	275,889 383	0,003 6246
5,63	0,79415	−0,60772	−0,76524	278,662 117	0,003 5886
5,64	0,80019	−0,59975	−0,74951	281,462 718	0,003 5529
5,65	0,80615	−0,59172	−0,73400	284,291 466	0,003 5175
5,66	0,81202	−0,58362	−0,71873	287,148 642	0,003 4825
5,67	0,81782	−0,57548	−0,70367	290,034 534	0,003 4479
5,68	0,82353	−0,56727	−0,68882	292,949 430	0,003 4136
5,69	0,82916	−0,55900	−0,67418	295,893 620	0,003 3796
5,70	0,83471	−0,55069	−0,65973	298,867 401	0,003 3460
5,71	0,84018	−0,54231	−0,64547	301,871 068	0,003 3127
5,72	0,84556	−0,53388	−0,63140	304,904 923	0,003 2797
5,73	0,85086	−0,52540	−0,61750	307,969 268	0,003 2471
5,74	0,85607	−0,51687	−0,60377	311,064 411	0,003 2148
5,75	0,86119	−0,50828	−0,59020	314,190 660	0,003 1828
5,76	0,86623	−0,49964	−0,57680	317,348 329	0,003 1511
5,77	0,87119	−0,49095	−0,56355	320,537 733	0,003 1198
5,78	0,87605	−0,48222	−0,55045	323,759 190	0,003 0887
5,79	0,88083	−0,47343	−0,53749	327,013 024	0,003 0580
5,80	0,88552	−0,46460	−0,52467	330,299 560	0,003 0276
5,81	0,89012	−0,45572	−0,51198	333,619 126	0,002 9974
5,82	0,89463	−0,44680	−0,49942	336,972 054	0,002 9676
5,83	0,89906	−0,43783	−0,48699	340,358 679	0,002 9381
5,84	0,90339	−0,42882	−0,47468	343,779 341	0,002 9088
5,85	0,90763	−0,41976	−0,46248	347,234 381	0,002 8799
5,86	0,91179	−0,41067	−0,45040	350,724 144	0,002 8512
5,87	0,91585	−0,40153	−0,43842	354,248 980	0,002 8229
5,88	0,91982	−0,39235	−0,42655	357,809 242	0,002 7948
5,89	0,92369	−0,38313	−0,41478	361,405 284	0,002 7670
5,90	0,92748	−0,37388	−0,40311	365,037 468	0,002 7394
5,91	0,93117	−0,36458	−0,39153	368,706 156	0,002 7122
5,92	0,93477	−0,35525	−0,38092	372,411 714	0,002 6852
5,93	0,93828	−0,34589	−0,36864	376,154 514	0,002 6585
5,94	0,94169	−0,33649	−0,35732	379,934 930	0,002 6320
5,95	0,94501	−0,32705	−0,34609	383,753 339	0,002 6038
5,96	0,94823	−0,31759	−0,33493	387,610 124	0,002 5799
5,97	0,95136	−0,30809	−0,32384	391,505 671	0,002 5542
5,98	0,95439	−0,29856	−0,31283	395,440 368	0,002 5288
5,99	0,95733	−0,28900	−0,30189	399,414 610	0,002 5037

x	Cos x	Sin x	Tg x	φ
5,50	122,34801	122,34392	0,99997	315° 07′ 36,43″
5,51	123,57759	123,57354	0,99997	315 41 59,08
5,52	124,81952	124,81552	0,99997	316 16 21,73
5,53	126,07394	126,06997	0,99997	316 50 44,38
5,54	127,34096	127,33704	0,99997	317 25 07,03
5,55	128,62072	128,61683	0,99997	317 59 29,67
5,56	129,91334	129,90949	0,99997	318 33 52,32
5,57	131,21895	131,21514	0,99997	319 08 14,97
5,58	132,53769	132,53392	0,99997	319 42 37,62
5,59	133,86968	133,86594	0,99997	320 17 00,27
5,60	135,21505	135,21135	0,99997	320 51 22,91
5,61	136,57395	136,57029	0,99997	321 25 45,56
5,62	137,94650	137,94288	0,99997	322 00 08,21
5,63	139,33285	139,32926	0,99997	322 34 30,86
5,64	140,73314	140,72958	0,99997	323 08 53,51
5,65	142,14749	142,14397	0,99998	323 43 16,16
5,66	143,57606	143,57258	0,99998	324 17 38,80
5,67	145,01899	145,01554	0,99998	324 52 01,45
5,68	146,47642	146,47301	0,99998	325 26 24,10
5,69	147,94850	147,94512	0,99998	326 00 46,75
5,70	149,43537	149,43203	0,99998	326 35 09,40
5,71	150,93719	150,93388	0,99998	327 09 32,04
5,72	152,45410	152,45082	0,99998	327 43 54,69
5,73	153,98626	153,98301	0,99998	328 18 17,34
5,74	155,53381	155,53060	0,99998	328 52 39,99
5,75	157,09692	157,09374	0,99998	329 27 02,64
5,76	158,67574	158,67259	0,99998	330 01 25,28
5,77	160,27043	160,26731	0,99998	330 35 47,93
5,78	161,88114	161,87805	0,99998	331 10 10,58
5,79	163,50804	163,50498	0,99998	331 44 33,23
5,80	165,15129	165,14827	0,99998	332 18 55,88
5,81	166,81106	166,80806	0,99998	332 53 18,52
5,82	168,48751	168,48454	0,99998	333 27 41,17
5,83	170,18081	170,17787	0,99998	334 02 03,82
5,84	171,89112	171,88822	0,99998	334 36 26,47
5,85	173,61863	173,61575	0,99998	335 10 49,12
5,86	175,36350	175,36065	0,99998	335 45 11,76
5,87	177,12590	177,12308	0,99998	336 19 34,41
5,88	178,90602	178,90322	0,99998	336 53 57,06
5,89	180,70403	180,70126	0,99998	337 28 19,71
5,90	182,52010	182,51736	0,99998	338 02 42,36
5,91	184,35443	184,35172	0,99999	338 37 05,00
5,92	186,20720	186,20451	0,99999	339 11 27,65
5,93	188,07859	188,07593	0,99999	339 45 50,30
5,94	189,96878	189,96615	0,99999	340 20 12,95
5,95	191,87797	191,87537	0,99999	340 54 35,60
5,96	193,80635	193,80377	0,99999	341 28 58,25
5,97	195,75411	195,75156	0,99999	342 03 20,89
5,98	197,72145	197,71892	0,99999	342 37 43,54
5,99	199,70856	199,70605	0,99999	343 12 06,19

x	cos x	sin x	tg x	e^x	e^{-x}
6,00	0,96017	— 0,27942	— 0,29101	403,42 879	0,002 479
6,01	0,96292	— 0,26980	— 0,28019	407,48 332	0,002 454
6,02	0,96557	— 0,26016	— 0,26944	411,57 860	0,002 430
6,03	0,96812	— 0,25049	— 0,25874	415,71 503	0,002 405
6,04	0,97058	— 0,24080	— 0,24810	419,89 303	0,002 382
6,05	0,97294	— 0,23108	— 0,23751	424,11 303	0,002 358
6,06	0,97520	— 0,22134	— 0,22697	428,37 544	0,002 334
6,07	0,97736	— 0,21157	— 0,21647	432,68 068	0,002 311
6,08	0,97943	— 0,20179	— 0,20603	437,02 919	0,002 288
6,09	0,98140	— 0,19199	— 0,19563	441,42 141	0,002 265
6,10	0,98327	— 0,18216	— 0,18526	445,85 777	0,002 243
6,11	0,98504	— 0,17232	— 0,17494	450,33 872	0,002 221
6,12	0,98671	— 0,16246	— 0,16465	454,86 469	0,002 198
6,13	0,98829	— 0,15259	— 0,15439	459,43 616	0,002 177
6,14	0,98977	— 0,14270	— 0,14417	464,05 357	0,002 155
6,15	0,99114	— 0,13279	— 0,13398	468,71 739	0,002 133
6,16	0,99242	— 0,12287	— 0,12381	473,42 807	0,002 112
6,17	0,99360	— 0,11294	— 0,11367	478,18 611	0,002 091
6,18	0,99468	— 0,10300	— 0,10355	482,99 196	0,002 070
6,19	0,99566	— 0,09305	— 0,09346	487,84 611	0,002 050
6,20	0,99654	— 0,08309	— 0,08338	492,74 904	0,002 029
6,21	0,99732	— 0,07312	— 0,07332	497,70 125	0,002 009
6,22	0,99800	— 0,06314	— 0,06327	502,70 323	0,001 989
6,23	0,99859	— 0,05316	— 0,05324	507,75 548	0,001 969
6,24	0,99907	— 0,04317	— 0,04322	512,85 851	0,001 950
6,25	0,99945	— 0,03318	— 0,03320	518,01 282	0,001 930
6,26	0,99973	— 0,02318	— 0,02319	523,21 894	0,001 911
6,27	0,99991	— 0,01318	— 0,01319	528,47 738	0,001 892
6,28	0,99999	— 0,00319	— 0,00319	533,78 866	0,001 873
$2\pi = 6{,}28\cdots$	1	0	0	535,49 166	0,001 867
6,29	0,99998	0,00681	0,00681	539,15 333	0,001 855
6,30	0,99986	0,01681	0,01681	544,57 191	0,001 836
6,40	0,99318	0,11655	0,11735	601,84 504	0,001 662
6,50	0,97659	0,21512	0,22028	665,14 163	0,001 503
6,60	0,95023	0,31154	0,32786	735,09 519	0,001 360
6,70	0,91438	0,40485	0,44276	812,40 583	0,001 231
6,80	0,86940	0,49411	0,56834	897,84 729	0,001 114
6,90	0,81573	0,57844	0,70912	992,27 472	0,001 008
7,00	0,75390	0,65699	0,87145	1096,63 316	0,000 9119
$^9/_4\pi = 7{,}06\cdots$	0,70711	0,70711	1	1174,48 318	0,000 8514
7,10	0,68455	0,72897	1,06489	1211,96 707	0,000 8251
7,20	0,60835	0,79367	1,30462	1339,43 076	0,000 7466
7,30	0,52608	0,85044	1,61656	1480,29 993	0,000 6755
7,40	0,43855	0,89871	2,04928	1635,98 443	0,000 6113
7,50	0,34664	0,93800	2,70601	1808,04 241	0,000 5531
7,60	0,25126	0,96792	3,85226	1998,19 590	0,000 5005
7,70	0,15337	0,98817	6,44287	2208,34 799	0,000 4528
7,80	0,05396	0,99854	18,50682	2440,60 198	0,000 4097
$^5/_2\pi = 7{,}85\cdots$	0	1	$\pm\infty$	2575,97 050	0,000 3882
7,90	—0,04600	0,99894	— 21,71511	2697,28 233	0,000 3707

x	Cof x	Sin x	Tg x	φ
6,00	201,71564	201,71316	0,99999	343° 46′ 28,84″
6,01	203,74289	203,74043	0,99999	344 20 51,49
6,02	205,79051	205,78808	0,99999	344 55 14,13
6,03	207,85872	207,85631	0,99999	345 29 36,78
6,04	209,94771	209,94533	0,99999	346 03 59 43
6,05	212,05769	212,05534	0,99999	346 38 22,08
6,06	214,18889	214,18655	0,99999	347 12 44,73
6,07	216,34150	216,33919	0,99999	347 47 07,37
6,08	218,51574	218,51345	0,99999	348 21 30,02
6,09	220,71184	220,70957	0,99999	348 55 52,67
6,10	222,93001	222,92776	0,99999	349 30 15,32
6,11	225,17047	225,16825	0,99999	350 04 37,97
6,12	227,43345	227,43125	0,99999	350 39 00,61
6,13	229,71917	229,71699	0,99999	351 13 23,26
6,14	232,02786	232,02571	0,99999	351 47 45,91
6,15	234,35976	234,35763	0,99999	352 22 08,56
6,16	236,71509	236,71298	0,99999	352 56 31,21
6,17	239,09410	239,09201	0,99999	353 30 53,85
6,18	241,49701	241,49494	0,99999	354 05 16,50
6,19	243,92408	243,92203	0,99999	354 39 39,15
6,20	246,37554	246,37351	0,99999	355 14 01,80
6,21	248,85163	248,84962	0,99999	355 48 24,45
6,22	251,35261	251,35062	0,99999	356 22 47,09
6,23	253,87873	253,87676	0,99999	356 57 09,74
6,24	256,43023	256,42828	0,99999	357 31 32,39
6,25	259,00738	259,00545	0,99999	358 05 55,04
6,26	261,61043	261,60851	0,99999	358 40 17,69
6,27	264,23964	264,23774	0,99999	359 14 40,34
6,28	266,89527	266,89340	0,99999	359 49 02,98
$2\pi=6{,}28\cdots$	267,74676	267,74489	0,99999	360
6,29	269,57759	269,57574	0,99999	360 23 25,63
6,30	272,28687	272,28504	0,99999	360 57 48,28
6,40	300,94335	300,92169	0,99999	366 41 34,76
6,50	332,57157	332,57006	1,00000	372 25 21,24
6,60	367,54827	367,54691	1,00000	378 09 07,72
6,70	406,20353	406,20230	1,00000	383 52 54,20
6,80	448,92420	448,92309	1,00000	389 36 40,68
6,90	496,13786	496,13685	1,00000	395 20 27,16
7,00	548,31704	548,31612	1,00000	401 04 13,64
$\frac{9}{4}\pi=7{,}06\cdots$	587,24202	587,24117	1,00000	405
7,10	605,98395	605,98312	1,00000	406 48 00,12
7,20	669,71576	669,71501	1,00000	412 31 46,60
7,30	740,15030	740,14963	1,00000	418 15 33,09
7,40	817,99252	817,99191	1,00000	423 59 19,57
7,50	904,02148	904,02093	1,00000	429 43 06,05
7,60	999,09820	999,09770	1,00000	435 26 52,53
7,70	1104,17422	1104,17377	1,00000	441 10 39,01
7,80	1220,30119	1220,30078	1,00000	446 54 25,49
$\frac{5}{2}\pi=7{,}85\cdots$	1287,98544	1287,98505	1,00000	450
7,90	1348,64135	1348,64098	1,00000	452 38 11,97

x	$\cos x$	$\sin x$	$\operatorname{tg} x$	e^{x}	e^{-x}
8,00	−0,14550	0,98936	−6,79971	2980,95799	0,000 3355
8,10	−0,24354	0,96989	−3,98240	3294,46808	0,000 3035
8,20	−0,33915	0,94073	−2,77375	3640,95031	0,000 2747
8,30	−0,43138	0,90217	−2,09620	4023,87239	0,000 2485
8,40	−0,51929	0,85460	−1,64571	4447,06675	0,000 2249
8,50	−0,60201	0,79849	−1,32636	4914,76884	0,000 2035
8,60	−0,67872	0,73440	−1,08203	5431,65959	0,000 1841
$^{11}/_{4}\,\pi=8,63\cdots$	−0,70711	0,70711	−1	5649,82470	0,000 1770
8,70	−0,74865	0,66297	−0,88556	6002,91222	0,000 1666
8,80	−0,81109	0,58492	−0,72115	6634,24401	0,000 1507
8,90	−0,86544	0,50102	−0,57892	7331,97354	0,000 1364
9,00	−0,91113	0,41212	−0,45231	8103,08393	0,000 1234
9,10	−0,94772	0,31910	−0,33670	8955,29270	0,000 1117
9,20	−0,97484	0,22289	−0,22864	9897,12906	0,000 1010
9,30	−0,99223	0,12445	−0 12543	10938,01921	0,000 09142
9,40	−0,99969	0,02478	−0,02478	12088,38073	0,000 08272
$3\,\pi=9,42\cdots$	−1	0	0	12391,64781	0,000 08070
9,50	−0,99717	−0,07515	0,07536	13359,72683	0,000 07485
9,60	−0,98469	−0,17433	0,17704	14764,78157	0,000 06773
9,70	−0,96236	−0,27176	0,28238	16317,60720	0,000 06128
9,80	−0,93043	−0,36648	0,39388	18033,74493	0,000 05545
9,90	−0,88919	−0,45754	0,51454	19930,37044	0,000 05018
10,00	−0,83907	−0,54402	0,64836	22026,46579	0,000 04540

x	Cos x	Sin x	Tg x	φ
8,00	1490,47916	1490,47883	1,00000	458° 21′ 58,45″
8,10	1647,23419	1647,23389	1,00000	464 05 44,93
8,20	1820,47529	1820,47502	1,00000	469 49 31,41
8,30	2011,93632	2011,93607	1,00000	475 33 17,89
8,40	2223,53349	2223,53326	1,00000	481 17 04,37
8,50	2457,38452	2457,38432	1,00000	487 00 50,85
8,60	2715,82989	2715,82970	1,00000	492 44 37,33
$^{11}/_4\pi$=8,63···	2824,91244	2824,91226	1,00000	495
8,70	3001,45619	3001,45603	1,00000	498 28 23,81
8,80	3317,12208	3317,12193	1,00000	504 12 10,29
8,90	3665,98684	3665,98670	1,00000	509 55 56,78
9,00	4051,54203	4051,54190	1,00000	515 39 43,26
9,10	4477,64641	4477,64630	1,00000	521 23 29,74
9,20	4948,56458	4948,56448	1,00000	527 07 16,22
9,30	5469,00965	5469,00956	1,00000	532 51 02,70
9,40	6044,19041	6044,19032	1,00000	538 34 49,18
3 π=9,42···	6195,82394	6195,82386	1,00000	540
9,50	6679,86345	6679,86338	1,00000	544 18 35,66
9,60	7382,39082	7382,39075	1,00000	550 02 22,14
9,70	8158,80363	8158,80357	1,00000	555 46 08,62
9,80	9016,87249	9016,87244	1,00000	561 29 55,10
9,90	9965,18524	9965,18519	1,00000	567 13 41,58
10,00	11013,23292	11013,23287	1,00000	572 57 28,06

Tafel der Exponentialfunktion.

x	e^x	e^{-x}
0	1	1
0,0001	1,0001 0000 5000	0,9999 0000 5000
0,0002	1,0002 0002 0001	0,9998 0001 9999
0,0003	1,0003 0004 5005	0,9997 0004 4996
0,0004	1,0004 0008 0011	0,9996 0007 9989
0,0005	1,0005 0012 5021	0,9995 0012 4979
0,0006	1,0006 0018 0036	0,9994 0017 9964
0,0007	1,0007 0024 5057	0,9993 0024 4943
0,0008	1,0008 0032 0085	0,9992 0031 9915
0,0009	1,0009 0040 5122	0,9991 0040 4879
0,001	1,0010 0050 0167	0,9990 0049 9833
0,002	1,0020 0200 1334	0,9980 0199 8667
0,003	1,0030 0450 4503	0,9970 0449 5503
0,004	1,0040 0801 0677	0,9960 0798 9344
0,005	1,0050 1252 0859	0,9950 1247 9193
0,006	1,0060 1803 6054	0,9940 1796 4054
0,007	1,0070 2455 7267	0,9930 2444 2933
0,008	1,0080 3208 5504	0,9920 3191 4837
0,009	1,0090 4062 1774	0,9910 4037 8773
0,01	1,0100 5016 71	0,9900 4983 37
0,02	1,0202 0134 00	0,9801 9867 38
0,03	1,0304 5453 40	0,9704 4553 36
0,04	1 0408 1077 42	0,9607 8944 92
0,05	1 0512 7109 20	0,9512 2942 45
0,06	1,0618 3654 66	0,9417 6453 36
0,07	1,0725 0818 13	0,9323 9381 99
0,08	1,0832 8706 77	0,9231 1634 64
0,09	1,0941 7428 37	0,9139 3118 53
0,1	1,1051 7092	0,9048 3742
0,2	1,2214 0276	0,8187 3075
0,3	1,3498 5881	0,7408 1822
0,4	1,4918 2470	0,6703 2005
0,5	1,6487 2127	0,6065 3066
0,6	1,8221 1880	0,5488 1164
0,7	2,0137 5271	0,4965 8530
0,8	2,2255 4093	0,4493 2896
0,9	2,4596 0311	0,4065 6966

x	e^x	e^{-x}
1	2,7182 8183	0,36787 9441
2	7,3890 5610	0,13533 5283
3	20,0855 3692	0^{1} * 49787 0684
4	54,5981 5003	0^{1} 18315 6389
5	148,4131 5910	0^{2} 67379 4700
6	403,4287 9349	0^{2} 24787 5218
7	1096,6331 5843	0^{3} 91188 1966
8	2980,9579 8704	0^{3} 33546 2628
9	8103,0839 2758	0^{3} 12340 9804
10	22026,4657 9481	0^{4} 45399 9298
11	59874,1417	0^{4} 16701 7008
12	162754,791	0^{5} 61442 1235
13	442413,392	0^{5} 22603 2941
14	1202604,28	0^{6} 83152 8719
15	3269017,37	0^{6} 30590 2321
16	8886110,52	0^{6} 11253 5175
17	24154952,8	0^{7} 41399 3772
18	65659969,1	0^{7} 15229 9797
19	178482301	0^{8} 56027 9644
20	485165195	0^{8} 20611 5362
21	1318 81573 0^{1} *	0^{9} 75825 6043
22	3584 91285 0^{1}	0^{9} 27894 6809
23	9744 80345 0^{1}	0^{9} 10261 8796
24	2648 91221 0^{2}	0^{10} 37751 3454
25	7200 48993 0^{2}	0^{10} 13887 9439
26	1957 29609 0^{3}	0^{11} 51090 8903
27	5320 48241 0^{3}	0^{11} 18795 2882
28	1446 25707 0^{4}	0^{12} 69144 0011
29	3931 33430 0^{4}	0^{12} 25436 6565
30	1068 64746 0^{5}	0^{13} 93576 2297
31	2904 88497 0^{5}	0^{13} 34424 7711
32	7896 29602 0^{5}	0^{13} 12664 1656
33	2146 43580 0^{6}	0^{14} 46588 8615
34	5834 61743 0^{6}	0^{14} 17139 0843
35	1586 01345 0^{7}	0^{15} 63051 1676
36	4311 23155 0^{7}	0^{15} 23195 2283
37	1171 91424 0^{8}	0^{16} 85330 4763
38	3185 59318 0^{8}	0^{16} 31391 3279
39	8659 34004 0^{8}	0^{16} 11548 2242
40	2353 85267 0^{9}	0^{17} 42483 5426
41	6398 43493 0^{9}	0^{17} 15628 8219
42	1739 27494 0^{10}	0^{18} 57495 2227
43	4727 83947 0^{10}	0^{18} 21151 3104
44	1285 16001 0^{11}	0^{19} 77811 3224
45	3493 42711 0^{11}	0^{19} 28625 1858
46	9496 11942 0^{11}	0^{19} 10530 6174
47	2581 31289 0^{12}	0^{20} 38739 9763
48	7016 73591 0^{12}	0^{20} 14251 6408
49	1907 34657 0^{13}	0^{21} 52428 8566
50	5184 70553 0^{13}	0^{21} 19287 4985

* Die an den Nullen hochgestellten Ziffern geben die Anzahl der hinter bzw. vor der betreffenden Zahl bis zum Komma zu ergänzenden Nullen an.

x	e^x			e^{-x}
51	1409 34908	0^{14}	0^{22}	70954 7416
52	3831 00800	0^{14}	0^{22}	26102 7907
53	1041 37594	0^{15}	0^{23}	96026 8005
54	2830 75330	0^{15}	0^{23}	35326 2857
55	7694 78527	0^{15}	0^{23}	12995 8143
56	2091 65950	c^{16}	0^{24}	47808 9288
57	5685 72000	0^{16}	0^{24}	17587 9220
58	1545 53894	0^{17}	0^{25}	64702 3493
59	4201 21040	0^{17}	0^{25}	23802 6641
60	1142 00739	0^{18}	0^{26}	87565 1076
61	3104 29794	0^{18}	0^{26}	32213 4029
62	8438 35667	0^{18}	0^{26}	11850 6487
63	2293 78316	0^{19}	0^{27}	43596 1000
64	6235 14908	0^{19}	0^{27}	16038 1089
65	1694 88924	0^{20}	0^{28}	59000 9054
66	4607 18663	0^{20}	0^{28}	21705 2201
67	1252 36317	0^{21}	0^{29}	79849 0425
68	.3404 27605	0^{21}	0^{29}	29374 8211
69	9253 78172	0^{21}	0^{29}	10806 3928
70	2515 43867	0^{22}	0^{30}	39754 4974
71	6837 67123	0^{22}	0^{30}	14624 8623
72	1858 67175	0^{23}	0^{31}	53801 8616
73	5052 39363	0^{23}	0^{31}	19792 5988
74	1373 38298	0^{24}	0^{32}	72812 9018
75	3733 24200	0^{24}	0^{32}	26786 3696
76	1014 80039	0^{25}	0^{33}	98541 5469
77	2758 51346	0^{25}	0^{33}	36251 4092
78	7498 41700	0^{25}	0^{33}	13336 1482
79	2038 28107	0^{26}	0^{34}	49060 9473
80	5540 62238	0^{26}	0^{34}	18048 5139
81	1506 09731	0^{27}	0^{35}	66396 7720
82	4093 99696	0^{27}	0^{35}	24426 0074
83	1112 86376	0^{28}	0^{36}	89858 2594
84	3025 07732	0^{28}	0^{36}	33057 0063
85	8223 01271	0^{28}	0^{36}	12160 9930
86	2235 24660	0^{29}	0^{37}	44737 7931
87	6076 03023	0^{29}	0^{37}	16458 1143
88	1651 63626	0^{30}	0^{38}	60546 0189
89	4489 61282	0^{30}	0^{38}	22273 6356
90	1220 40329	0^{31}	0^{39}	81940 1262
91	3317 40010	0^{31}	0^{39}	30144 0879
92	9017 62841	0^{31}	0^{39}	11089 3902
93	2451 24554	0^{32}	0^{40}	40795 5867
94	6663 17622	0^{32}	0^{40}	15007 8576
95	1811 23908	0^{33}	0^{41}	55210 8228
96	4923 45829	0^{33}	0^{41}	20310 9266
97	1338 33472	0^{34}	0^{42}	74719 7234
98	3637 97095	0^{34}	0^{42}	27487 8501
99	9889 03032	0^{34}	0^{42}	10112 2149
100	2688 11714	0^{35}	0^{43}	37200 7598

Tafel zur Umwandlung von Bogenmaß (x) in Winkelmaß (φ).

x	φ	x	φ
1	57° 17′ 44,80624 7096″	**0,001**	00° 03′ 26,26480 6247″
2	114 35 29,61249 4193	0,002	00 06 52,52961 2494
3	171 53 14,41874 1289	0,003	00 10 18,79441 8741
4	229 10 59,22498 8386	0,004	00 13 45,05922 4988
5	286 28 44,03123 5482		
6	343 46 28,83748 2578	0,005	00 17 11,32403 1235
7	401 04 13,64372 9675	0,006	00 20 37,58883 7483
8	458 21 58,44997 6771	0,007	00 24 03,85364 3730
9	515 39 43,25622 3868	0,008	00 27 30,11845 9977
10	572 57 28,06247 0964	0,009	00 30 56,38325 6224
0,1	05 43 46,48062 4710	**0,0001**	00 00 20,62648 0624
0,2	11 27 32,96124 9419	0,0002	00 00 41,25296 1249
0,3	17 11 19,44187 4129	0,0003	00 01 01,87944 1874
0,4	22 55 05,92249 8839	0,0004	00 01 22,50592 2499
0,5	28 38 52,40312 3548	0,0005	00 01 43,13240 3124
0,6	34 22 38,88374 8258	0,0006	00 02 03,75888 3748
0,7	40 06 25,36437 2968	0,0007	00 02 24,38536 4373
0,8	45 50 11,84499 7677	0,0008	00 02 45,01184 4998
0,9	51 33 58,32562 2387	0,0009	00 03 05,63832 5622
0,01	00 34 22,64806 2471	**0,00001**	00 00 02,06264 8062
0,02	01 08 45,29612 4942	0,00002	00 00 04,12529 6125
0,03	01 43 07,94418 7413	0,00003	00 00 06,18794 4187
0,04	02 17 30,59224 9884	0,00004	00 00 08,25059 2250
0,05	02 51 53,24031 2355	0,00005	00 00 10,31324 0312
0,06	03 26 15,88837 4826	0,00006	00 00 12,37588 8375
0,07	04 00 38,53643 7297	0,00007	00 00 14,43853 6437
0,08	04 35 01,18449 9768	0,00008	00 00 16,50118 4500
0,09	05 09 23,83256 2239	0,00009	00 00 18,56383 2562

Einheit des Bogenmaßes = 57,29577 95131°
= 3437,74677 07849′
= 206264,80624 70964″

Formelübersicht.

$$\cos x = \frac{e^{xi} + e^{-xi}}{2} \qquad \cos x \pm i \sin x = e^{\pm xi}$$

$$\cos^2 x + \sin^2 x = 1$$

$$\sin x = \frac{e^{xi} - e^{-xi}}{2i} \qquad \cos^2 x - \sin^2 x = \cos 2x$$

$$2 \cos x \sin x = \sin 2x$$

$$\operatorname{tg} x = \frac{1}{i} \frac{e^{xi} - e^{-xi}}{e^{xi} + e^{-xi}} \qquad \operatorname{tg} 2x = \frac{2 \operatorname{tg} x}{1 - \operatorname{tg}^2 x}$$

$$\cos^2 \frac{x}{2} = \frac{1}{2} [\cos x + 1] \qquad \sin^2 \frac{x}{2} = \frac{1}{2} [1 - \cos x]$$

$$\cos(x \pm y) = \cos x \cos y \mp \sin x \sin y$$

$$\sin(x \pm y) = \sin x \cos y \pm \cos x \sin y$$

$$\operatorname{tg}(x \pm y) = \frac{\operatorname{tg} x \pm \operatorname{tg} y}{1 \mp \operatorname{tg} x \operatorname{tg} y}$$

$$\cos x + \cos y = 2 \cos \frac{x+y}{2} \cos \frac{x-y}{2}$$

$$\cos x - \cos y = -2 \sin \frac{x+y}{2} \sin \frac{x-y}{2}$$

$$\sin x + \sin y = 2 \sin \frac{x+y}{2} \cos \frac{x-y}{2}$$

$$\sin x - \sin y = 2 \sin \frac{x-y}{2} \cos \frac{x+y}{2}$$

$$\operatorname{tg} x \pm \operatorname{tg} y = \frac{\sin(x \pm y)}{\cos x \cos y}$$

$$\cos x = 1 - \frac{x^2}{2!} + \frac{x^4}{4!} - \frac{x^6}{6!} + \cdots = \sum_{n=0}^{n=\infty} (-1)^n \frac{x^{2n}}{(2n)!}$$

$$\sin x = x - \frac{x^3}{3!} + \frac{x^5}{5!} - \frac{x^7}{7!} + \cdots = \sum_{n=0}^{\infty} (-1)^n \frac{x^{2n+1}}{(2n+1)!}$$

$$\operatorname{tg} x = x + \frac{2 \cdot x^3}{3!} + \frac{24 \cdot x^5}{5!} + \frac{24 \cdot 17 \cdot x^7}{7!} + \cdots = \sum_{n=0}^{n=\infty} \beta_{n+1} \frac{x^{2n+1}}{(2n+1)!},$$

wo die Tangentenkoeffizienten β_n nach der folgenden Rekursionsformel zu berechnen sind:

$$\beta_1 = 1, \beta_n + \sum_{\varrho=1}^{\varrho=n-1} (-1)^\varrho \beta_{n-\varrho} \frac{(2n-1)!}{(2\varrho)!\,(2n-1-2\varrho)!} + (-1)^n = 0$$

$$\sin(x+h) = \sin x + \frac{h}{1!} \cos x - \frac{h^2}{2!} \sin x - \frac{h^3}{3!} \cos x + \frac{h^4}{4!} \sin x + \cdots$$

$$\cos(x+h) = \cos x - \frac{h}{1!}\sin x - \frac{h^2}{2!}\cos x + \frac{h^3}{3!}\sin x + \frac{h^4}{4!}\cos x - \cdots$$

$$\mathfrak{Cof}\, x = \frac{e^x + e^{-x}}{2}$$

$$\mathfrak{Sin}\, x = \frac{e^x - e^{-x}}{2}$$

$$\mathfrak{Tg}\, x = \frac{e^x - e^{-x}}{e^x + e^{-x}}$$

$$\mathfrak{Cof}\, x \pm \mathfrak{Sin}\, x = e^{\pm x}$$

$$\mathfrak{Cof}^2 x - \mathfrak{Sin}^2 x = 1$$

$$\mathfrak{Cof}^2 x + \mathfrak{Sin}^2 x = \mathfrak{Cof}\, 2x$$

$$2\,\mathfrak{Cof}\, x\, \mathfrak{Sin}\, x = \mathfrak{Sin}\, 2x$$

$$\mathfrak{Tg}\, 2x = \frac{2\,\mathfrak{Tg}\, x}{1 + \mathfrak{Tg}^2 x}$$

$$\mathfrak{Cof}^2 \frac{x}{2} = \frac{1}{2}\left[\mathfrak{Cof}\, x + 1\right] \qquad \mathfrak{Sin}^2 \frac{x}{2} = \frac{1}{2}\left[\mathfrak{Cof}\, x - 1\right]$$

$$\mathfrak{Cof}\,(x \pm y) = \mathfrak{Cof}\, x\, \mathfrak{Cof}\, y \pm \mathfrak{Sin}\, x\, \mathfrak{Sin}\, y$$

$$\mathfrak{Sin}\,(x \pm y) = \mathfrak{Sin}\, x\, \mathfrak{Cof}\, y \pm \mathfrak{Cof}\, x\, \mathfrak{Sin}\, y$$

$$\mathfrak{Tg}\,(x \pm y) = \frac{\mathfrak{Tg}\, x \pm \mathfrak{Tg}\, y}{1 \pm \mathfrak{Tg}\, x\, \mathfrak{Tg}\, y}$$

$$\mathfrak{Cof}\, x + \mathfrak{Cof}\, y = 2\,\mathfrak{Cof}\,\frac{x+y}{2}\,\mathfrak{Cof}\,\frac{x-y}{2}$$

$$\mathfrak{Cof}\, x - \mathfrak{Cof}\, y = 2\,\mathfrak{Sin}\,\frac{x+y}{2}\,\mathfrak{Sin}\,\frac{x-y}{2}$$

$$\mathfrak{Sin}\, x + \mathfrak{Sin}\, y = 2\,\mathfrak{Sin}\,\frac{x+y}{2}\,\mathfrak{Cof}\,\frac{x-y}{2}$$

$$\mathfrak{Sin}\, x - \mathfrak{Sin}\, y = 2\,\mathfrak{Sin}\,\frac{x-y}{2}\,\mathfrak{Cof}\,\frac{x+y}{2}$$

$$\mathfrak{Tg}\, x \pm \mathfrak{Tg}\, y = \frac{\mathfrak{Sin}\,(x \pm y)}{\mathfrak{Cof}\, x\, \mathfrak{Cof}\, y}$$

$$\mathfrak{Cof}\, x = 1 + \frac{x^2}{2!} + \frac{x^4}{4!} + \frac{x^6}{6!} + \cdots = \sum_{n=0}^{n=\infty} \frac{x^{2n}}{(2n)!}$$

$$\mathfrak{Sin}\, x = x + \frac{x^3}{3!} + \frac{x^5}{5!} + \frac{x^7}{7!} + \cdots = \sum_{n=0}^{n=\infty} \frac{x^{2n+1}}{(2n+1)!}$$

$$\mathfrak{Tg}\, x = x - \frac{2x^3}{3!} + \frac{24x^5}{5!} - \frac{24\cdot 17\, x^7}{7!} + \cdots$$

$$= \sum_{n=0}^{n=\infty} \left[(-1)^n \beta_{n+1} \frac{x^{2n+1}}{(2n+1)!}\right]$$

$$\mathfrak{Sin}\,(x+h) = \mathfrak{Sin}\, x + \frac{h}{1!}\mathfrak{Cof}\, x + \frac{h^2}{2!}\mathfrak{Sin}\, x + \frac{h^3}{3!}\mathfrak{Cof}\, x + \cdots$$

$$\mathfrak{Cof}\,(x+h) = \mathfrak{Cof}\, x + \frac{h}{1!}\mathfrak{Sin}\, x + \frac{h^2}{2!}\mathfrak{Cof}\, x + \frac{h^3}{3!}\mathfrak{Sin}\, x + \cdots$$

$$e = 1 + \frac{1}{1!} + \frac{1}{2!} + \frac{1}{3!} + \cdots = 2{,}718\ldots$$

$$e^{-1} = 1 - \frac{1}{1!} + \frac{1}{2!} - \frac{1}{3!} + \cdots = 0{,}367\ldots$$

$$e^{x} = 1 + \frac{x}{1!} + \frac{x^2}{2!} + \frac{x^3}{3!} + \cdots = \sum_{n=0}^{n=\infty} \frac{x^n}{n!}$$

$$e^{-x} = 1 - \frac{x}{1!} + \frac{x^2}{2!} - \frac{x^3}{3!} + \cdots = \sum_{n=0}^{n=\infty} (-1)^n \frac{x^n}{n!}$$

$$\mathfrak{Sin}\, x + \sin x = 2\left[\frac{x}{1!} + \frac{x^5}{5!} + \frac{x^9}{9!} + \cdots\right]$$

$$\mathfrak{Sin}\, x - \sin x = 2\left[\frac{x^3}{3!} + \frac{x^7}{7!} + \frac{x^{11}}{11!} + \cdots\right]$$

$$\mathfrak{Cos}\, x + \cos x = 2\left[1 + \frac{x^4}{4!} + \frac{x^8}{8!} + \cdots\right]$$

$$\mathfrak{Cos}\, x - \cos x = 2\left[\frac{x^2}{2!} + \frac{x^6}{6!} + \frac{x^{10}}{10!} + \cdots\right]$$

$$\mathfrak{Tg}\, x + \operatorname{tg} x = 2 \sum_{n=0}^{n=\infty} \beta_{2n+1} \frac{x^{4n+1}}{(4n+1)!}$$

$$\mathfrak{Tg}\, x - \operatorname{tg} x = -2 \sum_{n=0}^{n=\infty} \beta_{2n+2} \frac{x^{4n+3}}{(4n+3)!}$$

$$\begin{array}{rllll}
e^x \cos x = & & 1 & + & \dfrac{x}{1!} \\[2ex]
& +0 - & \dfrac{x^3}{3!}2 & - \dfrac{x^4}{4!}2^2 & - \dfrac{x^5}{5!}2^2 \\[2ex]
& +0 + & \dfrac{x^7}{7!}2^3 & + \dfrac{x^8}{8!}2^4 & + \dfrac{x^9}{9!}2^4 \\[2ex]
& +0 - & \dfrac{x^{11}}{11!}2^5 & - \dfrac{x^{12}}{12!}2^6 & - \dfrac{x^{13}}{13!}2^6 \\[2ex]
& +0 + & \dfrac{x^{15}}{15!}2^7 & + \dfrac{x^{16}}{16!}2^8 & + \dfrac{x^{17}}{17!}2^8 \\
& & \vdots & &
\end{array}$$

$$= 1 + x + 0 - \frac{x^3}{3} - \frac{x^4}{6} - \frac{x^5}{30} + 0 + \frac{x^7}{630} + \cdots$$

$$
\begin{aligned}
e^{x}\sin x = {} & \frac{x}{1!} + \frac{x^2}{2!}2 + \frac{x^3}{3!}2 \\
& + 0 - \frac{x^5}{5!}2^2 - \frac{x^6}{6!}2^3 - \frac{x^7}{7!}2^3 \\
& + 0 + \frac{x^9}{9!}2^4 + \frac{x^{10}}{10!}2^5 + \frac{x^{11}}{11!}2^5 \\
& + 0 - \frac{x^{13}}{13!}2^6 - \frac{x^{14}}{14!}2^7 - \frac{x^{15}}{15!}2^7 \\
& \vdots \\
= {} & x + x^2 + \frac{x^3}{3} + 0 - \frac{x^5}{30} - \frac{x^6}{90} - \frac{x^7}{630} + 0 + \cdots
\end{aligned}
$$

$$
\begin{aligned}
e^{-x}\cos x = {} & 1 - \frac{x}{1!} + 0 + \frac{x^3}{3!}2 \\
& - \frac{x^4}{4!}2^2 + \frac{x^5}{5!}2^2 + 0 - \frac{x^7}{7!}2^3 \\
& + \frac{x^8}{8!}2^4 - \frac{x^9}{9!}2^4 + 0 + \frac{x^{11}}{11!}2^5 \\
& - \frac{x^{12}}{12!}2^6 + \frac{x^{13}}{13!}2^6 + 0 - \frac{x^{15}}{15!}2^7 \\
& \vdots \\
= {} & 1 - x + 0 + \frac{x^3}{3} - \frac{x^4}{6} + \frac{x^5}{30} + 0 - \frac{x^7}{630} + \cdots
\end{aligned}
$$

$$
\begin{aligned}
e^{-x}\sin x = {} & \frac{x}{1!} - \frac{x^2}{2!}2 + \frac{x^3}{3!}2 \\
& + 0 - \frac{x^5}{5!}2^2 + \frac{x^6}{6!}2^3 - \frac{x^7}{7!}2^3 \\
& + 0 + \frac{x^9}{9!}2^4 - \frac{x^{10}}{10!}2^5 + \frac{x^{11}}{11!}2^5 \\
& + 0 - \frac{x^{13}}{13!}2^6 + \frac{x^{14}}{14!}2^7 - \frac{x^{15}}{15!}2^7 \\
& \vdots \\
= {} & x - x^2 + \frac{x^3}{3} + 0 - \frac{x^5}{30} + \frac{x^6}{90} - \frac{x^7}{630} + 0 + \cdots
\end{aligned}
$$

$$\mathfrak{Cos}\, x \cos x = \tfrac{1}{2}[e^{x} + e^{-x}] \cos x$$

$$= 1 - \frac{x^4}{4!} 2^2 + \frac{x^8}{8!} 2^4 - \frac{x^{12}}{12!} 2^6 + \cdots$$

$$\mathfrak{Cos}\, x \sin x = \tfrac{1}{2}(e^{x} + e^{-x}) \sin x$$

$$= \frac{x}{1} + \frac{x^3}{3!} 2 - \frac{x^5}{5!} 2^2 - \frac{x^7}{7!} 2^3 + \cdots$$

$$\mathfrak{Sin}\, x \cos x = \tfrac{1}{2}(e^{x} - e^{-x}) \cos x$$

$$= \frac{x}{1!} - \frac{x^3}{3!} 2 - \frac{x^5}{5!} 2^2 + \frac{x^7}{7!} 2^3 + \cdots$$

$$\mathfrak{Sin}\, x \sin x = \tfrac{1}{2}(e^{x} - e^{-x}) \sin x$$

$$= \frac{x^2}{2!} 2 - \frac{x^6}{6!} 2^3 + \frac{x^{10}}{10!} 2^5 - \frac{x^{14}}{14!} 2^7 + \cdots$$

$$e^{\pm x} \cos x = \mathfrak{Cos}\, x \cos x \pm \mathfrak{Sin}\, x \cos x$$

$$e^{\pm x} \sin x = \mathfrak{Cos}\, x \sin x \pm \mathfrak{Sin}\, x \sin x$$

Wichtige Zahlenwerte.

$e = 2{,}71828\ 18284\ 59\ldots$

$e^{-1} = 0{,}36787\ 94411\ 71\ldots$

$\log e = 0{,}43429\ 44819\ 03\ldots$

$\pi = 3{,}14159\ 26535\ 89\ldots$

$\pi^{-1} = 0{,}31830\ 98861\ 83\ldots$

$\log \pi = 0{,}49714\ 98726\ 94\ldots$

$\pi \log e = 1{,}36437\ 63538\ 41\ldots$

GÖSCHENS LEHRBÜCHEREI

Band 1 O. PERRON, **Irrationalzahlen.** 3., fast unveränderte Auflage. VIII, 248 Seiten. 1947. DM 10,—

Band 4 R. FUETER, **Synthetische Zahlentheorie.** 3., verbesserte Auflage. VIII, 248 Seiten mit 3 Figuren. 1950. Halbleinen DM 20,—

Band 8/9 O. PERRON, **Algebra.** 2 Bände. 3., verbesserte Auflage 1951.
Band I: **Die Grundlagen.** VIII, 237 Seiten mit 4 Figuren. Halbleinen DM 16,—
Band II: **Theorie der algebraischen Gleichungen.** VIII, 261 Seiten mit 5 Figuren. Halbleinen DM 14,—

Band 12 F. A. WILLERS, **Methoden der praktischen Analysis.** 2., verbesserte und erweiterte Auflage. 410 Seiten mit 93 Figuren. 1950. Halbleinen DM 24,—

Band 14 J. HORN, **Partielle Differentialgleichungen.** 4. Auflage. VIII, 228 Seiten mit 8 Figuren 1949. Halbleinen DM 14,—

Band 24/26 HAUPT-AUMANN, **Differential- und Integralrechnung** unter besonderer Berücksichtigung neuer Ergebnisse. 2., völlig neubearbeitete Auflage unter Mitwirkung von C. Pauc.
Band I: **Einführung in die reelle Analysis.** VII, 218 Seiten mit 2 Figuren. 1948 DM 18,—
Band II: **Differentialrechnung.** 210 Seiten. 1950. Halbleinen DM 16,50
Band III: **Integralrechnung.** XII, 320 Seiten. 1955. Halbleinen DM 28,—

G. SCHEFFERS, **Lehrbuch der Mathematik zum Selbstunterricht** und für Studierende der Naturwissenschaften und der Technik. Eine Einführung in die Differential- und Integralrechnung und in die analytische Geometrie. 12. Auflage. Oktav. VIII, 743 Seiten mit 438 Figuren. 1948. Halbleinen DM 26,—

G. KOWALEWSKI, **Einführung in die Determinantentheorie** einschließlich der Friedholm'schen Determinanten. 4., verbesserte Auflage. Groß-Oktav. 348 Seiten. 1954. Ganzleinen DM 30,—

J. SPOEREL, **Mathematik von der Schule zur Hochschule.** Groß-Oktav. XII, 210 Seiten mit 85 Abbildungen. 1954. Ganzleinen DM 16,—

WALTER DE GRUYTER & CO. / BERLIN W 35